"十二五"普通高等教育本科国家级规划教材

教育部2011年普通高等教育**精品教材**

普通高等教育"十一五"国家级规划教材

大学计算机基础教育规划教材

"国家精品课程"主讲教材、"高等教育国家级教学成果奖"配套教材

大学计算机应用基础（第3版）

耿国华 主编

1+X

清华大学出版社
北京

内 容 简 介

本书针对新工科、新文科、新医科等学科建设的新需求,以培养学生计算机技能和计算思维能力为目标,重新组织课程的知识体系,力求有效解决当前高等学校大学计算机基础课程教学改革的瓶颈问题。本书以 Windows 10 和 Office 2013 为系统环境,分为三个层次展开。第一层次为基础理论(第 1~4 章),包括计算机概述、计算机中数据的表示、计算机系统的组成以及操作系统等内容;第二层次为技能应用(第 5~8 章),主要包括 Office 软件的使用、多媒体技术、网络技术以及网络安全等内容;第三层次为信息管理基础(第 9 章),主要介绍以 Access 为基础的信息管理技术。

本书可作为大学计算机基础课程的教材,也可作为计算机爱好者的自学教材。

图书在版编目(CIP)数据

大学计算机应用基础/耿国华主编. —3 版. —北京:清华大学出版社,2019.12(2024.9重印)
大学计算机基础教育规划教材
ISBN 978-7-302-54699-3

Ⅰ. ①大… Ⅱ. ①耿… Ⅲ. ①电子计算机-高等学校-教材 Ⅳ. ①TP3

中国版本图书馆 CIP 数据核字(2019)第 296850 号

责任编辑:张　民
封面设计:何凤霞
责任校对:焦丽丽
责任印制:刘　菲

出版发行:清华大学出版社
　　　　　网　　　址:https://www.tup.com.cn,https://www.wqxuetang.com
　　　　　地　　　址:北京清华大学学研大厦 A 座　　　　　邮　　编:100084
　　　　　社 总 机:010-83470000　　　　　邮　　购:010-62786544
　　　　　投稿与读者服务:010-62776969,c-service@tup.tsinghua.edu.cn
　　　　　质量反馈:010-62772015,zhiliang@tup.tsinghua.edu.cn
　　　　　课件下载:https://www.tup.com.cn,010-83470236
印 装 者:三河市龙大印装有限公司
经　　销:全国新华书店
开　　本:185mm×260mm　　　印　　张:18.25　　　字　　数:426 千字
版　　次:2005 年 2 月第 1 版　　2019 年 12 月第 3 版　　印　　次:2024 年 9 月第 5 次印刷
定　　价:49.80 元

产品编号:066384-02

前言

  "大学计算机基础"作为普通高等学校的第一门计算机类必修课程,以培养学生计算机技能和计算思维能力为目标,是后续课程学习的基础。随着云计算、大数据、人工智能等新技术以及新工科、新文科、新医科等新学科的不断发展,"大学计算机基础"课程教学改革面临着前所未有的机遇和挑战。由于学科种类多、专业需求各有不同,再加上学生个体学习基础和认知水平的巨大差异,势必要求重新组织大学计算机基础的知识体系,实现因材施教,激发学生的学习兴趣,体现大学计算机基础课程教学的时效性和针对性,有效解决当前高等学校大学计算机基础课程教学改革的瓶颈问题。本书正是在这样的背景下编写的。

  本书以 Windows 10 和 Office 2013 为系统环境,分为三个层次。第一层次为基础理论(第1~4章),包括计算机概述、计算机中数据的表示、计算机系统的组成以及操作系统等内容,目的是让学习者了解计算机的基本组成以及工作原理,理解计算思维;第二层次为技能应用(第5~8章),主要包括 Office 软件的使用、多媒体技术、网络技术以及网络安全等 4 章内容,目的是让学习者掌握计算机基本使用技能,能够熟练使用计算机解决工作、学习中遇到的问题;第三层次为信息管理基础(第9章),目的是让学习者了解信息管理的基本概念和理论,培养解决现实问题的创新思维能力,并能开发简单的数据库系统,实现信息的有效管理。

  本书可作为大学计算机基础课程的教材,也可作为计算机爱好者的自学教材。耿国华编写第1~3章和第6章,索琦编写第4章,邢为民编写第5章,安娜编写第7章和第8章,董卫军编写第9章。

  由于编写时间仓促,书中难免有不足之处,敬请多提宝贵意见。

作 者

2019 年 8 月

目 录

第1章

计算机概述

随着计算机的普及,人们的工作、生活与计算机产生了密不可分的联系。本章通过介绍计算机的基本概念、计算机的产生发展、分类和应用,使读者对计算机有一个初步的认识。

1.1 计算工具的发展

计算工具是计算时所需用到的器具或辅助计算的实物。从远古人类的结绳记事,到中国春秋时期的算筹,再到至今仍在某些领域使用的算盘,人类的计算工具有了很大进步。而自 1946 年的第一台现代电子计算机诞生至今,虽然才短短 70 多年,但却经历了翻天覆地的变化。本节从计算工具的发展历程角度,介绍传统计算工具和现代计算机的发展。

1.1.1 传统的计算工具

远古时代,人类在捕鱼、狩猎和采集果实等生产劳动中产生了计数的需要,例如统计人数、携带武器的件数、捕获猎物的数量……这些工作都要借助实物进行计数。最原始的计数方式通过石子、给绳子打结等方式进行,人类在劳动中逐渐建立了计数方法。石子、结绳、木棒、结绳打结成为人类最初用来计数和计算的工具。

但上述这些简单工具和方法不适于记录大数目,于是,我国劳动人民发明了新的方法——算筹,如图 1-1 所示。据记载,算筹出现于我国春秋时期,是世界上最古老的计算工具。算筹是用竹、木材料制成的小圆棍。计算的时候摆成纵式和横式两种数字,按照纵横相间的原则,用 1~9 表示任何自然数,从而进行加、减、乘、除、开方以及其他代数计算。负数出现后,算筹分红黑两种,其中,红筹表示正数,黑筹表示负数,这种运算工具和运算方法在当时是独一无二的。算筹属于硬件,摆法属于软件,算筹作为工具进行的计算叫"筹算"。

在使用算筹的过程中,一旦遇到复杂运算常弄得繁杂混乱,让人感到不便。于是中国人又发明了一种新式的"计算机器"——算盘,如图 1-2 所示。算盘结合了十进制记数法和一整套计算口诀,被许多人看作最早的数字计算机。随着算盘的使用,人们总结出许多计算口诀,使计算的速度更快,这种用算盘计算的方法叫珠算。在明代,珠算已相当普及,

		加数	23
		加数	73
		和	96

图 1-1　算筹

并且出版了不少有关珠算的书籍,其中流传至今且影响最大的是程大位(1533—1606 年)的《算法统宗》(1592 年)。《算法统宗》载有算盘图式和珠算口诀,并首先提出了开平方和开立方的珠算法。算法是中华民族对人类的一大贡献。

图 1-2　算盘

1.1.2　计算机器的雏形

古代中国的"算法化"思想:对于一个数学问题,只有当确定了可以用算盘解算它的规则时,这个问题才算可解。算盘作为主要计算工具流行了相当长的一段时间。直到中世纪,哲学家们才提出:能否用机械来实现人脑活动的功能?围绕该问题,最初的试验并不是为了制造计算工具,而是试图从某个前提出发机械地得出正确的结论,即思维机器的制造。1275 年,西班牙神学家雷蒙德·露利发明了一种称为"旋转玩具"的思维机器,引起了许多著名学者的兴趣,最终导致了能进行简单数学运算的计算机器的产生。在"旋转玩具"中,数值可以用圆盘的旋转角度表示,数值的正、负可由旋转方向确定。到了 13 世纪,出现了利用齿轮传动的机械钟,则可看作用于计时的计算机器。

15 世纪以后,随着天文、航海的发展,计算工作日趋繁重,迫切需要探求新的计算方法并改进计算工具。1630 年,英国数学家奥特雷德采用两根相互滑动的对数刻度尺,发明了"机械化"计算尺。1641 年,法国人帕斯卡利用齿轮技术制造出了只能够做加法和减法的第一台加法机,由一系列齿轮装置组成。机器采用了一种小爪子式的棘轮装置,当定位齿轮朝 9 转动时,棘爪便逐渐升高;一旦齿轮转到 0,棘爪就"咔嚓"一声跌落下来,推动十位数的齿轮前进一挡,解决了计算过程中"逢十进一"的进位问题。

1673 年,德国人莱布尼兹在加法机的基础上制造出了可进行简单的加、减、乘、除运算的计算机器,其基本原理继承于帕斯卡。莱布尼茨为计算机增添了一种名叫"步进轮"的装置。步进轮是一个有 9 个齿的长圆柱体,9 个齿依次分布于圆柱表面;旁边另有一个小齿轮可以沿着轴向移动,以便逐次与步进轮啮合。每当小齿轮转动一圈,步进轮可根据它与小齿轮啮合的齿数,分别转动 1/10、2/10 圈,直到 9/10 圈,这样一来,它就能够连续重复地做加法。连续重复计算加法就是现代计算机做乘除运算所采用的办法,莱布尼茨的计算机给其后风靡一时的手摇计算机技术铺平了道路。

19 世纪 30 年代,英国人巴贝奇制造出了可用于计算对数、三角函数以及其他算术函数的"分析机"。巴贝奇的分析机大体可分为三大部分:第一部分是齿轮式的"存储库",每个齿轮可存储 10 个数,齿轮组成的阵列总共能够存储 1000 个 50 位数;第二部分是"运算室",其基本原理与帕斯卡的转轮相似,用齿轮间的啮合、旋转、平移等方式进行数字运算。第三部分的功能是以穿孔卡中的 0 和 1 控制运算操作的顺序,类似计算机里的控制器。20 世纪 20 年代,美国人万尼瓦尔·布什研制出了能解一般微分方程组的电子模拟计算机。20 世纪 30 年代后期,英国著名数学家图灵通过对计算一个数的一般过程进行分析,对计算的本质进行了研究,提出了图灵机计算模型,实现了对计算本质的真正认识。

1.1.3 现代化的计算工具

现代电子计算机是 20 世纪科学技术最为卓越的成就之一,是一种能够自动、高速、正确完成数值计算、数据处理、实时控制等功能的电子设备。虽然现代电子计算机从出现到现在才短短几十年,但已在当今信息时代占据了重要地位。

1946 年 2 月 14 日,人类第一台电子计算机在美国宣告诞生,它是一台名叫埃尼亚克的电子数值积分计算机(Electronic Numerical Integrator and computer,ENIAC),如图 1-3 所示。埃尼亚克计算机是美国出于军事上的需要而研制的,整台机器使用了 17 000 多只电子管、10 000 多只电容器、7000 只电阻、1500 多个继电器,耗电功率达 150kW,是一个占地 170m²、重达 30t 的庞然大物。ENIAC 每秒能完成加法运算 5000 多次,比当时手工操作的台式计算机速度提高了 8400 多倍,因而具有划时代的意义。

图 1-3 第一台现代电子计算机 ENIAC

1949 年 5 月,由英国剑桥大学的威尔克斯根据冯·诺依曼的指导思想设计的第一台实现内存储程序式的电子计算机制成并投入运行。这台计算机取名叫埃德沙克是一台电子延迟存储自动计算器(The Electronic Delay Storage Automatic Calculator,EDSAC)。

　　1952 年,人类第一台具有内部存储程序功能的计算机埃德瓦克研制成功,它是一台电子离散变量自动计算机(Electronic Discrete Variable Automatic Computer,EDVAC)。它由运算器、逻辑控制装置、存储器、输入和输出设备五部分组成。埃德瓦克采用二进制数直接模拟开关电路的两种状态,提高了运行效率;把指令存入计算机的记忆装置中,省去了机外编程的麻烦,保证了计算机能按事先存入的程序自动地进行运算。

　　现代计算机的特点是:运算速度快,计算精确度高,具有高可靠性、强大的记忆和逻辑判断能力,具有大容量而不易丢失的信息外储存功能,还具有多媒体以及网络功能等。

　　有两个杰出的代表人物,对现代计算机的发展功不可没。一个是英国的阿兰·图灵(1912—1954),另一个是美籍匈牙利人冯·诺依曼(1903—1957)。图灵的主要贡献是建立了图灵机(Turing Machine,TM)的理论模型,对数字计算机的一般结构、可实现性和局限性产生了深远影响;提出了定义机器智能的图灵测试,奠定了“人工智能”的理论基础。冯·诺依曼的主要贡献是首先提出了计算机内存储程序的概念,使用单一处理部件来完成计算、存储及通信工作,他所提出的程序存储思想仍然是现代计算机的基本结构和工作方式。

　　现代计算机的发展,根据计算机所采用的电子器件,一般把电子计算机的发展历程分成四个阶段,通常称为四代。

　　(1) 第一代:电子管计算机时代(1946—20 世纪 50 年代末期)。

　　第一代计算机的主要特点是采用电子管作为基本器件,运算速度一般是每秒数千次至数万次,软件方面确定了程序设计的概念,由代码程序发展到了符号程序,出现了高级语言的雏形。这一时期的计算机虽然主要是为了军事和国防尖端技术的需要,但在客观上却为现代计算机的发展奠定了基础。比较重要的是,这一时期的研究成果开始扩展到民用,由实验室走向社会,又转为工业产品,形成了计算机产业。计算机的产业化、社会化、商品化和激烈竞争促进了计算机技术的飞速发展。

　　(2) 第二代:晶体管计算机时代(20 世纪 50 年代中期—60 年代末期)。

　　这一时期电子计算机的基本器件为晶体管,因而缩小了体积,提高了运算速度和可靠性(一般每秒十万次,可高达 300 万次),而且机器的价格不断下降。后来又采用了磁芯存储器,使速度得到进一步的提高。软件方面出现了一系列的高级程序设计语言,比如FORTRAN、COBOL 等,并提出了操作系统的概念。计算机的应用范围也进一步扩大,从军事与尖端技术方面延伸到气象、工程设计、数据处理以及其他科学研究领域。计算机设计出现了系列化的思想,缩短了新机器的研制周期,降低了生产成本,实现了程序的兼容,方便了新机器的使用。

　　(3) 第三代:中、小规模集成电路计算机时代(20 世纪 60 年代中期—70 年代初期)。

　　第三代计算机的硬件采用中、小规模集成电路(IC)作为基本器件,计算机的体积更小,寿命更长,计算机的功耗、价格进一步下降,而速度和可靠性相应地有所提高,计算机的应用范围进一步扩大。在软件方面出现了操作系统、结构化、模块化程序设计方法。这一时期的计算机软、硬件都向系统化、多样化的方面发展。由于集成电路成本迅速下降,生产了成本低而功能比较强的小型计算机供应市场,占领了许多数据处理的应用领域。其中,1965 年问世的 IBM 360 系列是最早采用集成电路的通用计算机,也是影响最大的第三代计算机。它的主要特点是通用性、系列化和标准化。美国控制数据公司(CDC)1969年1月研制成功的超大型计算机CDC 7600,速度达每秒1千万次浮点运算,是这个时期最成功的计算机产品。

(4) 第四代:大规模和超大规模集成电路计算机时代(20世纪70年代初期—现在)。

20世纪70年代以后,计算机使用的集成电路迅速从中小规模发展到大规模和超大规模的水平。大规模和超大规模集成电路应用的一个直接结果是微处理器和微型计算机的诞生。微处理器是将传统的运算器和控制器集成在一块大规模或超大规模集成电路芯片上,作为中央处理单元(CPU)。以微处理器为核心,再加上存储器和接口等芯片以及输入输出设备便构成了微型计算机。微处理器自1971年诞生以来,几乎每隔两三年就要更新换代,以高档微处理器为核心构成的高档微型计算机系统已达到和超过了传统的超级小型计算机的水平,其运算速度可达到每秒数百亿次。由于微型计算机体积小、功耗低、成本低,其性能价格比占有很大优势,因而得到了广泛的应用。微处理器和微型计算机的出现不仅深刻地影响着计算机技术本身的发展,同时也使计算机技术渗透到了社会生活的各个方面。

在现代计算机的发展历程中,微处理器的诞生是在1971年11月,由美国Intel公司研制成功了Intel 4004微处理器,并在此基础上公布了世界上第一台微型计算机MCS-4。1981年8月,IBM PC(Personal Computer)微型计算机的成功开发标志着新型个人计算机的出现,从此以后,PC也就成了个人计算机的代名词。

现代电子计算机不同于以往的任何计算工具,主要有以下特点:

(1) 处理的对象已不再局限于数值信息,而是包括数值、文字、符号、图形、图像、声音、视频等一切可以用数字加以表示的信息。

(2) 不仅可以进行数值计算处理,也能对各种信息进行非数值处理,例如进行信息检索、图形处理等,不仅可以进行加、减、乘、除算术运算,还可以做是非逻辑判断。

(3) 在处理方式上,只要人们把处理的对象和处理问题的方法步骤表示成计算机可以识别和执行的"语言",并事先存储到计算机中,计算机就可以对这些数据进行自动处理。

(4) 在处理速度上,目前一般计算机的处理速度都可以达到每秒百万次以上的运算,而巨型机的速度已达到了每秒数千万亿次以上运算。

(5) 现代计算机可以存储大量数据,存储的数据量越大,可以记住的信息量也就越大。需要时,计算机可以从浩如烟海的数据中找到这些信息,这也是计算机能够进行自动处理的原因之一。

(6) 多台计算机可以借助于通信网络互连互通,超越地理界限,实现远程信息和资源共享。

1.1.4　现代计算机在中国的发展

我国计算机事业的拓荒者是著名数学家华罗庚。1952年,华罗庚教授在中国科学院数学研究所成立了中国第一个电子计算机研究小组,将设计和研制中国自己的电子计算机作为主要任务。1956年,我国制定的《十二年科学技术发展规划》中选定了"计算机、电子学、半导体、自动化"作为"发展规划"的 4 项紧急措施，1956 年 8 月 25 日，我国第一个计算技术研究机构——中国科学院计算技术研究所筹备委员会成立，华罗庚教授任主任。

1958 年 8 月 1 日，中科院计算所等单位研制的我国第一台小型电子管数字计算机 103 机诞生，每秒能运算 30 次。1959 年 9 月，我国第一台大型电子管计算机 104 机研制成功，该机运算速度为 1 万次/秒。

1964 年，我国第一台大型通用电子管计算机研制成功，在该机器上完成了我国第一颗氢弹研制的计算任务。

1973 年，由北京大学等单位共同研制了每秒运算 100 万次的集成电路计算机(150 型计算机)，并运行了我国自行设计的操作程序。

20 世纪 80 年代以后，我国又研制了高端计算机，如银河系列、神威系统、曙光系列等。其中，银河一号计算机使我国自己设计的计算机运算速度上了每秒运算 1 亿次的台阶，之后我国的高端计算机速度先后突破了十亿、百亿、千亿、万亿次的大关。2010 年 11 月，中国的超级计算机"天河一号"首次成为当时世界上运算最快的超级计算机，运算速度达 2570 万亿次/秒。2016 年 6 月 20 日，中国超级计算机"神威·太湖之光"成为当时世界上运算最快的计算机，如图 1-4 所示。它的峰值计算速度和持续计算速度均比"天河二号"提升 2 倍以上。

图 1-4　我国最快的超级计算机神威·太湖之光

我国在计算机软件方面的研究是与计算机硬件的研制同步的。1959 年，同步 104 机研制成功了自主设计的 FORTRAN 编译程序。20 世纪 80 年代以后，我国的计算机软件开发主要转向了软件开发环境、中间件、构件库等，其中影响较大的是北大青鸟系统。20 世纪 90 年代以后，以 UNIX 和 Linux 为基础，开发出了 COSIX 和麒麟操作系统，同时，国产数据库系统也开始占领市场。

2001 年的国家最高科学技术奖获得者王选教授是汉字激光照排系统的创始人和技术负责人，他所领导的科研集体研制出的华光和方正汉字激光照排系统已在中国的报社、出版社、印刷厂得到普及，开创了汉字印刷的一个崭新时代，引发了我国报业和印刷出版业"告别铅与火，迈入光与电"的技术革命，为新闻出版的全过程计算机化奠定了基础，被誉为"汉字印刷术的第二次发明"。我国计算机软件领域方面的重大成果还有：可执行的持续逻辑语言、区段演算理论等，这方面的代表人物是吴文俊院士，他在 20 世纪

70 年代发明了用计算机证明几何定理的吴方法,并获得了 2000 年首届国家最高科学技术奖。

中国科学技术大学的量子光学和量子信息团队,在国际上首次成功实现了用量子计算机求解线性方程组的实验,可用于高准确度的气象预报等应用领域,标志着我国在光学量子计算领域保持国际领先地位。

1.1.5　计算机的分类

计算机的分类有多种方法。一种是按其内部逻辑结构进行分类,如单处理机与多处理机(并行机),16 位机、32 位机与 64 位计算机等。另一种是按计算机的性能、用途和价格进行分类,通常把计算机分成如下 4 大类。由于计算机技术发展很快,不同类型计算机之间的划分标准是变化的。

1. 巨型计算机

巨型计算机(supercomputer)也称超级计算机,它采用大规模并行处理的体系结构,由数以百计、千计甚至万计的 CPU 组成。它有极强的运算处理能力,速度达到每秒数万亿次以上,大多使用在军事、科研、气象预报、石油勘探、飞机设计模拟、生物信息处理等领域。

2. 大型计算机

大型计算机(mainframe)指运算速度快、存储容量大、通信联网功能完善、可靠性高、安全性好、有丰富的系统软件和应用软件的计算机,通常含有 4、8、16、32 甚至更多个CPU。一般用于对企业或政府的数据进行集中存储、管理和处理,承担主服务器(企业级服务器)的功能,在信息系统中起着核心作用。它可以同时为许多用户执行信息处理任务,即使同时有几百个甚至上千个用户递交处理请求,其响应速度快得能让每个用户感觉好像只有他一个人在使用计算机一样。

3. 小型计算机

小型计算机(minicomputer)是一种供部门使用的计算机,以 IBM 公司的 AS/400 为代表。近些年来,小型机逐步被高性能的服务器(部门级服务器)所取代。小型机也是为多个用户执行任务的,不过它没有大型机那么高的性能,可以支持的并发用户数目比较少。小型机的典型应用是帮助中小企业(或大型企业的一个部门)完成信息处理任务,如库存管理、销售管理、文档管理等。

4. 微型计算机

微型计算机是 20 世纪 80 年代初由于单片微处理器的出现而开发成功的。微型计算机的特点是价格便宜,使用方便,软件丰富,性能不断提高,适合办公或家庭使用。通常,微型计算机由用户直接使用,一般只处理一个用户的任务,并由此而得名。

微型计算机分成台式机和便携机两大类,前者在办公室或家庭中使用,后者体积小、重量轻，便于外出携带，性能与台式机相当，但价格高出许多。还有一种体积更小的手持式计算机，包括商务通、快译通之类的产品，它们与微型计算机不一定兼容，有的只有一些专用功能，缺乏通用性。

有一种特殊的微型计算机，称为工程工作站或简称工作站（Work Station），它们具有高速的运算能力和强大的图形处理功能，通常运行 UNIX 操作系统，特别适于工程与产品设计。SGI、SUN、HP、IBM 等公司都有此类产品。

由于计算机网络的普及，许多计算机应用系统都设计成基于计算机网络的客户机/服务器工作模式。因此，巨型机、大型机和小型机一般都作为系统的服务器使用，微型计算机和工作站则用作客户机。鉴于客户机/服务器工作模式的盛行，一些计算机厂家专门设计制造了称为"服务器"的一类计算机产品，它们的存储容量大，网络通信功能强，可靠性好，运行专门的网络操作系统。

5. 微处理器和嵌入式计算机

20 世纪 70 年代计算机发展史上最重大的事件之一，是出现了微处理器和嵌入式计算机。微处理器简称 μP 或 MP，通常指使用单片大规模集成电路制成的、具有运算和控制功能的部件。微处理器是各种类型计算机的核心组成部分。目前无论是巨型机还是微型机，服务器还是工作站，它们的中央处理器几乎都采用微处理器组成，区别仅在于所使用微处理器性能的高低和数量的多少不同而已。由于集成电路技术发展神速，微处理器自 1971 年问世以来，一直处于不断的发展与变化之中。

如果不仅把运算器和控制器集成在一起，而且把存储器、输入输出控制与接口电路等也都集成在同一块芯片上，这样的超大规模集成电路称为单片计算机或嵌入式计算机。嵌入式计算机是内嵌在其他设备中的计算机，例如安装在数码相机、MP3 播放机、计算机外围设备、汽车和手机等产品中。它们一般用于执行特定的任务，例如控制办公室的湿度和温度，监测病人的心率和血压，控制微波炉的温度和工作时间，播放 MP3 音乐等。现在，嵌入式计算机非常普遍，但由于用户并不直接接触，它们的存在往往并不显而易见。

嵌入式计算机促进了各种各样消费电子产品的发展和更新换代：手表、手机、玩具、游戏机、照相机、音响、微波炉等。嵌入式计算机也被广泛应用于工业和军事领域，如机器人、数控机床、汽车、导弹等。实际上，嵌入式计算机是计算机市场中增长最快的部分。世界上 90% 的计算机（微处理器）都以嵌入方式在各种设备里运转。以汽车为例，一辆汽车中有几十甚至上百个嵌入式计算机在工作，它们的计算能力可能比一台商用计算机的计算能力更强。

除了复杂程度不同，嵌入式计算机的结构与工作原理与通用计算机很相似。需要注意的是，大部分嵌入式计算机都把软件固化在芯片上，所以它们的功能和用途就不能再改变了。另外，嵌入式计算机大多应满足实时信息处理、最小化存储容量、最小化功耗、适应恶劣工作环境等要求，并力求以最低成本来满足这些要求，这些都是嵌入式计算机及其应用的特点。

1.2 计 算 理 论

计算的概念中应包括计算、运算、演算、推理、变换和操作等含义,计算理论是计算机科学的理论基础之一。本节从计算本质与计算模型出发,介绍图灵机模型、可计算性、计算复杂性以及问题的求解过程。计算理论的基本思想、概念与方法已被广泛应用于计算科学的各个领域之中。

1.2.1 计算模型

计算模型是指用于刻画对计算概念的抽象形式系统或数学系统。计算模型可为各种计算提供硬件和软件界面,在模型的界面约定下,设计者可以开发对整个计算机系统的硬件和软件支持,从而提高整个计算系统的性能。

1. 图灵关于计算的定义

早在现代计算机出现之前,英国著名数学家图灵对计算本质进行了研究,并给出了计算的精确定义。1936 年,他发表了著名论文《论可计算数及其在判定问题中的应用》,图灵第一次把计算过程和自动机建立对应,提出了最原始的计算模型,其结构简单,用它可以确切地表达任何运算这一模型,被称为图灵机模型,为计算机的发展奠定了理论基础。

图灵揭示了计算过程的本质特征。直观地说,计算过程就是计算者(人或机器)对一条两端可无限延长带子上的一串 0 和 1 输入串执行指令操作,经过有限步骤而一步步地改变带子上的 0 或 1 状态,得到满足预先规定的符号串的变换过程。

2. 人的计算过程

人在进行运算时需要遵守一套规则,计算时把符号写在纸上,按计算步骤做计算动作并计算结果。

(1) 人的计算行为

① 将符号(数据信息、计算符号)写在纸上(用纸张存储信息);

② 根据计算符号,按步骤进行计算动作(计算规则控制动作);

③ 计算动作的执行导致纸上出现符号变化(执行动作获得结果)。

例如,人在进行下面的算式计算时,首先在纸上写出计算式子,根据乘法的计算规则,按照逐位相乘、错位相加的规则得到了计算结果,计算结果的产生是人执行相应计算动作(如乘法计算动作、记录数据动作、加法计算动作)过程中出现的符号变化,如图 1-5 所示。

(2) 机器对人的计算行为的模拟过程

不仅要模拟人的行为动作,同时也对行为动作规则进行模拟。图灵把计算过程和自动机建立对应,抽象出如下计算过程:

① 将运算介质确定为线性带子,而不是二维的纸。例如,$28 \times 32 = 56 + 840 = 896$,可将带子设想为磁带,带被划为方格,方格放一个符号。

② 人在运算时一般一次注视 5~6 个符号,图灵规定一次"注视"1 个符号,注视由读

$$
\begin{array}{r}
28 \\
\times 32 \\
\hline
56 \\
+84 \\
\hline
896
\end{array}
$$

图 1-5　人的计算行为

写头执行。

③ 一组运算法则存放在有限状态控制器中，根据磁头注视符号和当前状态决定下一步动作。

机器对人计算过程的模拟，是将计算的对象（数据信息、计算符号信息）存储于运算介质（如内存、磁盘、磁带等），将一组运算法则存放于状态控制设备中，根据当前的状态控制运算设备执行一定的动作序列，在运算介质上记录结果信息，因此利用计算机进行问题求解，就是利用机器对人类的智能行为的模拟。

3. 图灵机模型

图灵第一次把计算过程和自动机建立对应，提出了可模拟人的运算过程的图灵机计算模型。图灵机不是一种具体的机器，而是一种理论模型。这种概念上的简单机器，运算能力极强，理论上可用来计算所有想象到的可计算函数。

（1）图灵机的构成

图灵机由可无限延伸的带子和可在带子上左右移动的读写头以及控制器与状态寄存器组成，图灵机模型如图 1-6 所示。

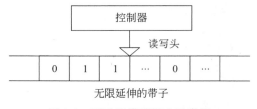

图 1-6　图灵机模型概念示意图

① 两端无限延伸的带子：带子被划分为一个接一个的小格子，每个格子上包含一个来自有限字母表的符号，字母表中有一个表示空白的特殊符号，相当于人运算过程中的纸张。

② 读写头：读写头可以在带子上左右移动，它能读出当前所指的格子上的符号，并能改变当前格子上的符号，读写头同时具有人眼关注符号和人手写上或擦除符号的功能。

③ 控制器（程序和状态寄存器）：状态寄存器用于保存图灵机当前状态，控制器根据当前机器所处的状态以及当前读写头所指的格子上的符号来确定读写头下一步的动作，并改变状态寄存器的值，令机器进入一个新的状态。为控制读写头的动作，有一个有限状态集合，并包含一个开始状态和一个结束状态。

图灵机中计算的每一过程（数据与程序）都可用字符串的形式进行编码，并存放在存储器中,需要使用时进行译码并由处理器自动执行。

图灵把人用纸笔进行运算的过程归结为下列两种简单的动作:①在纸上写上或擦除某个符号;②把注意力从纸的一个位置转移到另一个位置。下一步的动作取决于当前符号和当前状态两个因素。

(2) 图灵机工作过程

图灵机可以模拟人能进行的各种计算过程。图灵机模型从初始状态开始,在计算过程的每一时刻,通过读写头注视带子某一格子上的符号。根据当前时刻的状态和注视的符号,机器执行下列动作:

① 根据当前状态和读写头所注视的符号,确定读写头操作,并转入新的状态;

② 读写头把当前状态下被注视的符号改写成新的符号;

③ 控制读写头向左或向右移动一格。

图灵机中由状态和符号对偶决定的动作组合称为指令,决定机器动作的所有指令表称为程序。当处于结束状态时图灵机停机,此时带子上的内容就是图灵机的输出。

(3) 图灵机模型的形式化表示

计算模型可以用形式化方式进行严格定义,形式化方式也是利用计算思维求解问题时,进行问题抽象的主要方法。一个图灵机模型可形式化表示为一个 7 元组$(Q, \Sigma, \Gamma, \delta, q_0, B, F)$:

- Q 是有限状态集合;
- Σ 是有限输入字符集;
- Γ 是有限输入带字符集;
- δ 是状态转移函数,其中,L、R 表示读写头是向左移还是向右移;
- q_0 是初始状态;
- B 是空格符;
- F 是有限终结状态集。

(4) 图灵机模型的计算能力

计算能力就是图灵机可实现的计算,它既可以看成一个函数计算器,也可看成一个语言识别器。

① 计算一种函数。

将图灵机程序 P 解释为计算函数:对于函数 $f(x_1, x_2, \cdots, x_n) = y$,程序 P 总是从输入带读入 n 个整数 $x_1, x_2, \cdots, x_n$,且在输出带上写出一个整数 y 后程序终止。则 P 计算函数 $f(x_1, x_2, \cdots, x_n)$ 且得到函数值 $f(x_1, x_2, \cdots, x_n) = y$。

② 识别一种语言。

将图灵机程序 P 解释为一个语言接收器:一个字母表是符号的有限集合,而语言是字母表上字符串的集合。字母表中的符号可以用整数 $1, 2, \cdots, k$ 来表示。图灵机接收语言的方式为:将字符串 $S = a_1 a_2 \cdots a_n$ 中的字符依次放在输入带上的第 1~n 个方格中,第 $n+1$ 个方格中放入字符串结束标志。如果程序 P 读了字符串 S 以及结束标志后,在输出带的第 1 格输出 1 并停机,那么程序 P 接受字符串 S。

以上两种对图灵机计算能力的解释,本质上是一致的,归根到底都是一种计算。图灵机可以实现一切可能的机械式计算过程。

（5）图灵机模型分类

如果执行中每次只可能有一个规则匹配，也就是说所有规则的左端都不完全相同，图灵机的执行是唯一确定的，则称这样的机器为确定的图灵机。反之，有两个或更多的规则的左端完全相同时，图灵机的执行就不是唯一确定的，称这样的机器为非确定的图灵机。

图灵机理论奠定了通用电子计算机设计的理论基础，同电子技术的结合最终产生了20世纪最伟大的奇迹。

1.2.2　可计算性

可计算性理论研究计算的一般性质，也称算法理论或能行性理论。通过建立计算的数学模型（例如 1.2.1 节中的图灵机等抽象计算模型），精确区分哪些问题是可计算的，哪些是不可计算的。对问题的可计算性分析可使得人们不必浪费时间在不可能解决的问题上（或尽早转而使用其他有效手段），并集中资源在可以解决的那些问题上。

可计算性定义：对于某问题，如果存在一个机械的过程，对于给定的一个输入，能在有限步骤内给出问题答案，那么该问题就是可计算性的。

可计算性具有如下几个特性：

① 确定性。在初始情况相同时，任何一次计算过程得到的计算结果都是相同的。

② 有限性。计算过程能在有限的时间内、在有限的设备上执行。

③ 设备无关性。每一个计算过程的执行都是"机械的"或"构造性的"，在不同设备上，只要能够接受这种描述，并实施该计算过程，将得到同样的结果。

④ 可用数学术语对计算过程进行精确描述，能将计算过程中的运算最终解释为算术运算。计算过程中的语句是有限的，对语句的编码能用自然数表示。

1.2.3　计算复杂性

1. 计算复杂性概述

对于同样一个问题，运用不同的算法，在机器上运行时所需要的时间和空间资源的数量时常相差很大，因而需要定义算法的复杂度，并作为度量算法优劣的一个重要指标。计算复杂性的度量标准：一是计算所需的步数或指令条数（称为时间复杂度），二是计算所需的存储单元数量（称为空间复杂度）。

① 问题规模表示：不可能也不必要研究每个具体问题的计算复杂性，复杂性总是对于特定的问题类来讨论的，它包括无穷多个个别问题，有大有小。

例如：矩阵乘法问题，相对地说，100 阶矩阵相乘是个大问题，而 2 阶矩阵相乘就是个小问题。可以把矩阵的阶 n 作为衡量问题大小的尺度。又如在图论问题中，可以把图的顶点数 n 作为衡量问题大小的尺度。一个个别问题在计算之前，总要用某种方式加以编码，并可把这个编码的长度 n 作为衡量该问题大小的尺度，在图灵机理论中就是计算的输入字的长度 n。

② 复杂度表示：当给定待计算问题的一个求解算法以后，计算大小为 n 的问题所需

要的时间、空间可以表示为 n 的函数。在图灵机理论中,假定算法在图灵机上计算的输入字的长度是 n,那么完成此计算所需的最长时间(即运算的最长步数)是 n 的一个函数,称此函数为此算法的时间复杂度。同样,完成此计算所需要的最大空间(即运算涉及的格子最大数量)也是 n 的一个函数,称此函数为此算法的空间复杂度。当要解决的问题规模越来越大时,时间、空间等资源耗费将以什么样的速率增长,这就是计算复杂性理论所要研究的主要问题。例如,若函数不超过多项式函数,就说此算法具有多项式时间或多项式空间复杂度;若函数不超过指数函数,就说此算法具有指数时间或指数空间复杂度。

常见的时间复杂度有:常数 $O(1)$、对数阶 $O(\log n)$、线性阶 $O(n)$、线性对数阶 $O(n\log n)$、平方阶 $O(n^2)$、立方阶 $O(n^3)$……k 次方阶 $O(n^k)$、指数阶 $O(2^n)$,这里的 O 表示数量级。

当 n 充分大时,上述不同类型的复杂度递增排列的次序为

$$O(1) < O(\log n) < O(n) < O(n\log n) < O(n^2) < O(n^3) < \cdots < O(n^k) < O(2^n)$$

显然,时间复杂度为指数阶 $O(2^n)$ 的算法效率极低,当 n 值稍大时,算法所需的时间就会导致无法实际应用该算法。

类似于时间复杂度的讨论,一个算法的空间复杂度(Space Complexity)$S(n)$ 定义为该算法所耗费的存储空间,它也是问题规模 n 的函数。算法的时间复杂度和空间复杂度合称为算法的复杂度。

2. P 与 NP 问题

是不是所有的问题都有算法?问题的算法是否有效?不同的问题对处理的时间有不同的要求,例如,飞机导航等实时系统需要在毫秒级内完成计算、进行电网控制的实时系统,需要在秒级内给出计算结果,因此算法的有效性也是人们非常关心的问题。

首先,并不是所有问题都有解决的办法。在 1900 年巴黎国际数学家代表大会上,著名数学家希尔伯特发表了题为《数学问题》的讲演,其中的第 10 个问题是:能否通过有限步骤来判定整数系数方程是否存在有理整数根?经过后来数学家的努力,证明了答案是否定的,这样的算法是不存在的。

其次,有些问题的算法虽然存在,但在实际中却并不可行,是无效的。这是因为这些算法所耗费的时间太多或需要耗费的资源太多,在现实中根本不可能进行下去。例如有关印度象棋发明人的故事,国王打算奖赏国际象棋的发明人,国王问他想要什么,他对国王说:"陛下,请您在这张棋盘的第 1 个小格里,赏给我 1 粒麦子,在第 2 个小格里给 2 粒,第 3 小格给 4 粒,以后每一小格都比前一小格加一倍。请您把这样摆满棋盘上所有的 64 格的麦粒,都赏给您的仆人吧!"国王觉得这要求太容易满足了,就命令给他这些麦粒。当人们把一袋一袋的麦子搬来开始计数时,国王才发现,就是把全印度甚至全世界的麦粒全拿来,也满足不了要求。对 8×8 的棋盘,麦子的粒数是 $2^{64}-1$,据估计,全世界两千年也难以生产出这么多麦子!

如果一个算法能在以输入规模为参变量的某个多项式的时间内给出答案,则称它为多项式时间算法,这里的多项式时间是指算法运行的步数。一个算法是否是多项式算法,

与计算模型的具体物理实现没有关系。许多算法都是多项式时间算法，即对规模为 n 的输入，算法在最坏情况下的计算时间为 $O(n^k)$，k 是一个常数。另外，一些问题虽然是可解的，但是不存在常数 k，能使得该问题的求解过程能在 $O(n^k)$ 时间内完成。因而常认为具有多项式时间复杂度的算法是"实际可行的"算法，而具有指数时间复杂度的算法是实际不可行的。

一般来说，根据求解问题所需的时间是否是多项式函数，将问题分为易处理和难处理两大类的问题。

- 易处理问题：存在多项式时间算法的问题，即求解问题时间是关于问题规模 n 的多项式函数。
- 难处理问题：需要指数时间算法解决的问题，即求解问题时间是关于问题规模 n 的指数函数。指数函数的增长速度快得难以想象，有些问题之所以不好解决，就是因为需要计算的次数是 2 的指数函数，这样的计算过程显然在实际上不可行，所以是难处理问题。

P 类问题指确定型图灵机上的具有多项式算法的问题集合，存在多项式时间的算法的一类问题，属于易处理问题；NP 类问题指非确定型图灵机上具有多项式算法的问题集合。

对于 NP 类问题，目前还没有找到确定有效的算法（更确切地说，是目前没有找到时间复杂度是多项式的算法）。用现在可用的算法对该类问题计算，计算量非常大，对规模大的该类问题，根本不可行，因为计算时间复杂度不是多项式函数，而是指数函数，属于难处理问题。同时，P 类问题是 NP 问题的一个子集。

1.2.4　计算机求解问题的过程

随着计算科学的发展，计算理论与许多其他学科已相互影响，可用计算机求解问题的领域已非常广阔，既可求解数据处理、数值分析类问题，也可以求解物理学、化学、心理学等学科中所提出的问题。利用计算机求解问题的过程一般包括：问题的抽象、问题的映射、设计问题求解算法、问题求解的实现等过程。

1. 问题的抽象

数学模型是连接数学与实际问题的桥梁，建模过程是从需要解决的实际问题出发，引出求解该问题的数学方法，最后再回到问题的具体求解中去。建立问题数学模型的一般步骤如下：

① 模型准备阶段：观察问题，了解问题本身所反映的规律，初步确定问题中的变量及其相互关系。

② 模型假设阶段：确定问题所属的系统、模型类型以及描述系统所用的数学工具，对问题进行必要的、合理的简化，用精确的语言作出假设。

③ 模型构成阶段：对所提出的假说进行扩充和形式化。选择具有关键作用的变量及其相互关系，进行简化和抽象，将问题所反映的规律用数字、图表、公式、符号等进行表示，然后经过数学的推导和分析，得到定量或定性的关系，初步形成数学模型。

④ 模型确定阶段：首先根据实验和对实验数据的统计分析，对初始模型中的参数进行估计，然后还需要对模型进行检验和修改，当所建立的模型被检验、评价、确认基本符合要求后，模型才能被最终确定接受，否则需要对模型进行修改。

建模过程中的思维方法就是通过对实际问题的观察、归纳、假设，然后进行抽象，并将其转化为数学问题。对某个问题进行数学建模的过程中，可能会涉及许多数学知识，模型的表达形式不尽相同，有的问题的数学模型可能是一组方程形式，有的可能是一种图形形式，总之，是用字母、数字及其他数学符号建立起来的等式或不等式以及图表、图像、框图数学结构表达式对实际问题本质属性的抽象而又简洁的刻画。

例如，哥尼斯堡七桥问题的解决就是进行问题抽象的典型实例。在哥尼斯堡的一个公园里，有7座桥将普雷格尔河中的两个岛及岛与河岸连接起来，问是否可能从这4块陆地中任一块出发，恰好通过每座桥一次，再回到起点如图1-7所示。

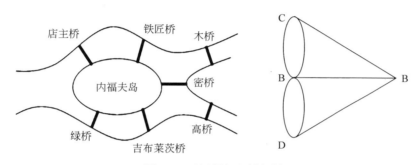

图 1-7 哥尼斯堡七桥问题

数学家欧拉在解决该问题的论文中，用字母 A、B、C、D 代表 4 个区域，用 7 条线代表 7 座桥，将该问题抽象为一个数学问题，即经过图中每条边一次且仅一次的回路问题，并用数学方法给出了判定规则，证明了这样的回路不存在。欧拉的论文为目前被广泛应用的图论奠定了基础，图论也已成为对实际问题进行抽象的一个有力工具。

2. 问题的映射

客观世界中的问题都是由实体以及实体之间的关系构成，实体称为问题空间或问题域中的对象。利用计算机求解问题就是利用某种语言对计算机世界中的实体进行某些操作，用操作结果映射实际问题的解，计算机中的实体称解空间。问题映射就是将问题空间映射到解空间，将问题域中的对象映射到解空间中的对象，因此开发软件进行问题求解的过程就是人们使用计算机语言将现实世界映射到计算机世界的过程，即现实世界问题域→建立模型→编程实现→计算机世界执行求解。

3. 设计问题求解算法

计算机求解问题的具体过程可由算法进行精确描述，算法包含一系列求解问题的特定操作，具有如下性质：

① 将算法作用于特定的输入集或问题描述时，可导致由有限步动作构成的动作

序列。

② 该动作序列具有唯一的初始动作。

③ 序列中的每一动作具有一个或多个后继动作。

④ 序列或者终止于某一个动作,或者终止于某一陈述。

算法代表了对问题的求解,是计算机程序的灵魂,程序是算法在计算机上的具体实现。

4. 问题求解实现

问题求解的实现是利用某种计算机语言编写求解算法的程序,将程序输入计算机后,计算机将按照程序指令的要求自动进行处理并输出计算结果。

1.2.5 可计算的典型问题

本节通过排序、汉诺塔、国王婚姻问题(并行计算)、旅行商问题和个性化推荐这5个经典示例讲解计算机求解的代表性技术:在计算中大量出现的排序涉及数据的组织技术,汉诺塔问题中使用的递归技术是将大问题归约为性质相同子问题的求解方法,国王婚姻问题涉及并行计算技术,而旅行商问题中线路选择则需要应用最优化方法。这些典型问题的代表性求解技术在计算机科学中占有重要地位。

1. 排序——数据有序排列

排序是将一组"无序"的记录序列调整为"有序"的记录序列的过程。排列次序是人们在日常生活中频繁遇到的问题,排序问题在计算学科中也占有重要地位。

例如,在字典中查找生词,如果字典的字是杂乱无章地排列,可以从头到尾地一个个地检查,如果所检查到的字同不认识的生字一样,就算找到了。在上述过程中,假设字典中共有1000个字,那么最坏情况需要检查1000次,效率很低。当然,现在的字典中文字都排了序,英文单词按字母顺序,汉字按音序,另外还有偏旁部首索引,这大大加快了查字典时的查找速度。计算机里的查找算法也用到排序和索引,实现过程同查字典一样,只不过是计算机查找而已。

目前常用的几十种经典排序算法中的效率不尽相同。冒泡排序(Bubble Sort)是最简单的排序算法,它的基本思想是反复扫描待排序数据序列(数据表),在扫描过程中顺次比较相邻两个元素的大小,若逆序就交换这两个元素的位置。所以,冒泡排序是相邻比序逆序交换,这个算法的名字由来是因为越小的元素会经由交换慢慢"浮"到数列的顶端。

冒泡排序的具体过程如下(设按照由小到大升序排列):

① 比较表中相邻的元素。如果第一个比第二个大(逆序)就交换。

② 对每一对相邻元素依次作同样的工作,从开始第一对到表尾的最后一对。得到表尾元素是此次扫描序列中最大的数。

③ 表长度减1,针对剩余元素构成的表重复以上的步骤。

④ 持续每次对越来越少的元素重复上面的步骤,直到没有任何一对数字需要比较。

冒泡排序算法排序思路简单,但它的排序效率低,对于n个待排序序列最多需要做

$n-1$ 趟比较,每一趟最大需要 $n-1$ 次比较,最坏情况下,共需要 $O(n^2)$ 的比较次数。

快速排序(Quick Sort)是对冒泡排序的一种改进,冒泡排序是相邻比序逆序交换,而快速排序采用不相邻比序逆序交换,其基本思想是:

① 首先通过一趟排序,以将要排序的数据的第一个元素(称枢轴元素)为界将待排序序列分成两部分,其中,前面部分的所有数据均小于枢轴元素,后面所有数据都要大于枢轴元素,这个过程称为一趟快速排序;

② 然后再按此方法对上一趟划分出的两部分数据分别再进行快速排序;

③ 重复以上过程,直到划分出的每部分数据个数不超过 1 为止,此时的整个数据序列就变成有序序列。

例如,待排序数据序列表 $[4,1,3,2,6,5,7]$,选 4 作为枢纽元素,则一趟排序结果为 $[1,3,2]4[6,5,7]$。

快速排序方法的效率较高,对于规模为 n 的待排序数据序列,排序中需要 $O(n\log_2 n)$ 的比较次数,显然排序效率高。

计算机中进行数据处理时,经常需要进行查找数据的操作,数据查找的快慢和数据的组织方式关系密切,排序是一种有效的数据组织方式,为进一步快速查找数据提供了基础。不同的排序算法,在时间复杂度和空间复杂度方面不尽相同,计算机所要处理的往往是海量数据,因此在实际应用时,需要结合实际情况合理选择适合问题的排序方法并加以必要改进。

2. 汉诺塔求解——递归思想

汉诺塔问题(也称为梵塔)是印度的一个古老传说:在世界中心贝拿勒斯(位于印度北部)的圣庙里,一块黄铜板上插着 3 根宝石针。印度教的主神梵天在创造世界的时候,在其中一根针上从下到上穿好了由大到小的 64 片金片,不论白天黑夜,总有一个僧侣在按照下面的法则移动这些金片:一次只移动一片,且只能在 3 根宝石针上来回移动,不管在哪根针上,小片必须在大片上面,如图 1-8 所示。

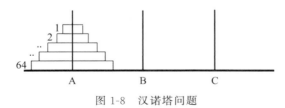

图 1-8 汉诺塔问题

汉诺塔问题是一个典型的用递归方法求解的问题。计算机科学中的递归将一个较大问题归约为一个或多个子问题的求解,这些子问题规模小于原问题,但结构与原问题相同。根据递归方法,可以将 64 个金片搬移转化为求解 63 个金片搬移,如果 63 个金片搬移能被解决,则可以先将前 63 个金片移动到第 2 根宝石针上,再将最后一个金片移动到第 3 根宝石针上,最后再一次将前 63 个金片从第 2 根宝石针移动到第 3 根宝针上。依此类推,63 个金片的汉诺塔问题可转化为 62 个金片搬移,62 个金片搬移可转化为 61 个金片的汉诺塔问题,直到转换到了 1 个金片,此时可直接求解,如图 1-9 所示。

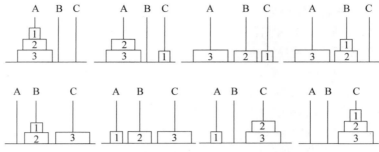

图 1-9 汉诺塔的执行过程（$n=3$）

解决方法如下：

① 当 $n=1$ 时，将编号为 1 的圆盘从 A 宝石针直接移到宝石针 C 上。

② 当 $n>1$ 时，需要利用宝石针 B 作为辅助，设法将 $n-1$ 个较小的盘子按规则移到宝石针 B 中，然后将编号为 n 的盘子从 A 宝石针移到 C 宝石针，最后将 $n-1$ 个较小的盘子移到 C 宝石针。

按照这样的计算过程，64 片金片由一根针上移到另一根针上，并且始终保持上小下大的顺序，这需要多少次移动呢？假设有 n 片，移动次数是 $f(n)$，显然 $f(1)=1$，$f(2)=3$，$f(3)=7$，且 $f(k+1)=2\times f(k)+1$。此后不难证明 $f(n)=2^n-1$。

当 $n=64$ 时，$f(64)=2^{64}-1=18\ 446\ 744\ 073\ 709\ 551\ 615$。

假如每秒移动一次，共需多长时间呢？一个平年 365 天，有 31 536 000 秒，闰年 366 天有 31 622 400 秒，平均每年 31 556 952 秒，计算如下：

$$18\ 446\ 744\ 073\ 709\ 551\ 615 \div 31\ 556\ 952 = 584\ 554\ 049\ 253.855\ 年$$

这表明，完成这些金片的移动需要 5845 亿年以上。

汉诺塔问题的上述求解方法利用的是"递归"思想，递归就是把问题转化为规模缩小了的同类问题的子问题，然后递归调用函数（或过程）来求解原问题。求解汉诺塔问题用一个简洁的递归程序即可实现。汉诺塔的求解计算在理论上是可行的，但由于时间复杂度问题，实际求解 64 个盘片的汉诺塔问题则并不一定可行。

3. 真因子求解——并行计算

很久以前，有一个酷爱数学的年轻国王名叫艾述。他聘请了当时最有名的数学家孔唤石当宰相。邻国有一位聪明美丽的公主，名字叫秋碧贞楠。艾述国王爱上了这位邻国公主，便亲自登门求婚。公主说："你如果向我求婚，请你先求出 48 770 428 433 377 171 的一个真因子，一天之内交卷。"艾述听罢，心中暗喜，心想：我从 2 开始，一个一个地试，看看能不能除尽这个数，还怕找不到这个真因子吗？

艾述国王十分精于计算，他一秒就能算完一个数。可是，他从早到晚，共算了三万多个数，最终还是没有结果。国王向公主求情，公主将答案相告：223 092 827 是它的一个真因子。国王很快就验证了这个数确定能除尽 48 770 428 433 377 171。

公主说："我再给你一次机会，如果还求不出，将来你只好做我的证婚人了。"国王立即回国，召见宰相孔唤石，大数学家在仔细地思考后认为这个数为 17 位，如果这个数可以分成两个真因子的乘积,则最小的一个真因子不会超过 9 位。于是他给国王出了一个主意:按自然数的顺序给全国的老百姓每人编一个号,等公主给出数目后,立即将它们通报全国,让每个老百姓用自己的编号去除这个数,除尽了立即上报,赏黄金万两。于是,国王发动全国上下的民众,再度求婚,终于取得成功。

在该故事中,国王采用了顺序求解的计算方式,所耗费的计算资源少,但需要更多的计算时间,而宰相孔唤石的方法则采用了并行计算方式。

并行计算是提高计算机系统数据处理速度和处理能力的一种有效手段,并行计算的基本思想是:用多个处理器来协同求解同一问题,即将被求解的问题分解成若干个部分,各部分均由一个独立的处理机来并行计算。并行计算将任务分离成了离散部分,有助于同时解决,从时间耗费上优于普通的串行计算方式,但这也是以增加了计算资源耗费所换得的。

4. 旅行商问题——最优化思想

旅行商问题常被称为旅行推销员问题,是指一名推销员要去多个地点推销货物时,如何找到每个地点去过一次仅且去过一次后再回到起点的最短路径,该问题规则虽然简单,但在地点数目增多后求解却极为复杂。

旅行商问题最简单的求解思路是枚举法,即列出每一条可供选择的路径,计算出路径长度后,从所有这些可供选择路径中选出一条最短的路径。这样的求解思路方法虽然简单,但当城市数目增多后却不一定可行。

当城市数目为 n 时,可供选择的组合路径数为 $(n-1)!$。显然当 n 较小时,$(n-1)!$ 并不大,但随着城市数目的不断增加,组合路径数呈指数级规律急剧增长。以 20 个地点为例,如果要列举所有路径后再确定最佳行程,那么总路径数量为 $(20-1)! \approx 1.216 \times 10^{17}$,数量之大,几乎难以计算出来,这就是所谓的"组合爆炸"问题,是一个典型的 NP 问题,目前计算机没有确定的高效算法来求解它。

2010 年 10 月 25 日,英国伦敦大学皇家霍洛韦学院等机构研究人员的最新研究认为,在花丛中飞来飞去的小蜜蜂显示出了轻易破解"旅行商问题"的能力。研究人员利用人工控制的假花进行了实验,结果显示,不管怎样改变花的位置,蜜蜂在稍加探索后,很快就可以找到在不同花朵间飞行的最短路径,这是首次发现能解决这个问题的动物。研究报告认为,小蜜蜂显示出了轻而易举破解这个问题的能力,如果能理解蜜蜂怎样做到这一点,将有助于人们改善交通规划和物流等领域的工作,对人类的生产、生活将有很大帮助。

求解旅行商问题可采用最优化中的动态规划算法。最优化方法用于研究各种有组织系统的管理问题及其生产经营活动,对所研究的系统,求得一个合理运用人力、物力和财力的最佳方案,发挥和提高系统的效能及效益,最终达到系统的最优目标。旅行商问题是最优化中的线性规划问题中的运输问题。最优化理论与方法也已成为现代管理科学中的重要理论基础和不可缺少的方法,例如,旅行商问题的求解方法可应用于如下实际问题:如何规划最合理高效的道路交通,以减少拥堵;如何更好地规划物流,以减少运营成本;如何在互联网环境中更好地设置节点,以更好地让信息流动等。

5. 个性化推荐——大数据分析

我们上网时经常有过这样的经历。当打开网页时,总会发现之前搜索过的内容会自动出现在当前的页面中,或者网页会自动推荐与你上次浏览相近的内容。比如,打开淘宝网的时候总会显示你感兴趣或者搜索过的产品,打开一些 APP 的时候,也总会推送一些你感兴趣的内容和话题。这是为什么呢?原来网站的后台根据你的记录分析出你的习惯爱好,然后进行个性化推荐,其实这就是大数据的搜集整合及应用。

互联网公司在日常运营中会生成、累积海量用户网络行为数据,通过对这些海量数据的挖掘和运用,进而对用户的行为特征进行分析和预测。

大数据与传统数据分析的区别在于它的分析对象不再是采样数据而是全部数据,这样就取消了人为的限制,也消除了分析过程的局限性;另外一点是它研究的数据量如此之大,使得人们不需要精确量化这些记录,随着分析数据规模的扩大,使得分析工作能够在宏观上拥有较之以往更强的洞察力。

原有的技术架构和路线已无法承载海量数据的高效处理,可以说,大数据时代对人类的数据驾驭能力提出了新的挑战,通过技术的创新与发展,实现数据的全面感知、收集、分析、共享,将为人们提供一种全新的看待世界的方法。

1.3 计算机的应用领域及发展方向

1.3.1 计算机的应用领域

1. 科学计算

科学计算是计算机应用的一个最重要的领域,它利用计算机的高速计算、大存储容量和连续运算的能力,可以实现人工无法解决的各种科学计算问题。如核酸和蛋白质序列信息的获取分析、量子化学和结构化学中的演绎计算、气象与地震预报、火箭与卫星发射以及各种工程设计等。

2. 过程控制

过程控制被人们用来提高工作效率,它利用计算机实时采集数据、分析数据,按最优值迅速地对控制对象进行自动调节或自动控制。采用计算机进行过程控制,不仅可以大大提高控制的自动化水平,而且可以提高控制的时效性和准确性,从而改善劳动条件、提高产量及合格率,如工业化生产中的智能仪表、生活中的各种智能家居等。

3. 信息管理

随着信息化进程的深入,各种数据的规模不断增大,传统的人工处理方法已经不能适应需求。信息管理以数据库管理系统为基础,包括数据的采集、存储、加工、分类、排序、检索和发布等一系列工作。信息处理已成为当代计算机的主要任务,是现代化管理的基础,如各种信息管理系统、票务预订系统和金融业务系统等。

4. 计算机辅助技术

计算机辅助技术是利用计算机辅助人员进行各种活动,包括计算机辅助设计(Computer Aided Design,CAD),计算机辅助制造(Computer Aided Manufacturing,CAM)和计算机辅助教学(Computer Aided Instruction,CAI)。计算机辅助技术可以有效地提高工作效率和工作质量,图 1-10 是计算机辅助复原的兵马俑。

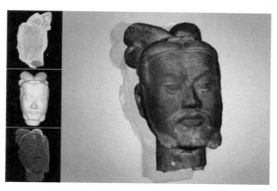

图 1-10 计算机辅助复原兵马俑

5. 人工智能

人工智能的主要目的是用计算机来模拟人的智能,包括模式识别、景物分析、自然语言理解和生成、专家系统、机器人等,它为计算机应用开辟了一个最有吸引力的领域,其中最具代表性的两个领域是专家系统和机器人,比如用于疾病诊疗的专家系统、各种智能识别系统等。

6. 计算机网络

计算机网络是计算机技术和通信技术结合的产物,它将处在不同地域的计算机用通信线路连接起来,配以相应的软件,达到资源共享的目的,从而使众多的计算机可以方便地互相传递信息,共享硬件、软件、数据信息等资源。

1.3.2 计算机的发展方向

1. 巨型化

巨型化是指研制运算速度快、存储容量大、处理能力强的超级计算机,通常是指由数量众多的处理器(机)组成,采用大规模并行处理的体系结构,用来求解大型复杂问题的计算机。超级计算机主要用于国家高科技领域和尖端技术研究,是国家综合国力和科技水平的重要标志。

超级计算机通过多个服务器的协同工作,以及先进的架构设计实现了存储和运算的分离,确保用户数据、资料在软件系统更新或 CPU 升级时不受任何影响,保障了存储信息的安全，真正实现了保持长时、高效、可靠的运算并易于升级和维护的优势。

我国的超级计算机技术起步较晚，但是却发展迅速。由国家并行计算机工程技术研究中心研制、安装在国家超级计算无锡中心的超级计算机神威·太湖之光由 40 个运算机柜和 8 个网络机柜组成，机柜中分布了 4 块由 32 块运算插件组成的超节点，整个计算机共有 40960 块处理器。其峰值性能可达到 12.5 亿亿次/秒，持续性能为 9.3 亿亿次/秒，2016—2017 年，神威·太湖之光超级计算机已经连续 4 次蝉联世界超级计算机冠军。

2. 网络化

20 世纪 50 年代至 70 年代，计算机的应用模式主要依赖于大型计算机的"集中计算模式"，20 世纪 80 年代，由于个人计算机的广泛使用而表现为"分散计算模式"，20 世纪 90 年代起，由于计算机网络的发展，使计算机的应用进入了"网络计算模式"。人们通过互联网进行沟通、交流（QQ、微信等），教育资源共享（文献查阅、远程教育等）、信息查阅共享（百度、谷歌）等，特别是无线网络的出现，极大地提高了人们使用网络的便捷性。

与此同时，以网络为基础的各种计算机应用的新技术不断涌现，改变计算方式的同时，增强了计算机的处理能力，也进一步拓展了计算机的应用领域。例如，云计算部署大量在云端的计算资源，可以提供给用户所需要的一切服务，甚至包括超级计算。而用户只需要通过网络，使用一台笔记本计算机或者一部手机就可以使用这些资源。另外，与云计算类似的云存储是将存储资源放到云上供人存取的一种新兴方案。使用者可以在任何时间、任何地方，透过任何可连网的装置连接到云上方便地存取数据，不仅保证数据的安全性，也节约存储空间。

3. 智能化

计算机的智能化以知识处理为核心，可以模拟人的感知和思维能力。智能化的研究领域很多，其中最有代表性的领域是人工智能。谷歌的人工智能系统阿尔法围棋（AlphaGo）在 2016 年和 2017 年分别战胜了韩国和中国顶尖的围棋选手李世石和柯洁，宣告了人工智能技术已经走出实验室，向世人展示了它的创新能力。智能家居、智能机器人等各种智能技术已经走进大家的生活，并发挥了越来越大的作用。

4. 微型化

计算机的微型化是计算机发展的重要趋势之一。随着超大规模集成电路的发展，计算机的体积越来越小，但是性能却原来越高。微处理器的诞生是在 1971 年 11 月，由美国 Intel 公司研制成功 Intel 4004 微处理器，并在此基础上发布了世界上第一台微型计算机 MCS-4。1981 年 8 月，IBM PC（Personal Computer）微型计算机的成功开发标志着新型个人计算机的出现，从此以后，PC 也就成了个人计算机的代名词。

习　题

1. 选择题

(1) 最先实现存储程序式管理的计算机是(　　)。
    A. ENIAC　　　　B. EDSAC　　　　C. EDVAC　　　　D. UNIVAC

(2) "存储程序"的核心概念是(　　)。
    A. 事先编好程序　　　　　　　B. 把程序存储在计算机内存中
    C. 事后编好程序　　　　　　　D. 将程序从存储位置自动取出并逐条执行

(3) 使用超大规模集成电路制造的计算机应该归属于(　　)计算机。
    A. 第一代　　　　B. 第二代　　　　C. 第三代　　　　D. 第四代

2. 填空题

(1) 世界上公认的第一台电子计算机于_____年在_____诞生,被命名为_____。计算机发展已经历了 4 代,它们都基于一个共同的思想,这个思想是由_____提出的,其主要特点是_____。

(2) 无论是基于何种机理的计算机,其发展趋势可归纳为_____、_____、_____和_____。

3. 简答题

(1) 什么是计算机?
(2) 现代计算机与以往计算工具的区别是什么?
(3) 计算机分为哪几类?
(4) 简述计算机的发展过程。
(5) 什么是图灵机模型?它与现代计算机的关系如何?

第 2 章
计算机中数据的表示

计算机已经发展成为能够进行文字、图形、图像、图表、声音、视频等数据处理的工具，这些种类繁多的数据在计算机中都必须经过数字化编码后才能被传送、存储和处理，也就是以 0、1 代码的形式表示的。计算机处理的数据可以分成数值数据和非数值数据。本章将针对这两种类型的数据详细地介绍计算机中常用的数制和编码，不同数制之间的转换方法，数值数据和非数值数据(如文本、图形图像、音视频数据等)的编码知识。

通过本章的学习，学生应该掌握不同进制之间的转换关系以及二进制的逻辑运算规则；熟悉计算机的原码、反码和补码的概念和应用；理解信息编码的不同方法。

2.1　数　　制

数制是用一组固定的数字和一套统一的规则来表示数目的方法。

2.1.1　进位计数制

任何进制都有其生存的原因。由于日常生活中大都采用十进制记数，因此对十进制最习惯。其他进制目前仍有应用的领域，如十二进制，12 的可分解的因子多(12,6,4,3,2,1)，商业领域中不少包装计量单位为"一打"；如十六进制，16 可被平分的次数较多(16,8,4,2,1)，即使是现代，某些场合(如中药、金器)还在沿用这种计量单位记数。

按照进位方式记数的数制叫进位记数制。十进制数具有"逢十进一"的特点，六十进制即逢 60 进 1(如每分钟 60 秒，每小时 60 分钟)，十二进制即逢 12 进 1(一年有 12 个月)，七进制即逢 7 进 1(一个星期有七天)等。

计算机中最常使用的是二进制，也常使用八进制和十六进制。进位记数涉及基数和位权两个概念。

1. 基数

每一种进制都有固定数目的记数符号，基数是指该进制中允许选用的基本数码的个数。

- 十进制：具有 10 个记数符号，为 0～9，所以十进制的基数为 10。
- 二进制：具有 2 个记数符号，为 0 和 1，所以二进制的基数为 2。

- 八进制：具有 8 个记数符号，为 0～7，所以八进制的基数为 8。
- 十六进制：具有 16 个记数符号，为 0～9、A、B、C、D、E、F，其中，A～F 对应十进制数的 10～15，所以十六进制的基数为 16。

2. 位权

在任何进制中，一个数码处在不同位置上，所代表的值也不同，比如数字 6 在十位数位置上表示 60，在百位数上表示 600，而在小数点后 1 位表示 0.6，可见每个数码所表示的数值等于该数码乘以一个与数码所在位置相关的常数，这个常数叫做位权。位权的大小是以基数为底、数码所在位置的序号为指数的整数次幂。十进制数的个位数位置的位权是 10^0，十位数位置上的位权为 10^1，小数点后 1 位的位权为 10^{-1}，其他依此类推。

十进制数 $(34958.34)_{10} = 3 \times 10^4 + 4 \times 10^3 + 9 \times 10^2 + 5 \times 10^1 + 8 \times 10^0 + 3 \times 10^{-1} + 4 \times 10^{-2}$

- 小数点左边：从右向左，每一位对应权值分别为 10^0、10^1、10^2、10^3、10^4。
- 小数点右边：从左向右，每一位对应的权值分别为 10^{-1}、10^{-2}。

二进制数 $(100101.01)_2 = 1 \times 2^5 + 0 \times 2^4 + 0 \times 2^3 + 1 \times 2^2 + 0 \times 2^1 + 1 \times 2^0 + 0 \times 2^{-1} + 1 \times 2^{-2}$

- 小数点左边：从右向左，每一位对应的权值分别为 2^0、2^1、2^2、2^3、2^4、2^5。
- 小数点右边：从左向右，每一位对应的权值分别为 2^{-1}、2^{-2}。

不同的进制由于其进位的基数不同，其位权值是不同的。

2.1.2 二进制的运算

1. 二进制的表示

德国数学家莱布尼茨 18 世纪发明的二进制是对人类的一大贡献。有趣的是他的发明是古代中国的八卦图启迪的成果。莱布尼茨在研究工作中对中国的古代文明和技术产生了浓厚的兴趣，从中他获得了重要的启发。他认为最早的二进制表示就起源于中国的八卦，如图 2-1 所示，在八卦图中的符号"—"为阳，"- -"为阴，莱布尼兹理解为二进制的 1 和 0。中国民间就有天地分阴阳、一年分四季、四季分八卦之说，可以说，二进制的思想源于中国人的发明。

为什么在计算机内部采用二进制表示数据呢？原因有三：其一，由于二进制只有 0、1 两个代码，也就是只有 0、1 两种状态，

图 2-1 八卦图标

能实现两个状态的物理器件比较多,比如开关的接通和断开、晶体管的导通和截止、电位电平的高与低等,计算机的数字电路就是基于晶体管的导通和截止状态的,在表示两种状态时比较稳定;其二,二进制数的运算法则少,运算简单,使计算机运算器的硬件结构大大简化;其三,由于二进制 0 和 1 正好与逻辑代数的假(false)和真(true)相对应,有逻辑代数的理论基础,用二进制数表示二值逻辑很自然。

2. 二进制的算术运算

二进制数的算术运算与十进制数的算术运算类似,但其运算规则更为简单,其规则如表 2-1 所示。

表 2-1　二进制数的运算规则

加　法	减　法	乘　法	除　法
$0+0=0$	$0-0=0$	$0\times0=0$	$0\div0=0$
$0+1=1$	$1-0=1$	$0\times1=0$	$0\div1=0$
$1+0=1$	$1-1=0$	$1\times0=0$	$1\div0$(没有意义)
$1+1=10$(逢二进一)	$0-1=1$(借一当二)	$1\times1=1$	$1\div1=1$

【例 2-1】　二进制数 1001 与 1011 相加。

算式：

$$
\begin{array}{ll}
被加数 & (1001)_2\cdots\cdots(9)_{10}\\
加数 & (1011)_2\cdots\cdots(11)_{10}\\
进位 & +)\ 111\\
\hline
和数 & (10100)_2\cdots\cdots(20)_{10}
\end{array}
$$

结果：

$$(1001)_2+(1011)_2=(10100)_2$$

由算式可以看出,两个二进制数相加时,每一位最多有 3 个数(本位被加数、加数和来自低位的进位)相加,按二进制数的加法运算法则得到本位相加的和及向高位的进位。

【例 2-2】　二进制数 11000001 与 00101101 相减。

算式：

$$
\begin{array}{ll}
被减数 & (11000001)_2\cdots\cdots(193)_{10}\\
减数 & (00101101)_2\cdots\cdots(45)_{10}\\
借位 & -)\ 1111\\
\hline
差数 & (10010100)_2\cdots\cdots(148)_{10}
\end{array}
$$

结果：

$$(11000001)_2-(00101101)_2=(10010100)_2$$

由算式可以看出,两个二进制数相减时,每一位最多有 3 个数(本位被减数、减数和向高位的借位)相减,按二进制数的减法运算法则得到本位相减的差数和向高位的借位。

3. 二进制的逻辑运算

计算机中的逻辑关系是一种二值逻辑,逻辑运算的结果只能为"真"或"假"。二值逻辑很容易用二进制数的 0 和 1 来表示,一般用 1 表示真,用 0 表示假。逻辑值的每一位表示一个逻辑值,逻辑运算是按对应位进行的,每位之间相互独立,不存在进位和借位关系,运算结果也是逻辑值。

逻辑运算有"或""与"和"非"三种,其他复杂的逻辑关系都可以由这三种基本逻辑关系组合而成。

(1) 逻辑"或"

"或"用于表示逻辑"或"关系的运算,"或"运算符可用+、OR、∪ 或 ∨ 表示。其运算规则如下:

$$0+0=0 \qquad 0+1=1 \qquad 1+0=1 \qquad 1+1=1$$

即两个逻辑位进行"或"运算,只要有一个为"真",逻辑运算的结果为"真"。

【例 2-3】 如果 A=1001111,B=1011101,求 A+B。

步骤如下:

$$
\begin{array}{r}
1001111 \\
+\ 1011101 \\
\hline
1011111
\end{array}
$$

结果:

$$A+B=1001111+1011101=1011111$$

(2) 逻辑"与"

"与"用于表示逻辑"与"关系的运算,称为"与"运算,与运算符可用 AND、·、×、∩ 或 ∧ 表示。其运算规则如下:

$$0\times0=0 \qquad 0\times1=0 \qquad 1\times0=0 \qquad 1\times1=1$$

即两个逻辑位进行"与"运算,只要有一个为"假",逻辑运算的结果就为"假"。

【例 2-4】 如果 A=1001111,B=1011101,求 A×B。

步骤如下:

$$
\begin{array}{r}
1001111 \\
\times\ 1011101 \\
\hline
1001101
\end{array}
$$

结果:

$$A\times B=1001111\times1011101=1001101$$

(3) 逻辑"非"

"非"用于表示逻辑"非"关系的运算,该运算常在逻辑变量上加一横线表示。其运算规则如下:

$$\overline{1}=0 \qquad \overline{0}=1$$

即对逻辑位求反。

2.1.3 不同数制间的转换

在计算机内部,数据和程序都用二进制数来表示和处理,为了方便管理,计算机中常用八进制或十六进制表示二进制数据,但计算机的输入输出还是用十进制数来表示,这就存在数制间的转换工作,转换过程是通过机器完成的,但我们应当懂得数制转换的原理,特别是十进制与二进制之间的相互转换,二进制与八进制、十六进制之间的转换。

1. R 进制数转换为十进制数

R 进制数（R 代表任意进制）转换为十进制数时,可以采用按权展开各项相加的法则。

若 L 有 N 位整数 M 位小数,其各位数为 $(K_{n-1}K_{n-2}\cdots K_2K_1K_0.K_{-1}\cdots K_{-m})$,则 L 可以表示为

$$L = \sum_{i=-m}^{n-1} K_iR^i = K_{n-1}R^{n-1} + K_{n-2}R^{n-2} + \cdots + K_1R^1 + K_0R^0$$
$$+ K_{-1}R^{-1} + \cdots + K_{-m}R^{-m}$$

当一个 R 进制数按权展开求和后,也就得到了该数值所对应的十进制数。

【例 2-5】 将二进制数 11011.01 转换成对应的十进制数。

$$(11011.01)_2 = (1\times2^4 + 1\times2^3 + 0\times2^2 + 1\times2^1 + 1\times2^0 + 0\times2^{-1} + 1\times2^{-2})_{10}$$
$$= (27.25)_{10}$$

【例 2-6】 将八进制数 33.2Q 转换成对应的十进制数。

$$(33.2)_8 = (3\times8^1 + 3\times8^0 + 2\times8^{-1})_{10} = (27.25)_{10}$$

【例 2-7】 将十六进制数 1B.4H 转换成对应的十进制数。

$$(1B.4)_{16} = (1\times16^1 + 11\times16^0 + 4\times16^{-1})_{10} = (27.25)_{10}$$

2. 十进制数转换为 R 进制数

基数乘除法

将十进制数转换为 R 进制数,采用基数乘除法实现,整数部分和小数部分须分别遵守不同的转换规则:

① 对整数部分,除以 R 取余法,即整数部分不断除以 R 取余数,直到商为 0 为止,最先得到的余数为最低位,最后得到的余数为最高位。

② 对小数部分,乘 R 取整法,即小数部分不断乘以 R 取整数,直到小数为 0 或达到有效精度为止,最先得到的整数为最高位（最靠近小数点）,最后得到的整数为最低位。

（1）十进制数转换为二进制数

十进制数转换为二进制数,基数为 2,故对整数部分除以 2 取余,对小数部分乘以 2 取整。为了将一个既有整数部分又有小数部分的十进制数转换成二进制数,可以分别将其整数部分和小数部分进行转换,然后再进行组合。

【例 2-8】 将 $(35.25)_{10}$ 转换成二进制数。

整数部分：除以 2 取余。

2	35	取余数	低
2	17	1	
2	8	1	
2	4	0	
2	2	0	
2	1	0	
2	0	1	高

注意：第一次得到的余数是二进制数的最低位，最后一次得到的余数是最高位。

也可用如下方式计算：

$$商：\quad 0\quad 1\quad 2\quad 4\quad 8\quad 17\quad 35$$

$$余数 \quad 1\quad 0\quad 0\quad 0\quad 1\quad 1 \qquad 2$$

小数部分：乘以 2 取整。

	0.25	取整数	高
×	2		
	0.50	0	
×	2		
	1.00	1	低

注意：一个十进制小数不一定能完全准确地转换成二进制小数，这时可以根据精度要求只转换到小数点后某一位为止。将其整数部分和小数部分分别转换，然后组合起来得 $(35.25)_{10} = (100011.01)_2$。

（2）十进制数转换为八进制数

八进制数码的基本特征是：用 8 个不同的符号（0～7）组成的符号串表示数量，相邻两个符号之间遵循"逢八进一"的原则，即各位上的位权是基数 8 的若干次幂。

【例 2-9】 将十进制数 $(1725.32)_{10}$ 转换成八进制数（转换结果取 3 位小数）。

十进制数转换成八进制数，基数为 8，故对整数部分除以 8 取余，对小数部分乘以 8 取整。为了将一个既有整数部分又有小数部分的十进制数转换成八进制数，可以将其整数部分和小数部分分别转换，然后再组合。

整数部分：除以 8 取余。

8	1725	取余数	低
8	215	5	
8	26	7	
8	3	2	
8	0	3	高

小数部分：乘以 8 取整。

	0.32	取整数	高
×	8		
	2.56	2	
×	8		
	4.48	4	
×	8		
	3.84	3	低

得$(1725.32)_{10}=(3275.243)_8$。

（3）十进制数转换为十六进制数

十六进制数码的基本特征是：用 16 个不同的符号（0～9 和 A、B、C、D、E、F）组成的符号串表示数量，相邻两个符号之间遵循"逢十六进一"的原则，即各位上的位权是基数 16 的若干次幂。

将十进制整数转换成十六进制整数可以采用"除以 16 取余"法；将十进制小数转换成十六进制小数可以采用"乘以 16 取整"法。如果十进制数既含有整数部分又含有小数部分则应分别转换后再组合起来。

【例 2-10】 将$(237.45)_{10}$转换成十六进制数（取 3 位小数）。

整数部分：除以 16 取余。

```
16 │ 237      取余数   低 ↑
16 │  14       13       │
        0      14      高 │
```

小数部分：乘以 16 取整。

```
        0.45      取整数   高
     ×  16
        7.20       7
     ×  16
        3.20       3
     ×  16
        3.20       3      低 ↓
```

得$(237.45)_{10}=(ED.733)_{16}$。

3. 二进制数转换为八进制数、十六进制数

二进制数、八进制数、十六进制数码间的关系：8 和 16 都是 2 的整数次幂，即 $8=2^3$，$16=2^4$，因此 3 位二进制数相当于 1 位八进制数，4 位二进制数相当于 1 位十六进制数，如表 2-2 所示。由于二进制数表示数值的位数较长，因此常用八进制数、十六进制数来表示二进制数。

表 2-2 二进制数、八进制数、十六进制数的对应关系表

二进制数	八进制数	二进制数	十六进制数	二进制数	十六进制数
000	0	0000	0	1000	8
001	1	0001	1	1001	9
010	2	0010	2	1010	A
011	3	0011	3	1011	B
100	4	0100	4	1100	C
101	5	0101	5	1101	D
110	6	0110	6	1110	E
111	7	0111	7	1111	F

将二进制数以小数点为中心分别向两边分组,转换成八(或十六)进制数,按每 3(或 4)位为一组,整数部分向左分组,不足位数左补 0。小数部分向右分组,不足部分右边加 0 补足,然后将每组二进制数转化成八(或十六)进制数即可。

【例 2-11】 将二进制数 $(11101110.00101011)_2$ 转换成八进制数、十六进制数。

$$(\underbrace{011}_{3} \quad \underbrace{101}_{5} \quad \underbrace{110}_{6} \quad . \quad \underbrace{001}_{1} \quad \underbrace{010}_{2} \quad \underbrace{110}_{6})_2=(356.126)_8$$

$$(\underbrace{1110}_{E} \quad \underbrace{1110}_{E} \quad . \quad \underbrace{0010}_{2} \quad \underbrace{1011}_{B})_2=(EE.2B)_{16}$$

4. 八进制数、十六进制数转换为二进制数

将每位八(或十六)进制数展开为 3(或 4)位二进制数。

【例 2-12】

$$(714.431)_8=(\underbrace{111}_{7} \quad \underbrace{001}_{1} \quad \underbrace{100}_{4}. \quad \underbrace{100}_{4} \quad \underbrace{011}_{3} \quad \underbrace{001}_{1})_2$$

【例 2-13】

$$(43B.E5)_{16}=(\underbrace{0100}_{4} \quad \underbrace{0011}_{3} \quad \underbrace{1011}_{B}. \quad \underbrace{1110}_{E} \quad \underbrace{0101}_{5})_2$$

整数前的高位零和小数后的低位零可取消。

十进制与八进制、十六进制的转换,可以借助二进制作为中间量间接转换。

为了体会各种进制之间的对应关系,可以利用 Windows 附带的计算器进行数制之间的转换,具体步骤:单击"开始"菜单,选择"所有程序"→"附件"→"计算器"菜单项,打开"计算器"程序,选择"查看"→"程序员",在文本框中输入数据,选择要转换的数制单选按钮,即可实现转换。

2.2 计算机中的数据表示

数据(data)是表征客观事物的、可以被记录而且能够被识别的各种符号,包括字符、符号、表格、声音、图形和图像等。数据要按照规定好的二进制形式表示才能被计算机处理,这些规定的形式就是数据的编码,编码过程就是实现将信息在计算机中转化为 0 和 1 二进制串的过程。编码时需要考虑数据的特性,还要考虑便于计算机的存储和处理,所以编码是一件非常重要的工作。

2.2.1 数据的单位

计算机中数据的常用单位有位、字节和字。

1. 位

计算机采用二进制表示数据,计算机的内部到处都是 0 和 1 组成的数据,计算机中最小的数据单位是二进制的一个数位,简称为位(bit 或 b),也叫比特,是最小的信息单位。

2. 字节

字节(byte)是计算机中的基本信息单位,1 个字节由 8 个二进制数位组成,字节简写为 B。

存储容量是衡量存储器性能的一项重要指标,通常以 2 的整数次幂为单位。字节是计算机中用来表示存储空间大小的基本容量单位。例如,计算机内存的存储容量、磁盘的存储容量等都是以字节为单位表示的。

除了用字节为单位表示存储容量外,还可以用千字节(kilobyte,KB)、兆字节(megabyte,MB)、吉字节(gigabyte,GB)以及太字节(terabyte,TB)等表示存储容量。它们之间的换算关系如下:

$$1 \text{字节} = 8 \text{ 比特}$$
$$1 \text{千字节} = 2^{10}B = 1024B$$
$$1 \text{兆字节} = 2^{20}B = 1024KB$$
$$1 \text{吉字节} = 2^{30}B = 1024MB$$
$$1 \text{太字节} = 2^{40}B = 1024GB$$

3. 字

在计算机中,一般用若干个二进制位表示一个数或一条指令,把它们作为一个整体来处理、存储和传输。这种作为一个整体来处理的二进制位串称为计算机字。

计算机是以字为单位进行处理、存储和传输的,所以运算器中的加法器、累加器以及其他一些寄存器,都选择与字长相同的位数。现在的计算机的字长一般是 32 位、64 位。

2.2.2　计算机中数值数据的表示

在计算机中只能用数字化信息来表示数的正负,人们规定用 0 表示正号,用 1 表示负号。例如,在机器中用 8 位二进制码表示一个数 +90,其格式如图 2-2 所示;用 8 位二进制码表示一个负数 -90,其格式如图 2-3 所示。

图 2-2　符号位,0 表示正　　　　　　　图 2-3　符号位,1 表示负

在计算机内部,数字和符号都用二进制码表示,两者合在一起构成数的机内表示形式,称为机器数,而它真正表示的数值称为这个机器数的真值。

机器数表示的数的范围受设备限制。字长越长的计算机所能表示数据字的范围越大。

例如,使用 8 位字长计算机,它可表示无符号整数的最大值是 $(255)_{10} = (11111111)_2$。运算时,若数值超出机器数所能表示的范围,就会停止运算和处理,这种现象称为溢出。

1. 定点数和浮点数

计算机中数值数据分成整数和实数两大类。如何表示小数点的位置呢？通常有两种约定：一种是规定小数点的位置固定不变，这时机器数称为定点数；另一种是小数点的位置可以浮动的，这时的机器数称为浮点数。

(1) 定点数

数的定点表示是指数据字中的小数点的位置是固定不变的。小数点位置可以固定在符号位之后，这时数据字就表示一个纯小数。假定机器字长为16位，符号位占1位，数值部分占15位，故下面机器数其等效的十进制数为 -2^{-15}，如图2-4所示。

如果把小数点位置固定在数据字的最后，这时，数据字就表示一个纯整数。假设机器字长为16位，符号占1位，数值部分占15位，故与下面的机器数等效的十进制数为 $+32767$，如图2-5所示。

定点表示法能表示的数值范围很有限，为了扩大定点数的表示范围，可以通过编程技术，采用多个字节来表示一个定点数，如采用4B或8B等。

图2-4　定点小数　　　　　　　　　图2-5　定点整数

(2) 浮点数

浮点表示法就是小数点在数中的位置是浮动的。在以数值计算为主要任务的计算机中，由于定点表示法所能表示的数的范围太窄，不能满足计算问题的需要，因此要采用浮点表示法。在同样字长的情况下，浮点表示法所表示的数的范围扩大了。

计算机中的浮点表示法包括两个部分：一部分是阶码(表示指数，记作E)；另一部分是尾数(表示有效数字，记作M)。设任意一个数N在机器中的表示方法如图2-6所示，其中2为基数，E为阶码，M为尾数。

由尾数部分隐含的小数点位置可知，尾数总是小于1的数字，它给出该浮点数的有效数字。尾数部分的符号位确定该浮点数的正负。阶码给出的总是整数，它确定小数点浮动的位数，若阶符为正，则向右移动；若阶符为负，则向左移动。

假设机器字长为32位，阶码为8位，尾数为24位，则其浮点数在机器中的表示方法如图2-7所示。其中，左边1位表示阶码的符号，符号位后的7位表示阶码的大小。在后24位中，有1位表示尾数的符号，其余23位表示尾数的大小。浮点数表示法对尾数有如下规定：

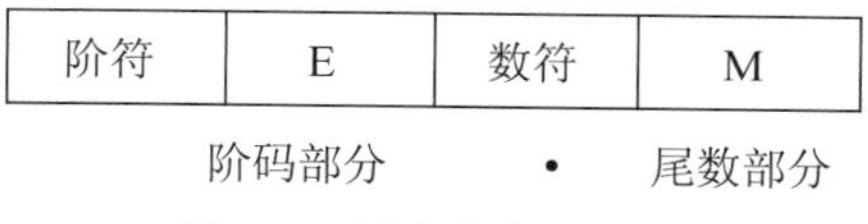

阶符	E	数符	M

阶码部分　　·　尾数部分

图2-6　浮点数表示格式

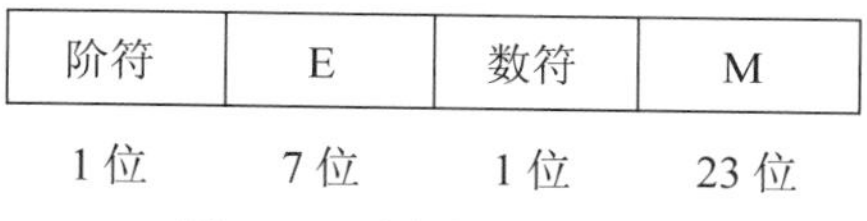

阶符	E	数符	M
1位	7位	1位	23位

图2-7　浮点数表示示例

$$1/2 \leqslant M < 1$$

即要求尾数中第1位数不为零,这样的浮点数称为规格化数。

当浮点数的尾数为零或者阶码为最小值时,机器通常规定:把该数看作零,称为"机器零"。在浮点数的表示和运算中,当一个数的阶码大于机器所能表示的最大码时,产生"上溢",此时,机器一般不再继续运算而转入"溢出"处理。当一个数的阶码小于机器所能代表的最小阶码时,产生"下溢",此时,一般当作机器零来处理。

2. 原码、反码和补码

为提高计算机内部的运算效率,数值数据在计算机中有原码、反码和补码三种形式,不同的运算采用不同的编码,在进行乘法运算时,采用原码进行比较方便,在进行加减法运算时,采用补码形式,反码在进行求补运算时会用到。

(1)原码

原码是指在表示数的时候最高位为符号位,其余各位为数值本身的绝对值。

(2)反码

反码分两种情况考虑。正数的反码与原码相同。负数的反码符号位为1,其余位对原码取反。

(3)补码

补码也分两种情况考虑。正数的原码、反码、补码相同。负数的补码最高位为1,其余位为原码取反,再对整个数加1。

表 2-3 给出了用一个字节表示一个数的原码、反码和补码的情况。

表 2-3   数的原码、反码、补码

数	原　　码	反　　码	补　　码
+7	00000111	00000111	00000111
−7	10000111	11111000	11111001
+0	00000000	00000000	00000000
−0	10000000	11111111	00000000
数的范围	01111111～1111111	01111111～10000000	01111111～10000000
	(−127～+127)	(−127～+127)	(−128～127)

【例 2-14】　求 −7 的原码、反码、补码。

$$-7D = 10000111\ B$$

原码:10000111

反码:11111000　　　在原码的基础上符号位不变,其余各位取反。

补码:11111001　　　在反码的基础上加1,得到补码。

2.2.3　文本数据的表示

在计算机中,要为每个文本字符指定一个确定的编码,字符信息包括字母和各种符号,它们必须按规定好的二进制码来表示,计算机才能对其进行处理。常见的文本编码有 ASCII 码、GB 2312 编码、BIG 5 编码、Unicode 编码等。

1. ASCII 编码

字符是计算机中最常用的信息形式之一,是人与计算机进行通信、交互的重要媒介。在计算机中,要为每个字符指定一个确定的编码,作为识别与使用这些字符的依据。

字符信息包括字母和各种符号,它们必须按规定好的二进制码来表示,计算机才能对其进行处理。字母及数字字符共 62 个,包括 26 个大写英文字母、26 个小写英文字母和 0~9 这 10 个数字。此外,还有其他类型的符号(如%、♯等),用 127 个符号足以表示字符符号的范围。

1 字节(Byte)为 8 位,最高位总是 0,用 7 位二进制数可表示 0000000~1111111 范围中的 128(2^7)个字符。在西文领域的符号处理普遍采用的是美国标准信息交换码(American Standard Code for Information Interchange,ASCII),虽然 ASCII 码是美国国家标准,但它已被国际标准化组织(ISO)认定为国际标准,已得到世界公认并在世界范围内通用。

标准的 ASCII 码是 7 位,用 1B 表示,最高位总是 0,可以表示 128 个不同符号,其中,前 32 个和最后一个通常是计算机系统专用的,代表一个不可见的控制字符。数字字符 0~9 的 ASCII 码是连续的,为 30H~39H(H 表示是十六进制数);大写字母 A~Z 和小写英文字母 a~z 的 ASCII 码也是连续的,分别为 41H~5AH 和 61H~7AH。因此,在知道一个字母或数字的 ASCII 码后,很容易推算出其他字母和数字的 ASCII 码。

例如:大写字母 A,其 ASCII 码为 1000001,即 ASC(A)=65;小写字母 a,其 ASCII 码为 1100001,即 ASC(a)=97。可推得 ASC(D)=68,ASC(d)=100。

扩展的 ASCII 码是 8 位码,也用 1B 表示,其前 128 个码与标准的 ASCII 码是一样的,后 128 个码(最高位为 1)则有不同的标准,并且与汉字的编码有冲突。为了查阅方便,在表 2-4 中列出了 ASCII 码字符编码。

以 A 字符的输入输出为例,说明西文字符在计算机中的处理过程,大写字母 A 的 ASCII 码,查表得($b_6b_5b_4b_3b_2b_1b_0$)=1000001。当输入字符 A,计算机首先在内存存入 A 的 ASCII 码(01000001),然后在 BIOS(基本输入输出系统)中查找与 01000001 对应的字形(英文字符的字形固化在 BIOS 中),最后在输出设备(如显示器)输出 A 的字形。

2. 汉字编码

计算机中的汉字编码也需要使用二进制编码进行表示,在计算机中处理汉字字符较为复杂,需要解决汉字的输入输出以及汉字的处理等。汉字集很大,必须解决如下问题:

① 键盘上无汉字,不可能直接与键盘对应,需要输入码来对应。

② 汉字在计算机中的存储需要机内码来表示,以便查找。

③ 汉字量大,字形变化复杂,需要用对应的字库来存储。

由于汉字具有特殊性,计算机处理汉字信息时,汉字的输入、存储、处理及输出过程中所使用的汉字代码不相同,其中有用于汉字输入的输入码,用于机内存储和处理的机内码,用于输出显示和打印的字模点阵码(或称字形码)。

表 2-4　7 位 ASCII 码表

b3	b2	b1	b0	b6→ b5→ b4→ 列/行	0 (b6=0,b5=0,b4=0)	1 (0,0,1)	2 (0,1,0)	3 (0,1,1)	4 (1,0,0)	5 (1,0,1)	6 (1,1,0)	7 (1,1,1)
0	0	0	0	0	NUL	DLE	SP	0	@	P	'	p
0	0	0	1	1	SOH	DC1	!	1	A	Q	a	q
0	0	1	0	2	STX	DC2	"	2	B	R	b	r
0	0	1	1	3	ETX	DC3	#	3	C	S	c	s
0	1	0	0	4	EOT	DC4	$	4	D	T	d	t
0	1	0	1	5	ENQ	NAK	%	5	E	U	e	u
0	1	1	0	6	ACK	SYN	&	6	F	V	f	v
0	1	1	1	7	BEL	ETB	'	7	G	W	g	w
1	0	0	0	8	BS	CAN	(	8	H	X	h	x
1	0	0	1	9	HT	EM	)	9	I	Y	i	y
1	0	1	0	10	LF	SUB	*	:	J	Z	j	z
1	0	1	1	11	VT	ESC	+	;	K	[	k	{
1	1	0	0	12	FF	FS	,	<	L	\	l	|
1	1	0	1	13	CR	GS	—	=	M	]	m	}
1	1	1	0	14	SO	RS	.	>	N	^	n	~
1	1	1	1	15	SI	US	/	?	O	_	o	DEL

（1）信息交换码

汉字集要存储在计算机中,需要将经常使用的汉字存储在计算机中。

① 国标码。

《信息交换用汉字编码字符集・基本集》是我国于 1980 年制定的 GB 2312—80,代号为国标码,是国家规定的用于汉字信息处理的代码的国家标准。GB 2312—80 中规定了信息交换用的 6763 个汉字和 682 个非汉字图形符号(包括几种外文字母、数字和符号)的代码,即共有 7445 个代码。由于汉字要与西文符号的表示有所区别,在每个字节表示中最高位必须为 1,只能用后 7 位表示汉字集,一个 7 位二进制符号只能表示 2^7（$=128$）个汉字,而两个 7 位二进制符号能表示 2^{14}（$=16\,384$）个汉字,足以表示常用的 7445 个汉字,因此一个汉字应当用两个字节表示。

② 区位码。

在区位码中,每个汉字是由 4 位十进制数构成的,它的前两位叫做区码,后两位称为位码。在计算机当中采用两个字节表示,用高字节表示区号,低字节表示位号。每个字节只用低 7 位。由于低 7 位中有 34 种状态用于控制字符,因此,只有 94(128−34=94)种状态可用于汉字编码。这样,双字节的低 7 位只能表示 94×94=8836 种状态。此标准的汉字编码表有 94 行、94 列,共分为 94 个"区",每区包含 94 个"位",其中,"区"的序号为 01~94,"位"的序号也是 01~94。非汉字图形符号置于第 1~11 区,国标汉字集中有 6763 个汉字,又按其使用频度、组词能力以及用途大小分成一级常用汉字 3755 个,二级常用汉字 3008 个。一级汉字置于第 16~55 区,二级汉字置于第 56~87 区。

国标码转换成区位码时,先将十进制区码和位码转换为十六进制的区码和位码,这样就得到一个与国标码有一个相对位置差的代码,再将这个代码的第一个字节和第二个字节分别加上 20H,就得到国标码。如:"保"字的国标码为 3123H,它是经过下面的转换得到的:

$$1703D \rightarrow 1103H \rightarrow +20H \rightarrow 3123H$$

③ BIG 5 码。

BIG 5 码是 1984 年由中国台湾地区财团法人信息工业策进会和一些厂商为五大中文套装软件所设计的中文内码,又称大五码,是一个在中国香港和台湾地区使用的繁体字编码,共包括 13 461 个中文汉字及符号,主要在中国台湾地区使用。

④ GBK 编码。

GBK 即"国标""扩展"汉语拼音的第一个字母,全称为汉字内码扩展规范,于 1995 年 12 月 1 日制订,是 GB 2312—80 的扩展编码,共包括中、日、韩汉字,BIG 5 中的所有繁体字以及其他符号 21 886 个,目前 Windows 中常用的汉字机内码就是 GBK 编码。

(2)汉字的输入码(外码)

汉字输入码是利用现有的计算机键盘,将形态各异的汉字输入计算机而编制的代码。目前在我国推出的汉字输入编码方案很多,其表示形式大多是字母、数字或符号。编码方案大致可以分为:以汉字发音进行编码的音码,如全拼码、简拼码、双拼码等;按汉字的书写形式进行编码的形码,如五笔字型码;也有音形结合的编码,如自然码,还有区位码等。如"保"字,用全拼,输入码为 BAO,用区位码,输入码为 1703,用五笔字型则为 WKS。

(3)汉字的机内码

汉字的机内码是供计算机系统内部进行存储、加工处理、传输而统一使用的代码,又称为汉字内部码或汉字内码。由于汉字的输入码繁多,若在计算机内部直接存放输入码,会造成存储容量的浪费,而且处理难度增加,因此计算机内部的汉字采用机内码进行存储。不同的系统使用的汉字机内码有可能不同。由于汉字内码的不统一,有可能导致在一个系统中使用其他编码的汉字时出现乱码。国标码加上 8080H 就得到相应的机内码,如国标码 5031H 加上 8080H 就得到对应的机内码 D0B1H。

(4)汉字的字形码

汉字的字形码是汉字字库中存储的汉字字形的数字化信息,用于汉字的显示和打印。汉字字库是将汉字字形数字化后,以二进制文件形式存储在存储器中而形成的汉字字模库。常用的输出设备是显示器与打印机。汉字字形库可以用点阵和矢量来表示。

① 点阵字库。

点阵字库将汉字分成不同大小的点阵，用每个点的虚实来表示汉字的轮廓。汉字字形点阵有 16×16 点阵、24×24 点阵、32×32 点阵、64×64 点阵、96×96 点阵、128×128 点阵、256×256 点阵等。一个汉字方块中行数、列数分得越多，描绘的汉字就越细微，相应占用的存储空间也就越多。汉字字形点阵中每个点的信息要用一位二进制码表示。对 16×16 点阵的字形码，需要用 32B(16×16÷8＝32) 表示；24×24 点阵的字形码需要用 72B(24×24÷8＝72) 表示，如图 2-8 所示。

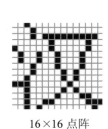

16×16 点阵　　　　　24×24 点阵

图 2-8　点阵字

② 矢量字库。

矢量字库存储的是对每一个汉字的描述信息，包括笔画的起始、终止坐标，半径、弧度等信息。在显示、打印矢量字库时，要经过一系列的数学运算才能得到输出结果。但是用这一类字库保存的汉字，理论上可以被无限地放大，仍然能够保持笔画轮廓的圆滑，因此打印时使用的字库均为此类字库。

Windows 使用的字库也有点阵字库和矢量字库。在 FONTS 目录下，如果字体扩展名为 FON，表示该文件为点阵字库，扩展名为 TTF 则表示矢量字库。全真字体 (TrueType Font，TTF)用数学函数描述字体轮廓外形，含有字形构造、颜色填充、数字描述函数、流程条件控制、栅格处理控制、附加提示控制等指令，具有所见即所得、支持字体嵌入技术等优点。可以通过查看文件属性来了解字体的类型信息。在“C:\windows\fonts”目录中，包含了本机支持的各种字体类型，选择文件，查看文件属性就可以看到各种不同字体的类型信息，如图 2-9 所示。

计算机中处理汉字要经过汉字输入码、汉字机内码、汉字字形码的三码转换，下面以汉字“西”为例说明汉字在计算机中的处理过程，具体转换过程如图 2-10 所示。

输入汉字时必须切入到汉字的输入模式上，例如，切换到“搜狗拼音”，“搜狗拼音”软件就会被运行，此时输入 xi，“搜狗拼音”软件会把输入的编码转换为机内码 CEF7，存放在计算机内存中，需要屏幕显示时，系统会调用程序，根据机内码到字库中查找对应的字形码，并根据字形码将“西”在屏幕上显示出来。

图 2-9　查看字体文件属性

图 2-10　汉字编码转换过程

3. Unicode 编码

Unicode 编码又称统一码或万国码,它是由 Apple 公司发起,为满足跨语言、跨平台进行文本转换、处理的要求制定的字符集编码,1994 年正式公布。它为世界上各种语言的每个字符设定了统一并且唯一的二进制编码,最多可支持超过百万字符的编码,近些年来,Unicode 编码的应用逐渐广泛。

2.2.4　图形和图像的表示

图形是由计算机绘图工具绘制的图形,图像是由数码相机或扫描仪等输入设备捕捉的实际场景记录下来的画面,通常可以将图形和图像统称为图像,在计算机中图像常采用两种表示方法:位图图像和矢量图像。

1. 位图图像

计算机屏幕图像是由一个个像素点组成的,将这些像素点的信息有序地存储到计算机中,用来保存整幅图的信息,这种图像文件类型叫点阵图像,如图 2-11 所示。

计算机内部在存储这些图像时采用的是矩阵形式,每个矩阵元素的值代表了该像素点的灰度值。对于二值图像只有黑白两种颜色,计算机只要用 1 位(1bit)数据即可记录 1 个像素的颜色,用 0 表示黑色,1 表示白色。对于灰度图像就需要增加表示像素的二进制

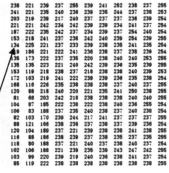

(a) 原始图像　　　　　　(b) 局部放大图像　　　　　(c) 图像矩阵

图 2-11　位图图像表示

数的位数，来表示图像不同的灰度值。例如，计算机用 1 字节（8 位）数据记录 1 个像素的颜色，则从 00000000（纯黑）到 11111111（纯白）可以表示 256 色灰度图像。图 2-11(a) 是一幅灰度图像，用矩形框提取一小部分图像后进行放大，如图 2-11(b) 所示，图 2-11(c) 是矩形框选中部分对应的矩阵，矩阵中的元素值代表了这个像素点的灰度。

对于彩色图像，则每个像素的颜色用红（R）、绿（G）、蓝（B）三原色的强度表示，如果每一个颜色的强度用一个字节来表示，则每种颜色包括 256 个强度级别，强度从 00000000 到 11111111。因此，描述每个像素需要 3 个字节，该像素的颜色是 3 种颜色的复合结果。例如，11111111（R）、00000000（G）、00000000（B）为红色，11111111（R）、11111111（G）、00000000（B）为黄色，11111111（R）、11111111（G）、11111111（B）为白色。

常见的点阵图像文件类型有 bmp、pcx、gif、jpg、tif、psd 和 cpt 等，同样的图形以不同类型的文件保存时，文件大小也会有所差别。

位图图像能够制作出颜色和色调变化丰富的图像，可以逼真地表现自然界的景观，广泛应用在照片和绘图图像中，而且很容易在不同软件之间交换文件。其缺点是无法制作真正的三维图像，并且图像在缩放、旋转和放大时会产生失真现象，同时文件较大，对内存和硬盘空间容量的需求也较高。

2. 矢量图像

矢量图像是用一组指令集合来描述图像的内容，这些指令用来描述构成该图像的所有直线、圆、圆弧、矩形、曲线等图元的位置、维数和形状。

矢量图像所占的存储容量较小，可以很容易地进行放大、缩小和旋转等操作，并且不会失真，适合用于表示线框型的图画、工程制图、美术字和三维建模等方面。但是矢量图像不易制作色调丰富或色彩变化太多的图像。

常见的矢量图像文件类型有 AI、EPS、SVG、dwg、dxf、wmf 和 emf 等。

2.2.5　音频的表示

音频用于表示声音和音乐，音频本身是模拟信号，是连续的，不适合在计算机中存储，需要对其离散化。首先需要对其采样,采样就是以相等的间隔来测量信号的值;然后再量化采样值,就是给采样值分配值,例如,如果一采样值为 34.2,而值集为 0~63 的整数值,则将该采样值量化为值 34;最后,将量化值转换为二进制并存入计算机。

常见的音频格式有 wav、midi、MP3、au、wma 等。

2.2.6　视频和动画的表示

视频是由一系列的静态图像组成的动态图像,其中,每幅静态图像称为帧。当组成动态图像的每帧图像由人工或计算机加工而成时,则称作动画。当组成动态图像的每帧图像是通过实时摄取自然景象或活动对象而成时,则称为视频。

视频文件是将静态图像运用点阵图的形式有序存储,但这样数据量太大。因此,现在的视频文件大多采用了视频压缩技术,根据所采用的压缩编码技术不同,视频分为多种格式,比如 mpeg、mov、wmv、rmvb、avi、asf 和 flv 等格式。

动画的应用领域不同,也存在不同的存储格式,常见的有 gif、swf 和 mov 等格式。

习　　题

1. 选择题

(1) 在计算机内部,数据是以(　　)形式加工、处理和传送的。

　　A. ASCII 码　　　　B. 二进制数　　　　C. 十六进制数　　　　D. 十进制数

(2) 十进制数 215.653 1 转换成二进制数是(　　)。

　　A. 11110010.000111　　　　　　　　B. 11101101.110011

　　C. 11010111.101001　　　　　　　　D. 11100001.111101

(3) 二进制 1110111 转换成十六进制数为(　　)。

　　A. 77　　　　　　　B. D7　　　　　　　C. E7　　　　　　　D. F7

(4) 二进制数 10011010 和 00101011 进行逻辑乘运算(即"与"运算)的结果是(　　)。

　　A. 00001010　　　　　　　　　　　B. 10111011

　　C. 11000101　　　　　　　　　　　D. 11111111

(5) 用十六进制数为某存储器的各个字节编地址,其地址编号范围是 0000~FFFF,则该存储器的容量是(　　)。

　　A. 64KB　　　　　　B. 256KB　　　　　C. 640KB　　　　　D. 1MB

(6) 在机器数中,(　　)的零的表示形式是唯一的。

　　A. 原码　　　　　　B. 补码　　　　　　C. 反码　　　　　　D. 原码和补码

(7) 计算机内的数有浮点和定点两种表示方法。一个浮点法表示的数由两部分组成,即(　　)。

　　A. 指数和基数　　　　　　　　　　B. 尾数和小数

　　C. 阶码和尾数　　　　　　　　　　D. 整数和小数

(8) 存储一个 24×24 点阵的汉字字形信息需占用(　　)字节。

  A. 2　　　　　　　　B. 24　　　　　　　　C. 32　　　　　　　　D. 72

(9) 汉字系统中的汉字字库里存放的是汉字的(　　)。

  A. 机内码　　　　　B. 输入码　　　　　C. 字形码　　　　　D. 国标码

(10) 下列 4 条叙述中,有错误的一条是(　　)。

  A. 通过自动(如扫描)或人工(如语音)方法将汉字信息(图形、编码或语音)转换为计算机内部表示汉字的机内码并存储起来的过程,称为汉字输入

  B. 将计算机内存储的汉字内码恢复成汉字并在计算机外部设备上显示或通过某种介质保存下来的过程,称为汉字输出

  C. 将汉字信息处理软件固化,构成一块插件板,这种插件板称为汉卡

  D. 汉字国标码就是汉字拼音码

(11) 某汉字的国际码是 1112H,它的机内码是(　　)。

  A. 3132H　　　　　B. 5152H　　　　　C. 8182H　　　　　D. 9192H

2. 填空题

(1) 将下列十进制数转换成相应的二进制数。

  $(68)_{10}=(\underline{\hspace{3cm}})_2$

  $(347)_{10}=(\underline{\hspace{3cm}})_2$

  $(57.687)_{10}=(\underline{\hspace{3cm}})_2$

(2) 将下列二进制数转换成相应的十进制数、八进制数、十六进制数。

  $(101101)_2=(\underline{\hspace{2cm}})_{10}=(\underline{\hspace{2cm}})_8=(\underline{\hspace{2cm}})_{16}$

  $(11110010)_2=(\underline{\hspace{2cm}})_{10}=(\underline{\hspace{2cm}})_8=(\underline{\hspace{2cm}})_{16}$

  $(10100.1011)_2=(\underline{\hspace{2cm}})_{10}=(\underline{\hspace{2cm}})_8=(\underline{\hspace{2cm}})_{16}$

(3) 在计算机中,一个字节由_____个二进制位组成。

(4) 存放 16 个 16×16 点阵的汉字字模,需占存储空间为_____。

(5) 1MB 的存储空间最多能存储_____个汉字。

(6) 3 位二进制可以表示_____种状态。

(7) 32MB 等于_____字节。

(8) 计算机中的最小数据单位是_____。

(9) 字符 A 的 ASCII 码为_____。

(10) 在计算机中图像常采用两种表示方法:_____和_____。

3. 简答题

(1) 计算机为什么要采用二进制代码?

(2) 计算机中常用的汉字机内码有哪几种?

(3) 说明浮点数的表示数据原理。

(4) 在 Windows 中启动"记事本",使用"微软拼音"输入法输入中文字符,体会计算机处理汉字的处理过程。

4. 思考题

（1）请确定 1～15 的一个数，只须给出此数在下列各栏中是否存在的信息，别人不用看表即可确定所说的这个数是多少，请说出其中的规律。

9	10	7	4	3	2	3	5
13	8	12	14	11	10	7	9
11	15	6	5	7	6	1	11
14	12	13	15	14	15	13	15

（2）猜年龄：仿照上题规律，制出一个 5 栏表，表中含有 1～31 的数，进行猜年龄的游戏。

第3章

计算机系统的组成

计算机系统由硬件系统和软件系统两部分组成。计算机硬件是计算机软件工作的基础。要真正理解计算机,必须对计算机的硬件组成有深入的了解。本章着重介绍冯·诺依曼体系结构、计算机的硬件组成部分及其功能,并结合微机的发展历程阐述微机结构、接口和衡量计算机性能的基本指标。

3.1 计算机的工作原理

计算机硬件的基本功能是接受计算机程序的控制以实现数据输入、运算、数据输出等一系列操作。虽然计算机的制造技术从计算机出现到今天已经发生了巨大的变化,但在基本的硬件结构方面,一直沿袭着冯·诺依曼的传统框架,即计算机硬件系统由控制器、运算器、存储器、输入设备、输出设备这5个基本部件构成。原始数据和程序通过输入设备输入存储器,在运算处理过程中,数据从存储器读入运算器进行运算,运算的结果存入存储器,必要时再经输出设备输出。指令也以数据形式存于存储器中。运算时,指令由存储器输入控制器,由控制器控制各部件的工作。

由此可见,输入设备负责把用户的信息(包括程序和数据)输入到计算机中;输出设备负责将计算机中的信息(包括程序和数据)输出到外部媒介,供用户查看或保存;存储器负责存储数据和程序,并根据控制命令提供这些数据和程序,它包括内存(储器)和外存(储器);运算器负责对数据进行算术运算和逻辑运算(即对数据进行加工处理);控制器负责对程序所规定的指令进行分析,控制并协调输入、输出操作或对内存的访问。

3.1.1 冯·诺依曼结构

1945年,美籍匈牙利科学家冯·诺依曼首先提出了"存储程序"的概念和二进制原理,后来,人们把利用这种概念和原理设计的电子计算机系统统称为"冯·诺依曼型结构"计算机。冯·诺依曼型计算机的主要特点包括:

- 指令采用顺序执行;
- 指令的格式包括指令码和地址码两部分;
- 采用二进制形式表示数据和指令;

- 将程序事先存入主存储器中,使计算机在工作时能够自动高速地从存储器中取出指令并加以分析、执行;
- 计算机系统由 5 个基本部分组成:运算器、控制器、存储器、输入设备和输出设备,如图 3-1 所示。

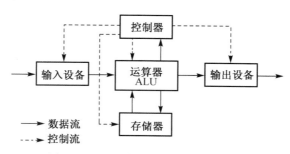

图 3-1　冯·诺依曼结构的计算机系统

冯·诺依曼结构存在一定的缺陷,不完全适应现代计算机的要求,例如指令采用顺序执行的方式,系统以运算器作为核心等,因此许多新型计算机对它进行了各种各样的改进,比如:

- 指令并行执行;
- 系统和核心改为以存储器为中心;
- 指令和数据分别存放和访问。

尽管如此,冯·诺依曼结构仍然是现代计算机的基础,包括性能最优越的计算机也仍然采用这种结构。

3.1.2　现代计算机系统组成

计算机硬件是指计算机系统中由电子、机械和光电元件组成的各种计算机部件和设备,其基本功能是接受计算机程序的控制以实现数据输入、运算、数据输出等一系列操作。

目前计算机的种类很多,其制造技术也发生了极大的变化,但在基本的硬件结构方面,它一直沿袭着冯·诺依曼的体系结构,从功能上都可以划分为五大基本组成部分,即输入设备、输出设备、存储器、运算器和控制器,如图 3-2 所示。

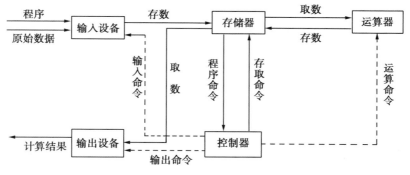

图 3-2　现代计算机系统基本硬件结构

在图 3-2 中,实线代表数据流,虚线代表控制流,计算机各部件间的联系通过信息流动来实现。原始数据和程序通过输入设备送入存储器,在运算处理过程中,数据从存储器读入运算器进行运算,并将运算结果存入存储器,必要时再经输出设备输出。指令也以数据形式存于存储器中,运算时指令由存储器送入控制器,由控制器控制各部件的工作。

（1）输入设备

输入设备的功能是将要加工处理的外部信息转换为计算机能够识别和处理的内部形式,以便于处理。

（2）输出设备

输出设备的功能是将信息从计算机的内部形式转换为使用者所要求的形式,以便能为人们识别或被其他设备所接收。

（3）存储器

存储器的功能是用于存储以内部形式表示的各种信息。

（4）运算器

运算器的功能是对数据进行算术运算和逻辑运算。

（5）控制器

控制器的功能是产生各种信号,控制计算机各个功能部件协调一致地工作。

运算器和控制器在结构关系上非常密切,它们之间有大量的信息被频繁地进行交换,而且共用一些寄存单元,因此将运算器和控制器合称为中央处理器（Central Processing Unit,CPU）,中央处理器和内存储器合称为主机,输入设备和输出设备称为外部设备。由于外存储器不能直接与 CPU 交换信息,而它与主机的连接方式和信息交换方式与输入设备和输出设备没有很大差别,因此,一般也把它列入外部设备的范畴,即外部设备包括输入设备、输出设备和外存储器,但从外存储器在整个计算机中的功能来看,它属于存储系统的一部分,因此称为辅助存储器。

计算机软件指以计算机可以识别和执行的操作所表示的处理步骤和有关文档,它可以告诉计算机做些什么,以及按什么方法、步骤去做。在计算机术语中,计算机可以识别和执行的操作所表示的处理步骤称为程序,计算机软件即指计算机程序和有关文档。

在计算机中,硬件和软件的结合点是计算机的指令系统。计算机的一条指令是计算机硬件可以执行的一步操作。计算机可以执行的指令的全体称为该机的指令系统。任何程序必须先转换成该机的硬件能够执行的一系列指令,才能够被执行。

3.1.3　现代计算机的工作过程

冯·诺依曼提出的现代计算机的基本工作原理如下:

- 计算机的指令和数据均采用二进制表示。
- 由指令组成的程序和要处理的数据一起存放在存储器中。机器一启动,控制器按照程序中指令的逻辑顺序,把指令从存储器中读出来,逐条执行。
- 由输入设备、输出设备、存储器、运算器、控制器五个基本部件组成的计算机硬件系统,在控制器的统一控制下,协调一致地完成由程序所描述的处理工作。

在计算机中,硬件和软件是两个不可缺少的部分。硬件是组成计算机系统的各部件的总称,它是计算机系统快速、可靠、自动工作的物质基础,是计算机系统的执行部分。从这个意义上讲,没有硬件,就没有计算机,计算机软件也不会产生任何作用。但是一台计算机之所以能够处理各种问题,而且具有很大的通用性,能够代替人们进行一定的脑力劳动,是因为人们把这些待处理问题的解决方法分解成为计算机可以识别和执行的步骤,并以计算机可以识别的形式存储到计算机中,也就是说,在计算机中存储了解决这些问题的程序。目前所说的计算机一般都包括硬件和软件两大部分,而把不包括软件的计算机称为"裸机"。

3.2　微型计算机

3.2.1　微型计算机硬件结构

微型计算机硬件系统的组成如图 3-3 所示。

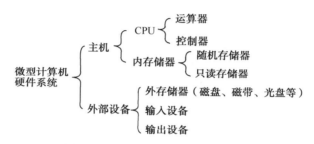

图 3-3　微型计算机硬件系统的组成

微型化的中央处理器称为微处理器(MPU),它包括运算器和控制器,是微机系统的核心;ROM、RAM 为内存储器;微处理器输出 3 组总线:地址总线 AB、数据总线 DB 和控制总线 CB。各组成部分通过这 3 组总线连接在一起。由微处理器和内存储器构成微型计算机的主机。此外,还有外存储器、输入设备和输出设备,它们统称为外部设备。微型计算机的结构如图 3-4 所示。

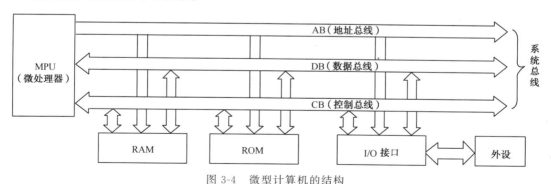

图 3-4　微型计算机的结构

PC 基本由显示器、键盘和主机构成。主机安装在主机箱内,主机箱有卧式和立式两种类型。在主机箱内有主板(系统板、母板)、硬盘驱动器、CD-ROM 驱动器、软盘驱动器、电源、显示适配器（显示卡）等。

1. 主板

主板又称母板，在主板上通常安装有 CPU 插座、CPU 调压器、主板芯片组、存储器插槽、总线插槽、ROM、BIOS、CMOS 存储器、电池等，如图 3-5 所示。主板安装在机箱内，是计算机最重要的部件之一，是计算机各部件相互连接的纽带和桥梁。主板的类型和档次决定了整个计算机系统的类型和档次，主板的性能影响着整个计算机系统的性能。

图 3-5　主板结构图

主板一般是矩形电路板，上面安装着组成计算机的主要电路系统，一般有 BIOS 芯片、I/O 控制芯片、键盘和面板控制开关接口、插座、扩展槽、插座等元件。主板采用了开放式结构，主板上大约有 6～8 个可扩展插槽，供计算机外围设备的控制卡插接。通过更换这些插卡，可以对计算机的子系统进行局部升级，使厂家和用户在配置计算机时有更大的灵活性。

CPU 和存储器芯片分别通过主板上的 CPU 插座和存储器插槽安装在主板上。PC 常用外围设备通过扩充卡（例如声音卡、显示器等）或 I/O 接口与主板相连，扩充卡通过卡上的印刷插头插在主板上的 PCI 总线插槽中。随着集成电路的发展和计算机设计技术的进步，许多扩充卡的功能可以部分或全部集成在主板上（例如串行口、并行口、声卡、网卡等）。

主板上还有两块具有特别用处的集成电路：一块是只读存储器（ROM），其中存放的是基本的输入输出系统（BIOS），它是 PC 软件中最基础的部分；另一个集成电路芯片是 CMOS 存储器，其中存放着用户对计算机硬件所设置的一些参数（称为"配置信息"），包括当前的日期和时间、已安装的软驱和硬盘的个数及类型等。一旦设定参数后，CMOS 将记住这些数据。CMOS 芯片是一种易失性的存储器，必须使用电池供电，才能使计算机关机后它也不会丢失所存储的信息。

为了便于不同 PC 主板的互换，主板的物理尺寸已经进行标准化。前些年使用比较多的是 ATX 规格的主板，目前有一种功能更先进、通风更好的 BTX 主板正在逐步兴起。

（1）主板芯片组

芯片组（Chipset）是主板的灵魂，决定了主板的性能和价格。主板上的芯片组由北桥芯片和南桥芯片组成，如图 3-6 所示。北桥芯片提供对 CPU 的类型和主频、内存的类型和最大容量、ISA/PCI/AGP 插槽、ECC 纠错等的支持。南桥芯片则提供对 KBC（键盘控制器）、RTC（实时时钟控制器）、USB（通用串行总线）、ACPI（高级能源管理）等的支持。其中，北桥芯片起着主导性的作用，也称为主桥（Host Bridge）。

（a）南桥芯片

（b）北桥芯片

图 3-6　主板上的芯片

需要注意的是，CPU 类型或参数不同时需要配用不同的芯片组。CPU 的系统时钟及各种与其同步的时钟均由芯片组提供。芯片组还决定了主板上所能安装的内存的最大容量、速度及可使用的内存条的类型。

（2）主板对外接口

主板的对外接口主要有：COM 接口、PS/2 接口、LPT 接口、RJ-45 网络接口、MIDI 接口、USB 2.0 接口、音频接口，高档的主板还有 IEEE 1394 接口和无线模块等。

- COM 接口（串口）：目前大多数主板都提供了两个 COM 接口，分别为 COM1 和 COM2，作用是连接串行鼠标和外置 Modem 等设备。COM1 接口的 I/O 地址是 03F8h～03FFh，中断号是 IRQ4；COM2 接口的 I/O 地址是 02F8h～02FFh，中断号是 IRQ3。由此可见 COM2 接口比 COM1 接口的响应具有优先权。

- PS/2 接口：PS/2 接口的功能比较单一，仅能用于连接键盘和鼠标。一般情况下，鼠标的接口为绿色，键盘的接口为紫色。PS/2 接口的传输速率比 COM 接口稍快一些，是目前应用最为广泛的接口之一。

- USB 接口：USB 接口是现在最为流行的接口，最大可以支持 127 个外设，并且可以独立供电，其应用非常广泛。USB 接口可以从主板上获得 500mA 的电流，支持热拔插，真正做到了即插即用。一个 USB 接口可同时支持高速和低速 USB 外设的访问，由一条四芯电缆连接，其中两条是正负电源，另外两条是数据传输线。高速外设的传输速率为 12Mb/s，低速外设的传输速率为 1.5Mb/s。此外，USB 2.0 标准最高传输速率可达 480Mb/s。

- LPT 接口（并口）：一般用来连接打印机或扫描仪，其默认的中断号是 IRQ7，采用 25 脚的 DB-25 接头。并口的工作模式主要有 3 种：SPP 标准工作模式，SPP 数据是半双工单向传输，传输速率较慢，仅为 15Kb/s，但应用较为广泛，一般设为默认的工作模式；EPP 增强型工作模式。EPP 采用双向半双工数据传输，其传输速率比 SPP 高很多，可达 2Mb/s，目前已有不少外设使用此工作模式；ECP 扩充型工作模式，ECP 采用双向全双工数据传输，传输速率比 EPP 还要高一些，但支持此模式的设备不多。

- MIDI 接口：声卡的 MIDI 接口和游戏杆接口是共用的。接口中的两个针脚用来传送 MIDI 信号，可连接各种 MIDI 设备，例如电子键盘等。

主板产品根据支持 CPU 的不同，分为 Intel 及 AMD 系列，CPU 的类型应当和主板相搭配，主板选购时应综合考虑速度、稳定性、兼容性、扩充能力和升级能力等方面的要求。

为了便于不同 PC 主板的互换，主板的物理尺寸已经标准化。前些年使用比较多的是 ATX 规格的主板，目前，一种功能更先进、通风更好的 BTX 主板正在逐步兴起。

2. 中央处理器

中央处理器（Central Processing Unit，CPU）又称为"微处理器"。中央处理器包括运算器和控制器两个部件，它是计算机系统的核心。CPU 的主要功能是按照程序给出的指令序列分析指令、执行指令，完成对数据的加工处理。计算机所发生的全部动作都受 CPU 的控制。

（1）CPU 的组成部分

控制器用来协调和指挥整个计算机系统的操作，本身不具有运算功能，而是通过读取各种指令，并对其进行翻译、分析，而后对各部件作出相应的控制。它主要由指令寄存器、译码器、程序计数器、时序电路等组成。

运算器主要完成算术运算和逻辑运算，是对信息加工和处理的部件，它主要由算术逻辑部件、寄存器组组成。

寄存器是 CPU 的一个重要组成部分，是微处理器作算术运算和逻辑运算时，用来临时寄存中间数据和地址的存储位置。它们的硬件组成类似于内存的存储单元，只是存取速度比内存更快，容量更小。寄存器通常存放在 CPU 内部，由控制器控制。

CPU 的内部总线是数据和指令在 CPU 中传递以及运算器和控制器之间信息交流的通道。

（2）CPU 的性能指标

CPU 品质的高低直接决定了计算机系统的档次。CPU 始终围绕着速度与兼容两个目标进行设计。CPU 的主要性能指标包括主频、字长、缓存等。

① 主频。主频也叫时钟频率（CPU Clock Speed），单位是 MHz，用来表示 CPU 的运算速度。CPU 的主频＝外频×倍频系数。主频表示在 CPU 内数字脉冲信号震荡的速度。

② 外频。外频是 CPU 的基准频率，单位也是 MHz。CPU 的外频决定着整块主板的运行速度。目前大部分计算机系统的外频也是内存与主板之间的同步运行速度，在这种方式下，可以理解为 CPU 的外频直接与内存相连通，实现两者之间的同步运行状态。

③ 字长。计算机技术中对 CPU 在单位时间内（同一时间）能一次处理的二进制数的位数叫字长，所以，能处理字长为 8 位数据的 CPU 通常就叫 8 位的 CPU。同理，32 位的

CPU 能在单位时间内处理字长为 32 位的二进制数据。人们通常所说的 8 位机、16 位机、32 位机、64 位机即指 CPU 可同时处理 8 位、16 位、32 位、64 位的二进制数。

④ 缓存。缓存大小也是 CPU 的重要指标之一,而且缓存的结构和大小对 CPU 速度的影响非常大,CPU 内缓存的运行频率极高,一般是和处理器同频运作,工作效率远远大于系统内存和硬盘。L1 Cache(一级缓存)是 CPU 第一层高速缓存,分为数据缓存和指令缓存。L2 Cache(二级缓存)是 CPU 的第二层高速缓存,分内部和外部两种芯片。L3 Cache(三级缓存)分为两种,早期的是外置,现在的都是内置的。L3 缓存的应用可以进一步降低内存延迟,同时提升大数据量计算时处理器的性能。

(3) CPU 的主要生产厂商

世界上生产微处理器的公司主要有 Intel、AMD、VIA、Apple、HP、SUN、IBM 等,其中,以 Intel 和 AMD 生产的产品应用最为广泛,如图 3-7 所示。

Intel、AMD 等芯片制造商推出在单晶片上集成多重处理单元的新型芯片,取代了过去的单一中央处理器,计算机已步入多核时代。多核处理器的出现标志着计算机技术的一次重大飞跃。

多核处理器的优点是多线程操作,即同时运行多个程序。多核处理器极大地提升了处理器的并行性能,提高了通信效率,能有效共享资源,降低功耗,并且多核结构简单,易于优化设计,扩展性强。

在多核处理器方面,起领导地位的厂商主要有 Intel 和 AMD 两家。目前 Intel 推出的多核处理器主要有:Core 酷睿(双核)、酷睿 2(4 核)、酷睿 2 至尊版(4 核)、酷睿 i7 8xx/9xx(4 核)、酷睿 i7 9xx(6 核)处理器、Xeon 至强服务器处理器(4 核/6 核/8 核)等。AMD 推出的多核处理器主要有 Athlon 速龙处理器(双核)、Phenom 羿龙处理器(3 核/4 核/6 核)、Opteron 皓龙处理器(8 核/12 核)等。

(a) 第一代Intel处理器4004　　(b) IAMD速龙处理器　　(c) 酷睿i7处理器

图 3-7　CPU 产品

3. 输入输出设备

计算机处理的用户信息通常是以数字、文字、符号、图形、图像、声音以及表示各种物理、化学现象的信息表示出来的,在计算机中所能存储加工的仅是以二进制代码表示的信息,因此要处理这些外部信息就必须把它们转换成二进制代码的内部表示形式。计算机的输入设备和输出设备(简称为 I/O 设备)就是完成这种转换的工具。

（1）输入设备

输入设备将要加工处理的外部信息转换成计算机能够识别和处理的内部表示形式（即二进制代码），输送到计算机中去。在微型计算机系统中，最常用的输入设备是鼠标和键盘。

扫描仪是一种典型的图像输入设备。它可以将纸质文档上的照片、图片、图形或文字资料扫描到计算机中，并将其转换成以二进制代码表示的图像文件存储于硬盘上。扫描仪主要有两类：手持式和平板式。平板式扫描仪的性能要优于手持式扫描仪。扫描仪的主要技术参数是分辨率，以每英寸的检测点数表示，其单位是 dpi。一般的扫描仪的分辨率为 600dpi。

注意：最好选择两倍于打印机分辨率的扫描仪，才能获得最佳的图像效果。目前市场上的扫描仪有 EPP、SCSI 和 USB 三种接口，USB 接口的扫描仪使用最广泛。

触摸屏是一种快速实现人机对话的工具，用户只要用手指轻轻碰触计算机显示屏上的图符或文字就能实现对主机操作。而且触摸屏具有坚固耐用、反应速度快、节省空间、易于交流等许多优点。常见的触摸屏有电容式、电阻式和红外线式三种。

电容式触摸屏是在玻璃表面贴上一层透明的特殊金属导电物质。当手指触摸在金属层上时，触点的电容就会发生变化，使得与之相连的振荡器频率发生变化，通过测量频率变化可以确定触摸位置获得信息。

其他常见的输入设备如图 3-8 所示。

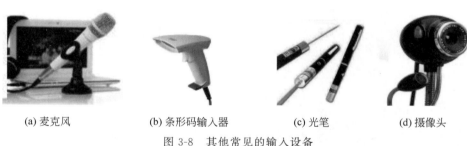

(a) 麦克风　　　　　(b) 条形码输入器　　　　　(c) 光笔　　　　　(d) 摄像头

图 3-8　其他常见的输入设备

（2）输出设备

输出设备是将计算机内部以二进制代码形式表示的信息转换为用户需要并能识别的形式（如十进制数字、文字、符号、图形、图像、声音）或者其他系统所能接受的信息形式，并将其输出。在微型机系统中，主要的输出设备有显示器和打印机等。

4. 存储器

存储器是计算机的记忆和存储部件，用来存放信息。对存储器而言，容量越大，存取速度越快。计算机的操作大量是与存储器之间交换信息，存储器的工作速度比 CPU 的运算速度要低得多，因此存储器的工作速度是制约计算机运算速度的主要因素之一。目前计算机的存储系统由各种不同的存储器组成。通常至少有两级存储器：一个是包含在计算机中的内存储器，它直接和运算器、控制器联系，容量小，但存取速度快，用于存放那些急需处理的数据或正在运行的程序；另一个是外存储器，它间接和运算器、控制器联系，存取速度慢,但存取容量大,价格低廉,用来存放暂时不用的数据。

(1) 内存储器

内存又称为主存,它和 CPU 一起构成了计算机的主机部分。内存由半导体存储器组成,存取速度较快,由于价格上的原因,一般容量较小。内存中含有很多存储单元,每个单元可以存放 1 个 8 位的二进制数,即一个字节。通常一个字节可以存放 0~255 的一个无符号整数或一个字符的代码,而对于其他大部分数据可以用若干个连续字节按一定规则进行存放。内存中的每个字节各有一个固定的编号,这个编号称为地址,CPU 在存储器中存取数据时按地址进行。存储器容量即指存储器中包含的字节数,通常用 KB 和 MB 作为存储器容量的单位。内存储器按工作方式的不同,可以分为随机存储器(RAM)和只读存储器(ROM)两种。

① RAM(随机存储器)。

RAM 是一种读写存储器,其内容可以随时根据需要读出,也可以随时重新写入新的信息。内存条就是将 RAM 集成块集中在一起的一小块电路板,它插在计算机中的内存插槽上,如图 3-9 所示。RAM 一般又分为静态 RAM 和动态 RAM 两种。静态 RAM 的特点是只要存储单元上加有工作电压,它上面存储的信息就会保持。动态 RAM 是利用 MOS 管极间电容保存信息的,随着电容的漏电,信息会逐渐丢失,所以,为了补偿信息的丢失,要每隔一定时间对存储单元的信息进行刷新。

不论是静态 RAM 还是动态 RAM,当电源电压停止时,RAM 中保存的信息都将会丢失。RAM 在微机中主要用来存放正在执行的程序和临时数据。由于静态存储器成本较高,通常在存储器较小的存储系统中采用,以省去刷新电路这一步。在存储量较大的存储系统中宜用动态存储器,以降低成本。

 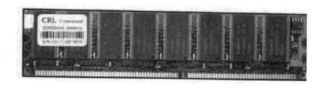

图 3-9 内存条

② ROM(只读存储器)。

ROM 是一种只能读出内容而不能写入和修改的存储器,其存储的信息是在制作该存储器时就被写入。在计算机运行过程中,ROM 中的信息只能被读出,而不能写入新的内容。ROM 常用来存放一些固定程序、数据和系统软件等,如检测程序、ROMBIOS 等。只读存储器除了 ROM 外,还有 PROM、EPROM 等类型。PROM 是可编程只读存储器,但只可编写一次。与 PROM 器件相比,EPROM 器件是可以反复多次擦除原来写入的内容,重新写入新的内容的只读存储器。EPROM 与 RAM 不同,虽然其内容可以多次擦除和更新,但只要更新固化好后,就只能读出,而不像 RAM 那样可以随机读出和写入信息。不论哪种 ROM,其中存储的信息均不受断电影响,具有永久保存的特点。

衡量内存的常用指标有容量与速度。目前微机内存容量主要有 64MB、128MB、256MB 等。微机内存的速度是指读或写一次内存所需的时间,数量级以纳秒(ns)衡量。

（2）外存储器

内存由于技术及价格上的原因,容量有限,不可能容纳所有的系统软件及各种用户程序,因此,计算机系统都要配置外存储器。外存储器又称为辅助存储器,它的容量一般都比较大,而且大部分可以移动,便于不同计算机之间进行信息交流。在微型计算机中,目前常用的外存有硬盘和闪存。

① 硬盘。

硬盘是由若干个硬盘片组成的盘片组,一般被固定在主机箱内,如图 3-10 所示。硬盘的存储格式与软盘类似,但硬盘的容量要大得多,存取信息的速度也快得多。目前微机上所配置的硬盘容量主要有 60GB、80GB 和 120GB 等。硬盘在第一次使用时,也必须首先格式化。

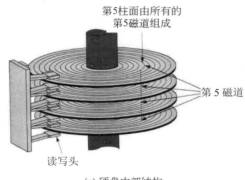

(a) 硬盘内部结构　　　　　　　　　　　　(b) 硬盘外部结构

图 3-10　硬盘

衡量硬盘的常用指标有容量、转速、硬盘自带 Cache(高速缓存)的容量等。容量越大,存储信息量越多;转速越高,存取信息速度越快;Cache 越大,计算机整体速度越快。目前普通硬盘的转速有 5400 转,高速硬盘有 7200 转。普通硬盘自带 Cache 的容量有 2MB,而高速硬盘自带 Cache 的容量可达 8MB 以上。

② 闪存。

闪存是一种新型的 EEPROM(电可擦可编程只读存储器)内存。它的历史并不长,但已出现了各种各样的闪存,有常用的 U 盘、数码相机、MP3 上用的 CF(Compact Flash)卡、SM(SmartMedia)卡、MMC(MultiMediaCard)卡等,如图 3-11 所示。它们携带和使用方便,容量和价格适中,一般容量从 64MB 到 2GB,存储数据可靠性强,因此普及很快,深受广大计算机使用者的青睐。

③ 移动硬盘。

移动硬盘主要采用计算机外设标准接口(USB/IEEE 1394)的硬盘,即插即用。它有容量大、单位存储成本低、速度快、兼容性好的特点,是一种便携式的大容量存储设备。

（3）Cache(高速缓冲存储器)

由于 CPU 比内存速度快,目前,在计算机中还普遍采用了一种比主存储器存取速度更快的超高速缓冲存储器,即 Cache,置于 CPU 与主存之间,以满足 CPU 对内存高速访问的要求。有了 Cache 以后,CPU 每次读操作都先查找 Cache,如果找到,可以直接从 Cache 中高速读出;如果不在 Cache 中,再由主存中读出。Cache 的存储容量主要有 256KB、512KB 等。Cache 的容量并不是越大越好,过大的 Cache 会降低 CPU 在 Cache 中查找的效率。

(a) CF卡

(b) SM卡

(c) MMC卡

图 3-11　闪存卡

5. I/O 总线与 I/O 接口

（1）I/O 操作

输入输出设备（又称 I/O 设备或外设）是计算机系统的重要组成部分,没有 I/O 设备,计算机就无法与外界（包括人、环境、其他计算机等）交换信息。

I/O 操作的任务是将输入设备的信息送入内存的指定区域,或者将内存指定区域的内容送出到输出设备。与 CPU 执行的算术逻辑操作相比,I/O 操作有许多不同的特点。

多级 I/O 设备在操作过程中包含机械动作,其工作速度比 CPU 慢得多。为了提高系统的效率,I/O 操作与 CPU 的数据处理操作往往是并行进行的。

多个 I/O 设备必须能同时进行工作（例如,一面键盘输入,一面屏幕显示,同时还进行打印输出等）。

除了键盘、显示器、鼠标器等基本的 I/O 设备之外,不同计算机所配置的 I/O 设备数量、品种和性能差别很大,且经常需要增减和更新。

I/O 设备的种类繁多,性能各异,操作控制的复杂程度相差很大,与计算机主机的连接也各不相同。

考虑到上述情况和要求,每个（类）I/O 设备都有各自专用的控制器（I/O 控制器）,它们的任务是接收 CPU 启动 I/O 操作的命令后独立地控制 I/O 设备的操作,直到 I/O 操作完成。

I/O 控制器是一组电子线路,不同设备的 I/O 控制器结构与功能不同,复杂程度相差也很大。有些设备（如键盘、鼠标器、打印机等）的 I/O 控制器比较简单,它们已经集成在主板上的芯片内。有些设备（如音频、视频设备等）的 I/O 控制器比较复杂,且设备的规格和品种也比较多样,这些 I/O 控制器就制作成扩充卡（也叫做适配卡或控制卡）,插在主板的 PCI 扩充槽内。随着芯片组电路集成度的提高,越来越多之前使用扩充卡的 I/O 控制器,如声卡、网卡等,也已经包含在芯片组内,这既缩小了机器的体积,提高了可靠性,也降低了成本。

大多数 I/O 设备都是一个独立的物理实体，它们并不包含在 PC 的主机箱里。因此，I/O 设备与主机之间必须通过连接器（也叫做接插件或插头/插座）实现互连。主机上用于连接 I/O 设备的各种插头/插座，统称为 I/O 接口。为了连接不同的设备，PC 有多种不同的 I/O 接口，它们不仅外观形状不同，而且电气特性及通信规程也各不相同。

（2）I/O 总线

总线的英文名字是 BUS，指计算机各部件之间传输信息的一组公用的信号线及相关控制电路。前面曾经介绍了 CPU 总线（前端总线），这里要介绍的是 I/O 总线，也叫主板总线，它是各类 I/O 设备控制器与 CPU、存储器之间相互交换信息、传输数据的一组公用信号线，这些信号线与主板上扩充插槽中的各扩充板卡（I/O 控制器）直接连接。

（3）总线分类

① 按照传输信息的类型分为：数据总线、地址总线和控制总线。

- 数据总线（Data Bus，DB）：用于微处理器与内存、微处理器与输入输出接口之间传送信息。数据总线的宽度决定着每次能同时传送信息的位数，因此数据总线的宽度是决定计算机性能的一个重要指标。目前，计算机的数据总线大多是 32 位或 64 位。

- 地址总线（Address Bus，AB）：从内存单元或输入输出端口中读出数据或写入数据。地址总线的宽度决定了微处理器能访问的内存空间大小。例如，某微处理器有 32 根地址线，则最多能访问 4GB（2^{32} B）的内存空间。

- 控制总线（Control Bus，CB）：用于传输控制信息，进而控制对内存和输入输出设备的访问。

② 按照信息传输的方式可分为串行总线和并行总线。

- 串行总线：采用串行方式传送数据，数据从低位开始逐位传送，发送部件和接收部件之间只有一条传输线，传送 1 时，发送部件发出一个正脉冲，传送 0 时，则无脉冲。串行总线的优点是只需要一条传输线，线路成本低，适合远距离的数据传输。串行传送普遍用于连接键盘、鼠标和终端设备。

- 并行总线：采用并行方式传送数据，数据的各位通过各自的传输线同时传送。

（4）总线标准

总线最重要的性能是它的数据传输速率，也称为总线的带宽（BandWidth），即单位时间内总线上可传输的最大数据量。总线带宽的计算公式如下：

$$总线带宽(MB/s) = (数据线宽度/8) \times 总线工作频率(MHz) \times$$
$$每个总线周期的传输次数$$

采用 I/O 总线结构对 PC 的设计、生产和维护带来了许多好处。例如，简化了系统设计，降低了生产成本，便于故障诊断和维修，也便于系统的扩充升级，同时，总线的标准也使得市场上有大量兼容的 I/O 产品可供选择。

总线标准有下面几种：

- ISA（Industry Standard Architecture，ISA）总线：也称为 AT 标准，是 IBM 公司为 PC/AT 计算机制定的总线标准，为 16 位体系结构，数据总线的宽度为 16 位，地址总线的宽度为 20 位，最大数据传输率是 16MB/s。

- EISA(Extended Industry Standard Architecture,EISA)总线：是 1988 年由康柏等 9 家公司联合推出的,在 ISA 总线的基础上发展起来的高性能总线。EISA 总线完全兼容 ISA 总线信号,数据总线和地址总线都是 32 位,最大传输速率为 33MB/s。

- VESA(Video Electronics Standard Association,VES)总线：定义了 32 位的数据总线,并且可扩展到 64 位,最大传输速率为 132MB/s。VESA 总线可与微处理器同步工作,是一种高速、高效的局部总线。

- PCI (Peripheral Component Interconnect,PCI)总线：是由 SIG 集团推出的总线结构。它具有 132MB/S 的数据传输率及很强的带负载能力,可适用于多种硬件平台,同时兼容 ISA、EISA 总线。是当前流行的总线之一。

（5）I/O 设备接口

前面已经说过,I/O 设备与主机一般需要通过连接器实现互连,计算机中用于连接 I/O 设备的各种插头/插座以及相应的通信规程及电气特性,就称为 I/O 设备接口,简称 I/O 接口。

PC 可以连接许多不同种类的 I/O 设备,所使用的 I/O 接口分成多种类型。从数据传输方式来看,有串行(一位一位地传输数据,一次只传输一位)和并行(8 位或者 16 位、32 位一起进行传输)之分;从数据传输速率来看,有低速和高速之分;从是否能连接多个设备来看,有总线式(可串接多个设备,被多个设备共享)和独占式(只能连接一个设备)之分;从是否符合标准来看,有标准接口与专用接口之分。表 3-1 是 PC 常用 I/O 接口的一览表及其性能的对比。

表 3-1　PC 常用 I/O 接口

名称	数据传输方式	数据传输速率	标准	插头/插座形式	可连接的设备数目	通常连接的设备
串行口	串行,双向	50～19200b/s	EIA-232 或 EIA-422	DB25F 或 DB9F	1	鼠标、MODEM
并行口(增强式)	并行,双向	1.5MB/s	IEEE 1284	DB25M	1	打印机、扫描仪
USB 1.0 USB 1.1	串行,双向	1.5Mb/s(慢速) 1.5Mb/s(全速)		USB A	最多 127	键盘、鼠标、数码相机、移动盘等
USB 2.0	串行,双向	60MB/s(高速)		USB A	最多 127	外接硬盘、数字视频设备、扫描仪等
IEEE-1394a IEEE-1394b	串行,双向	12.5,25,50MB/s 100MB/s	FireWire (i,Link)		最多 63	数字视频设备
IDE	并行,双向	66MB/s 100MB/s 133MB/s	Ultra ATA/66 Ultra ATA/100 Ultra ATA/133	(E-IDE)	1～4	硬盘,光驱,软驱
SATA	串行,双向	150MB/s 300MB/s	SATA1.0 SATA2.0	7 针插头座	1	硬盘

续表

名称	数据传输方式	数据传输速率	标准	插头/插座形式	可连接的设备数目	通常连接的设备
显示器输出接口	并行,单向	200~500MB/s	VGA	HDB15	1	显示器
PS/2 接口	串行,双向	低速	IBM		1	键盘或鼠标
红外线接口(IrDA)	串行,双向	115000b/s 或 4Mb/s	红外线数据协会	不需要	1	键盘、鼠标、打印机等

需要特别加以说明的是 USB 接口。USB 是英文 Universal Serial Bus(通用串行总线)的缩写,它是一种可以连接多个设备的总线式串行接口,由 Compaq、IBM、Intel、Microsoft、NEC 等公司共同开发而成,现在已经在 PC、数码相机、MP3 播放器等设备中普遍使用。

还有一种相对比较新的 I/O 接口,它就是 IEEE 1394 接口(简称 1394,又称 FireWire),主要用于连接需要高速传输大量数据的音频和视频设备,其数据传输速度特别快,可高达 50~100MB/s。与 USB 一样,它也支持即插即用和热插拔。

IEEE 1394 接口的连接器共有 6 线,其中 1 线为电源,1 线为地,其他 4 线是两对双绞线,分别以差分信号形式传输时钟和数据,因此速度极高,适用于各种高速设备,IEEE 1394 接口采用级联方式连接外部设备,在一个接口上最多可以连接 63 个设备。目前,许多 PC 都已提供了 IEEE 1394 接口。

最后需要说明的是,有些设备(如鼠标、扫描仪、移动硬盘等)可以连接在主机的不同接口上,这取决于该设备本身使用的接口是什么。使用不同的接口,性能与成本也不同,应视需要而定。

另外,一些传统的 I/O 接口,如串行口和并行口,正在被性能更好的 USB 或 IEEE 1394 接口替代。许多以前使用串行口和并行口的设备,现在已越来越多地改用 USB 接口;而一些原来使用 SCSI 接口的设备,也开始改用 USB(2.0)或 IEEE 1394 接口。

3.2.2 微型计算机的性能指标

微型机的种类很多,根据计算机处理字长的不同有 32 位机和 64 位机之分。在选购计算机之前,需要了解其各项性能指标。不同用途的计算机,其侧重面也不同。下面列出有关的主要性能指标。

1. CPU 的性能指标

(1) 字长

字长是指计算机技术中对 CPU 在单位时间内能够直接处理的二进制数的位数。它标志着计算机处理数据的精度,字长越长,精度越高。同时字长与指令长度也有一个对应关系,因而指令系统功能的强弱程度与字长有关。目前,一般的大型主机字长为 128~256 位,小型机字长为 64~128 位,微型机字长为 32~64 位。随着计算机技术的发展,各种类型计算机的字长有加长的趋势。

（2）主频（Main CLK）

主频也就是 CPU 的时钟频率，其英文全称是 CPU Clock Speed，简单地说也就是 CPU 运算时的工作频率。一般来说，主频越高，一个时钟周期里完成的指令数也越多，当然 CPU 的速度也就越快。不过由于各种 CPU 的内部结构不尽相同，所以并非所有时钟频率相同的 CPU 的性能都一样。主频的单位是 MHz 或 GHz，微处理器 Pentium 4 的主频为 1024MHz，即 1GHz。主频是计算机的主要性能技术指标，不要把 CPU 的时钟频率简单地等同于计算机的运算速度。例如：Intel Pentium Ⅲ 1.13GB 表示英特尔公司生产的 Pentium Ⅲ，主频为 1.13GHz；Intel Pentium 4 2.4GB 表示英特尔公司生产的 Pentium 4，主频为 2.4GHz。外频是系统总线的工作频率，倍频则是指 CPU 外频与主频相差的倍数。

三者关系：主频＝外频×倍频。

（3）内存总线速度（Memory-Bus Speed）

存放在外存上的数据都要通过内存进入 CPU 进行处理，所以 CPU 与内存之间的总线的速度对整个系统性能有很重要的影响，由于内存和 CPU 之间的运行速度或多或少会有差异，因此便出现了二级缓存来协调两者之间的差异，而内存总线速度就是指 CPU 与二级高速缓存（L2　Cache）和内存之间的通信速度。

2. 存储器性能指标

（1）内存容量

任何程序和数据的读写都要通过内存，内存容量的大小反映了存储程序和数据的能力，从而反映了信息处理能力的强弱。存储容量越大，所运行的软件的速度越快。在微机上流行的 Windows 系列软件，一般需要较大的内存容量。

（2）存取时间

存取时间是指存储器从接到读或者写命令起，到读写操作完成所需要的时间，是衡量存储器速度的主要指标。

（3）数据传输率

这个指标大多用于外存储器，衡量外存与内存交换数据的能力。

（4）平均无故障时间

存储器的可靠性用平均故障间隔时间来衡量，可以理解为两次故障之间的平均时间间隔。

3. 外设配置

外设配置是指计算机的输入输出设备、多媒体部件以及外存储器等的配置情况。其中主要有：键盘的按键数及是否是多功能键盘；显示器和打印机的种类和性能指标；光盘驱动器是 CD-ROM 还是 DVD，速度是多少；声卡和音响的种类和声道数；计算机是否配置有 USB 或者 IEEE 1394 接口等。

4. 软件配置

由于目前微型机的种类很多,特别是各种兼容机种类繁多,因此,在选购微型机时,应考虑兼容性。一般微型机之间的兼容性包括软盘格式、接口、硬件总线、键盘形式、操作系统和I/O规范等方面。

以上列出了微型机一些主要的性能指标。显然,微型机的优劣不能根据一两项指标来评定,而是需要综合起来,既要考虑经济合理,又要考虑性能效率等多方面因素,以满足应用需求为目的。

3.3 计算机软件

3.3.1 计算机软件的概念

计算机软件是计算机系统的重要组成部分,是指计算机程序和相关的文档。随着计算机应用的不断发展,计算机软件也形成了一个庞大的体系,在这个体系中存在着不同功能的软件,它们各自在计算机系统的运行过程中起着不同的作用。

1. 计算机程序

要告诉计算机做些什么,按什么方法、步骤去做,人们必须把有关的处理步骤告诉计算机。把计算机可以识别和执行的操作所表示的处理步骤称为程序。我国颁布的《计算机软件保护条例》对程序的概念给出了更为精确的描述:"计算机程序是指为了得到某种结果而可以由计算机等具有信息处理能力的装置执行的代码转化指令序列,或者可被自动转换成代码化指令序列的符号化序列或符号化语句序列。"

2. 文档

文档是指用自然语言或者形式化语言编写的用来描述程序的内容、组成、设计、功能规格、开发情况、测试结构和使用方法的文字资料和图表,如程序设计说明书、流程图、用户手册等。

文档不同于程序。程序是为了装入机器以控制计算机硬件的动作,实现某种过程,得到某种结果而编制的;而文档是供有关人员阅读的,通过文档人们可以清楚地了解程序的功能、结构、运行环境、使用方法,从而方便人们使用软件、维护软件。因此在软件概念中,程序和文档是一个软件不可分割的两个方面。

在计算机软件发展初期,人们对文档并不重视。但随着计算机软件的发展,特别是在大型复杂程序的编写、使用、维护实践中,人们逐步认识到了文档的重要性。在软件自动生成技术日益发展的情况下,虽然程序和文档的界限正在变得模糊起来,但在本质上并没有降低文档在软件中的重要地位。在计算机软件已经商品化的今天,计算机的使用人员甚至更关心软件的文档,它像是商品的说明书,用户读懂了说明书,就可以了解一个软件能够做些什么、在什么条件下才能运行,以及怎样使用、操作它,而无须了解有关的程序。

在计算机发展初期,要学会使用计算机就必须先学会编写程序,这是有一定道理的;但在软件已经商品化的今天,这就不一定完全正确。

计算机软件已经发展成为一个庞大的系统,从应用的观点看,软件可以分为三大类,即系统软件、支撑软件和应用软件,如图 3-12 所示。

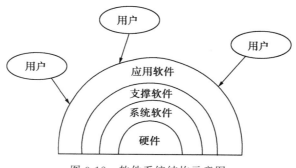

图 3-12 软件系统结构示意图

3.3.2 计算机软件的分类

1. 系统软件

系统软件是计算机系统中最靠近硬件的软件,它与具体的应用无关,是软件系统的核心,其他软件一般都通过系统软件发挥作用。

系统软件是指那些参与构成计算机系统,供用户直接使用以扩展计算机硬件功能,管理协调整个系统,弥补用户的操作习惯与计算机硬件、设备的操作方法之间的鸿沟的软件。系统软件与具体应用领域无关,它的功能主要是对计算机硬件和软件进行管理,以充分发挥这些设备的效力,方便用户的使用,为应用开发人员提供平台支持。如操作系统、程序设计语言、编译系统、网络软件、数据库管理系统及各种软件开发工具都属于系统软件,操作系统、程序设计语言是系统软件的典型代表。

计算机是一个高速运转的复杂系统,有 CPU、内存储器、外存储器,以及各种各样的输入输出设备,通常将其称为硬件资源;它的多个用户可以同时在其上运行各自的程序,共享大量数据,通常将其称为软件资源。如果没有一个对这些资源进行统一管理的软件,计算机不可能协调一致、高效率地完成用户交给它的任务。

从资源管理的角度来看,操作系统是为了合理、方便地利用计算机系统而对其硬件资源和软件资源进行统一管理的软件。它是系统软件中最基本的一种软件,也是每个使用计算机的人员必须学会使用的一种软件。

2. 应用软件

应用软件是为计算机在特定领域中的应用而开发的专用软件,如各种管理信息系统、飞机订票系统、地理信息系统等。应用软件包括的范围是极其广泛的,可以这样说,哪里有计算机应用,哪里就有应用软件。应用软件不同于系统软件,系统软件是利用计算机本身的逻辑功能,合理地组织用户使用计算机的软、硬件资源,充分利用计算机的资源,最大限度地发挥计算机效率,便于用户使用和管理;而应用软件是用户利用计算机和它所提供的系统软件,为解决自身的、特定的问题而编制的程序和文档。

应当指出,软件的分类并不是绝对的,而是相互交叉和变化的。例如,系统软件和支撑软件之间就没有绝对的界限,所以习惯上也把软件分为两大类,即系统软件和应用软件。

在应用软件发展初期,应用软件主要是由用户自己开发的各种应用程序。随着应用程序数量的增加和人们对应用程序认识的深入,一些人组织起来,把具有一定功能的、可以满足某类应用要求、可以解决某类应用领域中各种典型问题的应用程序,经过标准化、模块化,然后组合在一起,形成某种应用软件包。应用软件包的出现不仅减少了应用软件编制过程中的重复性工作,而且它们一般都是以商品形式出现的,有着很好的用户界面,只要它所提供的功能能够满足使用的要求,用户无须再自己动手编写程序就可以直接使用。而在数据管理中形成的有关数据管理的软件已经从一般的应用软件中分化出来形成了一个新的分支,特别是数据库管理系统,目前人们已不再把它当成一般的应用软件,而是视为一种新的系统软件。

随着计算机应用领域的不断扩大,应用软件也日益增多,如办公信息化系统、计算机辅助设计(CAD)、计算机辅助制造(CAM)、计算机辅助教学(CAI)、计算机辅助测试(CAT)、翻译软件、游戏软件等。

3.4　常见系统软件简介

3.4.1　操作系统

操作系统是硬件与所有其他软件之间的接口,是整个计算机系统的控制和管理中心。操作系统是控制其他程序运行,管理系统资源并为用户提供操作界面的系统软件的集合。

操作系统的形态多样,不同类型计算机中安装的 OS 也不相同,如手机上的嵌入式操作系统和超级计算机上的大型操作系统等。操作系统的研究者对 OS 的定义也不一致,例如有些 OS 集成了图形化用户界面,而有些 OS 仅使用文本接口,而将图形界面视为一种非必要的应用程序。

1. 操作系统的功能

（1）进程管理

进程管理主要是对处理器进行管理。CPU 是计算机系统中最宝贵的硬件资源,为了提高 CPU 的利用率,操作系统采用了多道程序技术。当一个程序因等待某一条件而不能运行下去时,就把处理器占用权转交给另一个可运行程序。或者,当出现了一个比当前运行的程序更重要的可运行的程序时,后者应能抢占 CPU。为了描述多道程序的并发执行,就要引入进程的概念。通过进程管理协调多道程序之间的关系,解决对处理器实施分配调度策略、进行分配和进行回收等问题,以使 CPU 资源得到最充分的利用。正是由于操作系统对处理器管理策略的不同,其提供的作业处理方式也就不同,从而呈现在用户面前的就是具有不同性质的操作系统,例如批处理方式、分时处理方式和实时处理方式等。

（2）存储管理

存储管理主要管理内存资源。随着存储芯片的集成度不断提高、价格不断下降,内存整体的价格已经不再昂贵了。不过受 CPU 寻址能力以及物理安装空间的限制,单台机器的内存容量也还是有一定限度的。当多个程序共享有限的内存资源时,会有一些问题需要解决,比如,如何为它们分配内存空间,同时,使用户存放在内存中的程序和数据彼此隔离、互不侵扰,又能保证在一定条件下共享等问题,都是存储管理的范围。当内存不够用时,存储管理必须解决内存的扩充问题,即将内存和外存结合起来管理,为用户提供一个容量比实际内存大得多的虚拟存储器。操作系统的这一部分功能与硬件存储器的组织结构密切相关。

（3）文件管理

系统中所有的信息资源（如程序和数据）是以文件的形式存放在外存储器（如磁盘、光盘和磁带）上的,需要时再把它们装入内存。文件管理的任务是有效地支持文件的存储、检索和修改等操作,解决文件的共享、保密和保护问题,以使用户方便、安全地访问文件。操作系统一般都提供很强的文件系统。

（4）作业管理

操作系统应该向用户提供使用它的手段,这就是操作系统的作业管理功能。按照用户观点,操作系统是用户与计算机系统之间的接口。因此,作业管理的任务是为用户提供一个使用系统的良好环境,使用户能有效地组织自己的工作流程,并使整个系统能高效地运行。

（5）设备管理

操作系统应该向用户提供设备管理。设备管理是指对计算机系统中所有输入输出设备（外部设备）的管理。设备管理不仅涵盖了进行实际 I/O 操作的设备,还涵盖了诸如设备控制器、通道等输入输出支持设备。

除了上述功能之外,操作系统还要具备中断处理、错误处理等功能。操作系统的各功能之间并非是完全独立的,它们之间存在着相互依赖的关系。

2. 操作系统的分类

（1）批处理操作系统

用户一般不直接操纵计算机,而是将作业提交给系统操作员。操作员将作业成批地装入计算机,操作系统将作业按规定的格式存储在磁盘的某个区域,然后按照某种调度策略选择一个或几个作业调入内存加以处理;内存中多个作业交替执行,处理步骤事先由用户设定,作业的结果由操作系统按作业统一加以输出,由操作员将作业运行结果交给用户。

（2）分时系统

分时系统允许多个用户同时联机地使用计算机,一台分时计算机系统连有若干台终端,多个用户可以在各自的终端上向系统发出服务请求,等待计算机的处理结果并决定下一步的处理。操作系统接收每个用户的命令，采用时间片轮转的方式处理用户的服务请求。

（3）实时系统

系统能够及时响应随机发生的外部事件，并在严格的时间范围内完成对该事件的处理。实时系统作为一个特定应用中的控制设备来使用，具有及时响应和高可靠性的特点。一般分为两类：实时控制系统和实时信息处理系统。

（4）单用户操作系统

单用户操作系统是随着微机的发展而产生的，用来对一台计算机的硬件和软件资源进行管理，通常分为单用户单任务和单用户多任务两种类型。

单用户单任务操作系统的主要特征是：在一个计算机系统内，一次只能运行一个用户程序，此用户独占计算机系统的全部硬件和软件资源。常用的单用户单任务操作系统有 MS-DOS、PC-DOS 等。

单用户多任务操作系统也是为单个用户服务的，但它允许用户一次提交多项任务。例如，用户可以在运行程序的同时开始另一文档的编辑工作，边听音乐边打字也是典型的例子。常用的单用户多任务操作系统有 OS/2 系统等，这类操作系统通常用在微型计算机系统中。

（5）网络操作系统

计算机网络是通过通信设施将地理上分散的具有独立功能的多个计算机系统互连起来，实现信息交换、资源共享、互操作和协作处理的系统。网络操作系统就是在原来的各自计算机系统操作上，按照网络体系结构的各个协议标准进行开发，使之包括网络管理、通信、资源共享、系统安全和多种网络应用服务的操作系统。

（6）分布式操作系统

分布式操作系统与网络操作系统类似，但分布式系统要求一个统一的操作系统，实现系统操作的统一性，分布式操作系统管理系统中所有资源，它负责全系统的资源分配和调度、任务划分、信息传输控制协调工作，并为用户提供一个统一的界面。具有统一界面资源、对用户透明等特点。

（7）嵌入式操作系统

嵌入式操作系统（Embedded Operating System）是运行在嵌入式系统环境中，对整个嵌入式系统以及它所操作、控制的各种部件装置等资源进行统一协调、调度、指挥和控制的系统软件，具有实时高效性、硬件的相关依赖性、软件固态化以及应用的专用性等特点。比较典型的嵌入式操作系统有 Palm OS、WinCE、Linux 等。

（8）手持式操作系统

手持式操作系统是运行在手机等移动设备上的操作系统。随着物联网的发展，手持式终端操作系统获得了较大发展，常用的包括安卓系统、iOS 系统。

3.4.2　语言处理程序

著名的语言学家韦伯斯特给语言下的定义是："语言是为相当大团体的人所懂得并使用的字以及组合这些字的方法的统一体"，这个定义揭示了语言的两个要素：词法和语法。

语言是人们交流思想、传达信息的工具。中国人使用汉语,英国人、美国人使用英语,日本人使用日语,等等。这些语言是在人类历史的长期发展过程中逐步形成的,我们称之为自然语言(Natural Language)。

1. 程序设计语言

为了告诉计算机应当做什么和如何做,必须把处理问题的方法、步骤用计算机可以识别和执行的操作表示出来,也就是说要编制程序,这种用于书写计算机程序所使用的语言称为程序设计语言。

程序设计语言按语言级别有低级语言和高级语言之分,具体来讲,可分为机器语言、汇编语言和高级语言三类。机器语言和汇编语言均属于低级语言。

(1)机器语言

机器语言是以二进制代码形式表示的机器基本指令的集合,是计算机硬件唯一可以直接识别和执行的语言。它的特点是运算速度快,每条指令都是 0 和 1 的代码串,指令代码包括操作码与地址码。此外,计算机不同,其机器语言也不同,很显然机器语言存在难阅读、难修改的缺点。

(2)汇编语言

汇编语言和机器语言一样,都是面向机器的低级语言,其特点是与特定的机器有关,工作效率高,但与人们思考问题和描述问题的方法相距太远,使用烦琐、费时,易出差错,要求使用者熟悉计算机的内部细节,非专业的普通用户很难使用。

汇编语言是为了解决机器语言难于理解和记忆的问题,用易于理解和记忆的名称和符号表示的机器指令。汇编语言虽比机器语言直观,但基本上还是一条指令对应一种基本操作,对同一问题编写的程序在不同类型的机器上仍然不能通用。

(3)高级语言

高级语言是人们为了解决低级语言的不足而设计的程序设计语言。它由一些接近于自然语言和数学语言的语句组成,因此,它更接近于要解决的问题的表示方法,并在一定程度上与机器无关。用高级语言编写程序,接近于自然语言和数学语言,故易学、易用、易维护,但由于机器硬件不能直接识别高级语言中的语句,因此用高级语言编写的程序必须经"翻译程序"翻译成机器能识别的低级语言,才能被执行。一般来说,高级语言的编程效率高,但执行速度没有低级语言快。

高级语言的设计是很复杂的,因为它必须满足两种不同的需要:一方面,它要满足程序设计人员的需要,用它可以方便自然地描述现实世界中的问题;另一方面,还要能构造出高效率的翻译程序,能够把语言中的所有内容翻译成高效的机器指令。自 20 世纪 50 年代中期第一种实用的高级语言诞生以来,人们已设计出几百种高级语言。目前最常用的高级语言有 FORTRAN 语言、COBOL 语言、BASIC 语言、C 语言、PROLOG 语言等。随着面向对象和可视化编程技术的发展,出现了像 Smalltalk、C++ 、Java 等的面向对象程序设计语言和像 Visual Basic、Visual C++ 、Delphi 等的可视化程序开发工具。

2. 语言翻译过程

语言翻译程序是一种程序转换工具，它可以把用一种程序设计语言表示的程序转换为与之等价的用另一种程序设计语言表示的程序。在计算机软件中，经常用到的语言翻译程序是把汇编语言或高级语言"翻译"成机器语言的翻译程序。被翻译的程序称为源程序或源代码，经过翻译程序"翻译"出来的结果程序称为目标程序。

翻译程序有两种典型的实现途径，分别称为解释方式（过程如图 3-13 所示）和编译方式（过程如图 3-14 所示）。

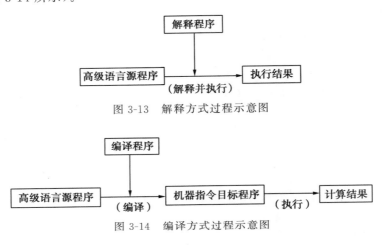

图 3-13　解释方式过程示意图

图 3-14　编译方式过程示意图

（1）解释方式

解释方式是按照源程序中语句的执行顺序，逐条翻译语句并立即予以执行。即由事先置入计算机中的解释程序将高级语言源程序的语句逐条翻译成机器指令，翻译一条执行一条，直到程序全部翻译执行完为止。解释方式类似于不同语言的口译工作，翻译员（解释程序）拿着外文版的说明书（源程序）在车间现场对操作员做现场指导。对说明书上的语句，翻译员逐条译给操作员听；操作员根据听到的话（他能懂的语言）进行操作。翻译员每翻译一句，操作员就执行该句规定的操作。翻译员翻译完全部说明书，操作员也执行完所需的全部操作。由于未保留翻译的结果，若需再次操作，仍要由翻译员一边翻译，操作员一边操作。

（2）编译方式

编译方式是先由翻译程序把源程序静态地翻译成目标程序，然后再由计算机执行目标程序。这种实现途径可以划分为两个明显的阶段，前一阶段称为生成阶段，后一阶段称为运行阶段。采用这种途径实现的翻译程序，如果源语言是一种高级语言，目标语言是某一计算机的机器语言或汇编语言，则这种翻译程序称为编译程序。如果源语言是计算机的汇编语言，目标语言是相应计算机的机器语言，则这种翻译程序特称为汇编程序。

编译方式类似于不同语言的笔译工作。例如，某国发表了某个剧本（源程序），我们计划在国内上演。首先须由懂得该国语言的翻译（编译程序）把该剧本笔译成中文版本（目的程序）。翻译工作结束，得到了中文本后，才能交给演出单位（计算机）去演（执行）这个中文版本(目的程序)。在后面的演出(执行)阶段,并不需要原来的外文剧本(源程序),也不需要翻译(编译程序)。

3.4.3　数据库管理系统

1. 数据库的基本概念

（1）数据

数据不仅包括狭义的数值数据,而且包括文字、声音、图形等一切能被计算机接收并处理的符号。数据是事物特性的反映和描述,是符号的集合。数据在空间上的传递称为通信(以信号方式传输)。数据在时间上的传递称为存储(以文件形式存取)。数据是重要的资源,把收集到的大量数据经过加工、整理、转换,从中获取有价值的信息,这样的过程称为数据处理。数据处理可定义为对数据的收集、存储、加工、分类、检索、传播等一系列活动。

（2）数据组织

数据库中的数据组织一般可以分为4级:数据项、记录、文件和数据库。

① 数据项。

数据项是可以定义数据的最小单位,也叫元素、基本项、字段等,数据项与现实世界实体的属性相对应,数据项有一定的取值范围,称为域,域以外的任何值对该数据项都是无意义的。每个数据项都有一个名称,称为数据项目。数据项的值可以是数值、字母、汉字等形式。数据项的物理特点在于它具有确定的物理长度,可以作为整体看待。

② 记录。

记录是由若干相关联的数据项组成,是处理和存储信息的基本单位,是关于一个实体的数据总和,构成该记录的数据项表示实体的若干属性。记录有"型"和"值"的区别,"型"是同类记录的框架,它定义记录;而"值"是记录反映实体的内容。为了唯一标识每个记录,就必须有记录标识符,也叫关键字。记录标识符一般由记录中的第一个数据项担任,唯一标识记录的关键字称主关键字,其他标识记录的关键字称为辅关键字。记录可以分为逻辑记录与物理记录,逻辑记录是文件中按信息在逻辑上的独立意义来划分的数据单位;而物理记录是单个输入输出命令进行数据存取的基本单元。物理记录和逻辑记录之间的对应关系为一个物理记录对应一个逻辑记录;一个物理记录含有若干个逻辑记录;若干个物理记录存放一个逻辑记录。

③ 文件。

文件是一给定类型的(逻辑)记录的全部具体值的集合,文件用文件名称标识,文件根据记录的组织方式和存取方法可以分为顺序文件、索引文件、直接文件和倒排文件等。

④ 数据库。

数据库是比文件更大的数据组织,数据库是具有特定联系的数据的集合,也可以看成具有特定联系的多种类型的记录的集合。数据库的内部构造是文件的集合,这些文件之间存在某种联系,不能孤立存在。

2. 数据库、数据库管理系统和数据库系统

数据库是存放数据的仓库，是对现实世界有用信息的抽取、加工处理，并把它按一定的格式长期存储在计算机内的、有组织的、可共享的数据集合。其特点是：按一定的数据模型组织、描述和存储数据，具有较小的冗余度，较高的数据独立性，共享性强。

数据库具有的特点：

① 数据结构化：数据库中的数据从整体来看是有结构的，是面向全组织的、复杂的数据结构。

② 数据独立性：数据的逻辑组织和物理存储方式与用户的应用程序相对独立。

③ 数据共享性：数据库中的数据能为多个用户共享，可在不同的应用程序中使用。

④ 数据完整性：数据库中的数据在操作和维护过程中可保持正确。

⑤ 数据低冗余：由于数据库中可共享数据，减少了数据冗余，但必要的冗余还是需要的，必要的冗余可保持数据间的联系。

数据库管理系统是介于应用程序与操作系统之间的数据库管理软件，是数据库的核心。主要包括4方面的功能：

① 对象定义功能：对数据库中数据对象的定义，如库、表、视图、索引、触发器等。

② 数据操纵功能：对数据库中数据对象的基本操作，如查询、更新等。

③ 运行管理功能：对数据库中的数据对象的统一控制，这些控制主要包括数据的安全性、完整性、多用户的并发控制和故障恢复等。

④ 系统维护功能：对数据库中数据对象的输入、转换、转储、重组、性能监视等。

数据库系统为了保证数据的逻辑独立性和物理独立性，在体系上采用三级模式和两种映射结构。数据库系统从内到外分为3个层次描述，分别称为内模式、模式和外模式。两种映射是"外模式/模式"间的"映射和外模式/模式"间的映射。

内模式描述数据如何组织、如何存储。模式是对数据库整体的逻辑描述，它不涉及物理存储。外模式通常是模式的一个子集，是面向应用程序的模式，是内模式的逻辑表示，内模式是模式的物理实现，外模式是模式的部分抽取。

三个模式间存在两种映射：一是"外模式/模式"间的映射，这种映射把用户数据库与概念数据库联系起来；另一种映射是"模式/内模式"间的映射，这种映射把概念数据库与物理数据库联系起来。数据库的三级模式保证了数据库的数据独立性，数据独立性表示应用程序与数据库中存储的数据不存在依赖关系，包括逻辑数据独立性和物理数据独立性。

逻辑数据独立性是指用户数据库与概念数据库之间的独立性，当概念数据库发生变化（数据定义的修改、增加新的数据类型等）时，不影响某些局部的逻辑结构性质，应用程序不必修改。

物理数据独立性是指物理数据库改变（存储结构、存取方法改变）时，概念数据库可以不改变，改变的只是"模式/内模式"的映射，因此应用程序不必做修改，这样就保证了数据的独立性。

数据库系统DBS（Database System）是由硬件、软件、数据库和用户4部分构成整体。

① 数据库：数据库是数据库系统的核心和管理对象。数据库是存储在一起的相互有联系的数据集合。数据库中的数据是集成的、共享的、最小冗余的，能为多种应用服务。数据是按照数据模型所提供的形式框架存放在数据库中。

② 硬件：数据库系统建立在计算机系统上，运行数据库系统的计算机需要有足够大的内存以存放系统软件、需要足够大容量的磁盘等联机直接存取设备存储数据库庞大的数据，需要足够的脱机存储介质（磁盘、光盘、磁带等）以存放数据库备份，需要较高的通道能力以提高数据传送速率，要求系统联网，以实现数据共享。

③ 软件：数据库软件主要是指数据库管理系统 DBMS（DataBase Management System），DBMS 是为数据库存取、维护和管理而配置的软件，它是数据库系统的核心组成部分，DBMS 在操作系统支持下工作。DBMS 主要有数据库定义功能、数据操纵功能、数据库运行和控制功能、数据库建立和维护功能、数据通信功能。

④ 用户：数据库系统中存在一组管理（数据库管理员 DBA）、开发（应用程序员）、使用数据库（终端用户）的用户。

习　题

1. 选择题

（1）一个完整的计算机体系包括（　　）。
　　A. 主机、键盘和显示器　　　　　B. 计算机与外部设备
　　C. 硬件系统和软件系统　　　　　D. 系统软件与应用软件

（2）完整的计算机硬件系统一般包括外部设备和（　　）。
　　A. 运算器和控制器　　　　　　　B. 存储器
　　C. 主机　　　　　　　　　　　　D. 中央处理器

（3）通常将微型计算机的运算器、控制器及内存储器称为（　　）。
　　A. CPU　　　　　　　　　　　　B. 微处理器
　　C. 主机　　　　　　　　　　　　D. 微机系统

（4）关于微型计算机的知识的叙述正确的是（　　）。
　　A. 外存储器中的信息不能直接进入 CPU 进行处理
　　B. CD-ROM 是可读可写的
　　C. USB 接口不支持热插拔
　　D. Cache 比 CPU 和内存的速度都慢

（5）计算机的内存储器比外存储器（　　）。
　　A. 更便宜　　　　　　　　　　　B. 存储容量更大
　　C. 存储速度快　　　　　　　　　D. 虽贵但能存储更多信息

（6）当前微型计算机的主存储器可分为（　　）。
　　A. 内存和外存　　　　　　　　　B. RAM 与 ROM
　　C. 软盘与硬盘　　　　　　　　　D. 磁盘与磁带

　　(7) 微型计算机中运算器的主要功能是进行(　　　)。

　　　　A. 算术运算　　　　　　　　　　　B. 逻辑运算

　　　　C. 算术和逻辑运算　　　　　　　　D. 初等函数运算

　　(8) 闪存是(　　　)。

　　　　A. 一种新型的 PROM 内存　　　　　B. 一种新型的 EEPROM 内存

　　　　C. 一种新型的 RAM 内存　　　　　　D. 一种新型的 EPROM 内存

　　(9) 在下列设备中,(　　　)属于输出设备。

　　　　A. 显示器　　　　　　　　　　　　B. 键盘

　　　　C. 鼠标　　　　　　　　　　　　　D. 微机系统

　　(10) 微型计算机系统采用总线结构对 CPU、存储器和外部设备进行连接。总线通常由三部分组成,它们是(　　　)。

　　　　A. 逻辑总线、传输总线和通信总线

　　　　B. 地址总线、运算总线和逻辑总线

　　　　C. 数据总线、信号总线和传输总线

　　　　D. 数据总线、地址总线和控制总线

　　(11) 在微机中,访问速度最快的存储器是(　　　)。

　　　　A. 硬盘　　　　　　B. 软盘　　　　　　C. 光盘　　　　　　D. 内存

　　(12) 采用 PCI 的奔腾微机,其中的 PCI 是(　　　)。

　　　　A. 产品型号　　　　　　　　　　　B. 总线标准

　　　　C. 微机系统名称　　　　　　　　　D. 微处理器型号

　　(13) 配置高速缓冲存储器是为了解决(　　　)。

　　　　A. 内存与辅助存储器之间的速度不匹配问题

　　　　B. CPU 与辅助存储器之间的速度不匹配问题

　　　　C. CPU 与内存储器之间的速度不匹配问题

　　　　D. 主机与外设之间的速度不匹配问题

　　(14) 在计算机系统中,软件与硬件之间的关系是(　　　)。

　　　　A. 相互独立　　　　　　　　　　　B. 相互依存,形成一个整体

　　　　C. 有时互相依存,有时互相独立　　　D. 只要有一部分即可

　　(15) 计算机能直接识别的程序是(　　　)。

　　　　A. 源程序　　　　　　　　　　　　B. 机器语言程序

　　　　C. 汇编语言程序　　　　　　　　　D. 低级语言程序

　　(16) 一般操作系统的主要功能是(　　　)。

　　　　A. 对计算机系统的所有资源进行控制和管理

　　　　B. 对汇编语言、高级语言程序进行翻译

　　　　C. 对高级语言程序进行翻译

　　　　D. 对数据文件进行管理

　　(17) 操作系统文件管理的主要功能是(　　　)。

　　　　A. 实现虚拟存储　　　　　　　　　B. 实现按文件内容存取

C. 实现文件的高速输入输出　　　　D. 实现按文件名存取

(18) 数据库系统的核心是(　　)。

　　A. 数据库　　　　　　　　　　B. 数据库管理员

　　C. 数据库管理系统　　　　　　D. 文件

(19) 关系数据库是以(　　)为基本结构而形成的数据集合。

　　A. 数据表　　　　B. 关系模型　　　　C. 数据模型　　　　D. 关系代数

(20) 下列叙述中正确的是(　　)。

　　A. 计算机病毒只能传染给可执行文件

　　B. 计算机软件是指存储在软盘中的程序

　　C. 计算机每次启动的过程之所以相同,是 RAM 中的所有信息在关机后不会
丢失

　　D. 硬盘虽然装在主机箱内,但它属于外存

2. 填空题

(1) 微机的基本配置包括主机、显示器和_____。

(2) 当前微机中最常用的输入输出设备有_____。

(3) 显示器的主要技术指标有_____。

(4) 主板上的芯片组分为_____和_____。

(5) CD-ROM 的标准容量是_____。

(6) USB 接口具有热插拔功能,可以支持多达_____个外设。

(7) LCD 指的是_____显示器。

(8) 根据总线功能,总线可以分为_____、_____、_____。数据的传输方式
可分为_____、_____。

(9) 计算机能直接执行的程序是_____。在机器内部是以_____编码形式表
示的。

(10) 按照用户界面进行分类,可将操作系统分为_____提示符界面和窗口图形界
面两种。

(11) 在关系型数据库中,每一个关系都是一个_____。

(12) 数据库系统采用的数据库模型有三种:即_____、_____和_____。

(13) 二维表中的列称为关系的属性,二维表中的行称为关系的_____。

(14) 按病毒设计者的意图和破坏性大小,可将计算机病毒分为_____和恶性。

3. 简答题

(1) 什么是计算机硬件? 什么是计算机软件?

(2) 简述计算机的五大组成部分的名称与主要功能。

(3) 什么是指令? 什么是程序?

(4) 简述冯·诺依曼提出的计算机的基本工作原理。

(5) 简述输入输出设备功能,微机中常用的输入输出设备有哪几种?

（6）主存储器（内存）与辅助存储器（外存）的区别是什么？

（7）微机的主要性能指标有哪几个？

（8）计算机软件可分为哪几类？简述各类软件的含义。

（9）什么是程序设计语言？常用的程序设计语言有哪些？

（10）高级语言为什么必须有翻译程序？翻译程序的实现途径有哪两种？

（11）数据库系统的发展分几个阶段？

（12）试述数据、数据库、数据库管理系统、数据库系统的概念。

第4章

操作系统

4.1 操作系统的基本概念

操作系统既可以看作计算机系统资源的管理员,也可以看作计算机系统用户的服务员。从资源管理员的角度来看,操作系统的目的是最大程度地发挥资源的利用率,从用户服务员的角度来看是提供尽可能多的服务功能和最大的方便性。这些管理与服务的功能是用一套程序来实现的,人们把这套程序称为操作系统,它是计算机系统中最主要的系统软件。

4.1.1 操作系统的定义

操作系统(Operating System)是控制和管理计算机系统中的硬件和软件资源,合理组织计算机工作流程以及能为用户提供良好使用环境的程序和数据的集合。它是配置在计算机硬件上的第一层软件,是对硬件功能的一次扩充。总之,配置操作系统的目的就是提高计算机系统的效率,增强系统的处理能力,充分发挥系统的利用率,方便用户使用计算机。

4.1.2 操作系统的作用

操作系统的作用主要表现在以下两个方面。

1. 管理计算机中的各种资源

操作系统的主要任务是管理计算机系统中的硬件和软件资源,充分发挥资源的效率。为了提高计算机系统资源的利用率,人们采取在计算机系统中同时运行多个程序的办法。这些程序在运行的过程中可能会要求使用系统中的各种资源,例如,当程序运行时需要处理机资源,输出时需要打印机资源。各个程序的资源需求经常会发生冲突,例如,两个程序同时需要使用打印机输出,而打印机资源只有一台,如果对这些程序的资源需求不加以管理的话,则会造成系统混乱,甚至系统崩溃。也就是说在系统中需要有一个资源管理者,由它负责资源在各个程序之间的调度,保证系统中的各种资源得以有效利用,这个资源管理者就是操作系统。操作系统要对资源管理,需要做以下 4 个方面的工作:

① 了解资源当前状态：时刻掌握计算机系统中所有资源的使用情况。

② 分配资源：处理对资源的使用请求，协调冲突，确定资源分配方案。

③ 回收资源：回收用户释放的资源，以便下次重新分配。

④ 保护资源：负责对系统资源的保护，避免发生冲突。

2. 为用户提供友好的使用计算机的环境

早期的计算机是没有操作系统的，那时使用计算机需要大量的手工操作，既烦琐又费时。有了操作系统之后，操作系统通过内部极其复杂的综合处理，为用户提供友好、便捷的操作界面，以便用户无须了解计算机系统内部的有关细节就能方便地使用计算机系统。例如，要运行一个用 C 语言编写的源程序用户只须输入几个命令或者单击几次鼠标便可完成。也就是说，操作系统的产生为用户提供了方便、灵活的使用计算机的环境。

4.2　操作系统的特性

操作系统是一组程序，和一般程序相比，它具有两个重要的特性，即程序的并发性执行和对资源的共享性使用。

4.2.1　程序并发性

所谓程序并发性是指在计算机系统中同时存在有多个程序，宏观上看来，这些程序在计算机中是同时向前推进运行。程序的并发性表现在如下两个方面：

① 用户程序与用户程序之间并发执行；

② 用户程序与操作系统程序之间并发执行。

这里我们需要区别程序并发与程序并行的概念，程序并行要求微观上的同时，即在绝对的同一时刻有多个程序同时向前推进；而程序并发并不要求微观上的同时，只需要在宏观上看来多个程序都在向前推进。显然，要实现程序并行必须要有多个处理机；但在单处理机环境中也可实现程序并发，此时这些并发执行的程序是按照某种次序交替地获得处理机并运行的，由于处理机的速度很快，因而宏观上看来，这些程序都在向前走，仿佛每个程序都拥有一台属于自己的处理机，即所谓的虚处理机。

4.2.2　资源共享性

所谓资源共享是指操作系统程序及多个用户程序共用系统中的各种资源。这种共享是在操作系统的控制下实现的，当然为实现这种控制，操作系统本身也消耗资源，通常将消耗的这部分资源称为系统开销。对于一个给定的计算机系统来说，它的资源配置情况是相对固定的，而程序对于资源的需求则是变化的，且通常是不可以预知的。操作系统要掌握系统中当前资源的使用情况，并据此决定各程序进入系统的顺序以及使用资源的顺序。

4.3 操作系统的基本功能

从资源管理的角度分析,操作系统的基本功能包括进程管理、存储管理、设备管理和文件管理。

4.3.1 进程管理

在多道程序系统中运行的程序处于走走停停的状态中,当一个程序获得处理机后向前推进,当它需要某种资源而未得到时只好暂停下来,以后得到所申请资源时再继续向前推进。处理机能有效地管理对多个程序交替运行。

当程序暂停时,需要将其现场信息作为断点保存起来,以便以后再次推进时能恢复上次暂停时的现场信息并从断点处开始继续执行。这样,在多道系统中运行的程序需要一个保存断点现场信息的区域,而这个区域并不是程序的组成部分。要能正确描述程序在运行过程中的这种特点,人们提出了进程管理的思想。

1. 进程的概念

进程是正在执行的程序,为了能使多个程序段并行执行,每个程序段在执行时都是一个进程,即多个进程同时运行,因此进程是系统资源分配和调度的一个独立单位。

进程强调了程序的执行,也就是进程的动态特性,这是进程与程序之间本质的差异。进程是由程序、数据和进程控制块 PCB 三部分组成。程序是静态的,而进程是动态的。

2. 进程状态及其转换

进程的动态性表明进程是有生存期的,既有诞生,亦有消亡。在生存期内,进程要经历一系列的状态。

（1）进程的状态

进程在其生存期内可能处于 3 种基本状态之一:运行、就绪、等待。

- 运行状态是进程已经获得 CPU,并且在 CPU 上执行的状态。显然,在一个单 CPU 系统上,最多只有一个进程处于运行状态。
- 就绪状态是一个进程已经获得了除 CPU 之外的所有需要的资源,具备运行条件,但是由于没有获得 CPU 而不能运行时所处的状态。
- 等待状态也叫阻塞状态或封锁状态,是指进程放弃对处理机的拥有权,又不具备马上再度申请处理机的条件的情况下所处的状态。

在任何时刻,任何进程都处于且仅处于以上 3 种状态之一。

为了便于系统控制和描述进程的活动过程,操作系统为进程定义了一个专门的数据结构,称为进程控制块 PCB。PCB 中的信息可以分为调度信息和现场信息两部分。

每个进程都有自己专用的工作存储区,其他进程运行时不会改变它的内容。

（2）进程状态转换

进程的 3 个基本状态是可以相互转换的。转换的原则是:当一个就绪进程获得处理机时,其状态由就绪变为运行;当一个运行进程被剥夺处理机时,如用完系统分给它的时间片,或出现高优先级别的其他进程,其状态由运行变为就绪;当一个运行进程因某事件受阻时,如所申请资源被占用,启动 I/O 传输未完成,其状态由运行变为等待;当所等待事件发生时,如得到申请资源,I/O 传输完成,其状态由等待变为就绪,如图 4-1 所示。

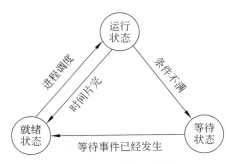

图 4-1　进程状态转换

3. 进程与程序的关系

进程和程序是既有联系又有差别的两个概念。

(1) 进程与程序的联系

程序是构成进程的组成部分之一,一个进程存在的目的就是执行其所对应的程序,如果没有程序,进程就失去了其存在的意义。

(2) 进程与程序的差别

① 程序是静态的,而进程是动态的。

② 程序可以写在纸上或在某一存储介质上长期保存,而进程具有生存期,创建后存在,撤销后消亡。

③ 一个程序可以对应多个进程,但一个进程只能对应一个程序,例如,一个学生对同一个程序的多次执行也分别对应不同的进程。

4.3.2　存储管理

1. 存储管理的基本概念

存储管理的主要任务是为多道程序的运行提供良好的存储环境,方便用户使用存储器,提高内存的利用率。存储管理包括以下几个方面。

(1) 内存空间的分配和收回

一个作业进入内存时,操作系统将其变为进程,并为它分配内存空间,在作业结束时收回其所占用的内存空间。存储管理采用一张表格记录内存的使用情况,根据所需内存大小申请,找出满足要求的空间分配给它,并修改表格的有关项。

(2) 存储保护

保证每道程序都在自己的存储空间中运行,彼此互不侵犯,尤其是操作系统的数据和程序,绝不允许用户程序干扰。

(3) 地址映射

物理地址是内存中各存储单元的编号,它是可寻址的实际地址,即存储单元的物理地址。在多道程序设计环境下,每个用户不可能用内存的物理地址来编写程序。

用户在编写程序时通常采用相对地址形式,其首地址为零,其余地址相对首地址编址,这个相对地址称为逻辑地址或虚拟地址。

在多道程序设计环境下,每个作业是动态装入内存的,作业的逻辑地址必须转换为内存的物理地址,这一转换称为地址映射。

（4）内存扩充

在操作系统管理下,将外存作为内存的扩充部分提供给用户程序使用,内存的容量是有限的,为用户提供比实际内存容量更大的"内存"空间,通过建立虚拟存储系统来实现内存容量的逻辑上的扩充。

2. 固定分区存储管理方法

固定分区法也称静态分区法。方法要点：①将内存空间划分为若干个大小不等、数目固定的分区。②为了便于管理,建立分区表,记录各分区的情况,包括分区编号、大小、起始地址和使用状态等信息。③在分配存储空间时,根据用户程序申请的存储空间和现有分区表的情况选择一个满足要求的分区分配给它,同时修改分区表中该分区的使用状态。若找不到满足要求的分区则这次分配失败。

固定分区法的优点是管理分配简单,可以解决并发程序的存储分配问题,缺点是用户程序申请的存储空间往往小于分配的分区,所以总有浪费的内存空间。

如图4-2所示,内存被划分为4个固定分区,在分区表中记录了4个分区的基本情况,当前有3个程序进入系统同时运行,它们分别是进程A、进程B和进程C,管理程序分别在内存中给3个进程分配存储空间,按最优分配方案：编号1分区长度为10KB,分配给C进程（8KB）,还有2KB的空间被闲置;编号2分区长度为20KB,分配给A进程（15KB）,还有5KB的空间被闲置;编号4分区长度为40KB,分配给B进程（35KB）,还有5KB的空间被闲置;编号3分区长度为30KB,未分配,如图4-3所示。如果分配成功将要修改分区表中对应区的状态。

编号	大小	起始地址	状态
1	10KB	20K	已分
2	20KB	30K	已分
3	30KB	50K	未分
4	40KB	80K	已分

图4-2　固定分区表

启始地址	编号	使用情况
20KB	1	进程C（8KB） 2KB
30KB	2	进程A（15KB） 5KB
50KB	3	30KB
80KB	4	进程B（35KB） 5KB

图4-3　内存分配情况

3. 页式存储管理

（1）基本原理

① 内存划分。

页式存储管理将内存空间划分为等长的若干区域,每个区域称为一个物理页面,有时也称为内存块或块。内存的所有物理页面从 0 开始依次编号,称作物理页号或内存块号。每个物理页面内的空间也从 0 开始编址,称为页内地址。页面大小一般为 2 的整数次幂。

　　② 逻辑地址空间划分。

　　系统将用户程序的逻辑空间按照同样大小的物理页面划分若干个页面,称为逻辑页面,有时也称页。多个程序的所有逻辑页面从 0 开始依次编号,称作逻辑页号或相对页号。每个逻辑页面内空间也从 0 开始编址,称为页内地址。用户程序的逻辑地址由页号和页内地址两部分组成。

　　③ 内存分配。

　　存储分配时,以页面为单位,并按用户程序的页数多少进行分配。逻辑上相邻的页面在内存中不一定相邻,即分配给用户程序的内存块不一定连续。

　　对用户程序地址空间的分页是系统自动进行的,即对用户是透明的。由于页面大小选择为 2 的整数次幂,故系统可将地址的高位部分定义成页号,低位部分定义成页内地址。

　　(2) 实现方法

　　① 建立页表。

　　系统为每个用户程序建立一张页表,用于记录用户程序逻辑页面与内存物理页面之间的对应关系。用户程序的地址空间有多少页,该页表就有多少行,且按逻辑页的顺序排列。页表存放在内存系统区。

　　② 建立空闲页面表。

　　整个系统中建立一张内存空闲页面表,记录内存物理页面空闲情况,用于内存分配与回收。

　　③ 寄存器支持。

　　从硬件上提供一对寄存器:页表始址寄存器和页表长度寄存器。

　　页表始址寄存器用于存储正在运行进程的页表在内存的首地址,当进程被调度程序选中投入运行时,系统将其页表首地址从进程控制块中取出送入该寄存器。

　　页表长度寄存器用于存储正在运行进程的页表的长度。

　　④ 地址变换。

　　地址变换如图 4-4 所示。

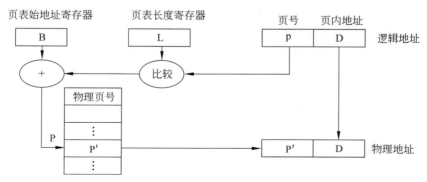

图 4-4　地址变换

4. 虚拟存储器

虚拟存储技术主要是系统实际在内存中分配到比较小的存储空间时能运行大的程序。虚拟存储技术通过内外存交换功能,完成对内存空间的扩充。程序在虚拟存储器环境中运行时,并不是一次把全部程序装入到内存中,而是只将那些当前要运行程序段装入内存运行,其余部分还在外存。程序执行过程中,若要执行的程序段尚未装入内存,则向操作系统发出请求,将它们调入内存。如果这时内存已满,无法再装入新的程序段,则请求将内存中暂不用的程序段置换到外存,腾出内存空间后,再将需要的程序段调入内存,使程序继续执行。

4.3.3　设备管理

在计算机系统的硬件中,除了 CPU 和内存,其余几乎都属于外部设备,外部设备种类繁多,物理特性相差很大。因此,操作系统的设备管理往往很复杂。

1. 设备管理的目标

① 向用户提供方便、统一的外设接口,按照用户的要求和设备的类型,完成用户的输入输出请求。所谓统一,是指对不同设备尽可能用统一的操作方式,这就使用户无须了解所要操作设备的内部细节,呈现给用户的是一种性能理想、操作简便的逻辑设备。

② 充分利用中断技术、通道技术和缓冲技术,提高设备的利用率以及提高 CPU 与外部设备之间的并行工作能力。

③ 在多道程序环境下,多个进程竞争使用设备时,按照一定的策略分配和管理设备,使系统有条不紊地工作。

2. 设备管理主要任务

(1) 缓冲管理

由于 CPU 和 I/O 设备的速度相差很大,为缓解这一矛盾,通常在设备管理中建立 I/O 缓冲区,而对缓冲区的有效管理便是设备管理的一项任务。

(2) 设备分配

根据用户程序提出的 I/O 请求和系统中设备的使用情况,按照一定的策略,将所需设备分配给申请者,设备使用完毕后及时收回。

(3) 设备处理

设备处理程序又称设备驱动程序,对于未设置通道的计算机系统其基本任务通常是实现 CPU 和设备控制器之间的通信。即由 CPU 向设备控制器发出 I/O 指令,要求它完成指定的 I/O 操作,并能接收来自设备控制器的中断请求,给予及时的响应和相应的处理。对于设置了通道的计算机系统,设备处理程序还应能根据用户的 I/O 请求,自动构造通道程序。

(4) 设备独立性和虚拟设备

设备独立性是指应用程序独立于具体的物理设备,使用户编程与实际使用的物理设备无关。虚拟设备的功能是将低速的独占设备改造为高速的共享设备。

3. 输入输出控制方式

使用设备完成输入输出的过程，就是 CPU 和 I/O 设备之间数据传送的过程，传送数据一般有 4 种方式。

（1）循环测试 I/O 方式

利用 I/O 测试指令测试设备的忙闲。若设备处于闲状态，则执行输入或输出指令；若设备处于忙状态，则 I/O 测试指令不断对该设备测试，直到设备空闲为止。这种方式要花费更多的 CPU 时间去测试 I/O 设备状态，造成 CPU 资源极大的浪费。

（2）中断方式

在中断方式中，当设备完成 I/O 操作时，都要以中断请求方式通知 CPU，然后进行相应处理。但由于 CPU 直接控制输入输出操作，每传输一个单位的信息，都要发生一次中断，因此这种方式也会造成 CPU 资源的浪费。

（3）直接内存存取（DMA）方式

DMA 方式用于高速外部设备与内存之间直接传送数据，它是由 DMA 控制器硬件控制数据在 I/O 设备与内存之间直接传送。这种传送方式传送速度快，占用 CPU 资源少。当然，DMA 控制器的初始化仍然需要 CPU 执行程序来完成，一旦初始化完毕，后续的数据传送工作则无须 CPU 介入。

（4）通道方式

通道是一个用于控制外部设备工作的硬件机制，相当于一个功能简单的处理机，是实现计算和传输并行的基础。通道是独立于 CPU 的、专门负责数据输入输出传送工作的处理机，它对外部设备实现统一管理，代替 CPU 对 I/O 操作进行控制，从而使 I/O 操作可以与 CPU 并行工作。

主机对外部设备的控制通过 3 个层次来实现，即通道、控制器和设备。一个通道可以控制多个控制器，一个控制器又可以连接若干台同类型的外部设备，如图 4-5 所示。

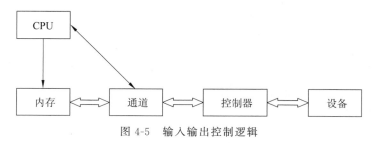

图 4-5　输入输出控制逻辑

4.3.4　文件管理

进程管理、存储管理和设备管理都属于硬件资源的管理，软件资源的管理称为信息管理，即文件管理。

文件是指存放于计算机中，具有符号名的，在逻辑上具有完整意义的一组相关信息项的有序序列。在计算机中,所有信息、程序均以文件的形式存放,文件的符号名是用户创建文件时确定的,在以后访问文件时通过文件名来访问。

文件系统就是管理和操作文件的系统。现代计算机系统总是把程序和数据以文件的形式存储在外存储器中(如磁盘、光盘、U 盘等)供用户使用。为此,操作系统必须具有文件管理功能。文件管理的主要任务是对用户文件和系统文件进行管理,并保证文件的安全性。

1. 文件存储空间的管理

所有的系统文件和用户文件都存放在外存储器上。文件存储空间管理的任务是为新建文件分配存储空间,在一个文件被删除后能及时释放所占用的空间。文件存储空间管理的目标是提高外存储空间的利用率,并提高文件系统的工作速度。

2. 目录管理

为方便用户在外存储器中找到所需文件,通常由系统为每个文件建立一个目录项,包括文件名、属性以及存放位置等,由若干目录项又可构成一个目录文件。目录管理的任务是为每个文件建立目录项,并对目录项加以有效的组织,以方便用户按名存取。

3. 文件读、写管理

文件读、写管理是文件管理的最基本的功能。文件系统根据用户给出的文件名查找文件目录,从中得到文件在外存储器上的位置,然后利用文件读、写函数,对文件进行读、写操作。

4. 文件存取控制

为了防止系统中的文件被非法窃取或破坏,在文件系统中应建立有效的保护机制,以保证文件系统的安全性。

4.4 用 户 接 口

为方便用户使用操作系统,操作系统必须为用户提供相应的接口,通过使用这些接口,用户可以方便地使用计算机。

1. 命令接口

命令接口分为联机命令接口和脱机命令接口。联机命令接口是为联机用户提供的,它由一组键盘命令及其解释程序组成。当用户在终端或控制台上输入一条命令后,系统便自动转入命令解释程序,对该命令进行解释并执行。在完成指定操作后,控制又返回终端或控制台,等待接收用户输入的下一条命令。这样,用户可通过不断输入不同的命令,达到控制自己作业的目的。

2. 脱机命令接口

脱机命令接口是为批处理系统的用户提供的。在批处理系统中，用户不直接与自己的作业进行交互，而是使用作业控制语言(JCL)，将用户对其作业控制的意图写成作业说明书，然后将作业说明书连同作业一起提交给系统。当系统调度到该作业时，通过解释程序对作业说明书进行逐条解释并执行。这样，作业一直在作业说明书的控制下运行，直到遇到作业结束语句时，系统停止该作业的执行。

3. 程序接口

程序接口是用户获取操作系统服务的唯一途径。程序接口由一组系统调用组成，每个系统调用都是一个完成特定功能的子程序。早期的操作系统(如 UNIX、MS-DOS 等)中，系统调用都是用汇编语言写成的，因而只有在用汇编语言写的应用程序中可以直接调用。近年来推出的操作系统中(如 UNIX System V、OS/2 2.x)中，系统调用是用 C 语言编写的，并以函数的形式提供，从而可在用 C 语言编写的程序中直接调用。而在其他高级语言中，往往提供与系统调用一一对应的库函数，应用程序通过调用库函数使用系统调用。

4. 图形接口

以终端命令和命令语言方式控制程序的运行固然有效，但给用户增加了不少负担，即用户必须记住各种命令，并输入这些命令以及所需数据从而控制程序的运行。大屏幕高分辨率图形显示和多种交互式输入输出设备(如鼠标、光笔、触摸屏等)的出现，使得改变"记忆并输入"的操作方式为图形接口方式成为可能。图形用户接口的目标是通过出现在屏幕上的对象直接进行操作，以控制和操纵程序的运行。这种图形用户接口大大减轻或免除了用户记忆的烦恼，其操作方式也使原来的"记忆并输入"改变为"选择并单击"，极大地方便了用户，受到用户的普遍欢迎。

图形用户接口的主要构件是：窗口、菜单和对话框。国际上为了促进图形用户接口(GUI)的发展，1988 年制定了 GUI 标准。20 世纪 90 年代，各种操作系统的图形用户接口普遍出现，如 Microsoft 公司的 Windows 95、Windows 98、Windows NT 等，4.5 节将要介绍的 Windows 操作系统正是图形用户接口的操作系统。

4.5　Windows 10 操作系统的人机界面操作

4.5.1　Windows 10 的基本操作

Windows 10 是一个单用户多任务操作系统，采用图形用户界面，提供了多种窗口(最常用的是资源管理器窗口和对话框窗口)，利用鼠标和键盘通过窗口完成文件、文件夹、存储器等操作及系统的设置等。

1. Windows 10 的启动

在计算机上安装 Windows 10 操作系统之后,每次启动计算机都会自动引导该系统,当屏幕上出现 Windows 10 的桌面时,表示系统启动成功。但是在启动的过程中,会在屏幕上显示登录到该 Windows 10 系统的用户名列表供用户选择,当选择一个用户后,还必须输入密码,若正确才可进入 Windows 10 系统。

新安装的 Windows 10 系统桌面如图 4-6 所示,桌面与 Windows 7 系统相同,上面只有一个回收站应用项图标。

图 4-6　Windows 10 系统桌面

2. Windows 10 的退出

Windows 10 是一个多任务的操作系统,有时前台运行某一程序的同时,后台也运行几个程序。在这种情况下,如果因为前台程序已经完成而关掉电源,后台程序的数据和运行结果就会丢失。另外,由于 Windows 10 运行的多任务特性,在运行时可能需要占用大量磁盘空间保存临时数据,这些临时性数据文件在正常退出时将自动删除,以免浪费磁盘空间资源。如果非正常退出,将使 Windows 10 不会自动处理这些工作,从而导致磁盘空间的浪费。因此,应正常退出 Windows 10 系统。

退出之前,应关闭所有执行的程序和文档窗口。如果不关闭,系统将强制结束有关程序的运行。

打开"开始"菜单可以看到如图 4-7 所示的"关机"命令按钮，单击此按钮可以弹出 Windows 10 为用户提供的不同退出方式选项(见图 4-7)。

图 4-7　Windows 10 的退出
选项菜单

① 重启：关闭当前用户所打开的程序,然后关机并重新启动计算机。

② 关机：关闭当前用户打开的所有程序,然后关机。

③ 睡眠：首先将内存中的数据保存到硬盘中,同时切断除了内存外其他设备的供电。在恢复时,如果没有切断电源,那么系统会从内存中直接恢复,只需要几秒钟;如果在睡眠期间切断过电源,因为硬盘中还保存有内存的状态镜像,因此还可以从硬盘上恢复,虽然速度要稍微慢一些,但不用担心数据丢失。

3. 鼠标的基本操作

鼠标是计算机的输入设备,它的左右两个按钮(称为左键和右键)及其移动可以配合起来使用,以完成特定的操作。Windows 10 支持的基本鼠标操作方式有以下几种。

① 指向：将鼠标移到某一对象上,一般用于激活对象或显示工具提示信息。

② 单击：包括单击左键(通常称为单击)和单击右键(也称右击),前者用于选择某个对象、按钮等,后者则往往会弹出对象的快捷菜单或帮助提示。本书用到的"单击"都是指单击左键。

③ 双击：快速连击鼠标左键两次(连续两次单击),用于启动程序或打开窗口。

④ 拖动：按住鼠标左键并移动鼠标,到另一个地方释放左键。常用于滚动条操作、标尺滑动操作或复制对象、移动对象的操作中。

⑤ 鼠标滚轮：拨动滚轮可使窗口内容向前或向后移动。向下按一下滚轮,随着"嗒"的一声,原来的鼠标箭头变成一个上下左右 4 个箭头的图形(如果显示的内容在窗口只出现纵向滚动条,那么只有上下两个箭头)。这时,拨动鼠标滚轮,箭头一起跟着移动。当箭头移出图形边缘时,就只有一个箭头,而原来的 4 个箭头已经变为灰色,即这是基点。移动鼠标,内容跟着移动,滚动条同时也作相应的移动。箭头距离基点图形越远,网页内容滚动的速度越快。如果想慢慢浏览内容,只要将箭头移到图形的边缘就可以了,这时,内容便慢慢向上或向下移动,再次按一下滚轮则取消移动。

4. 键盘操作

当文档窗口或对话框中出现闪烁着的插入标记(光标)时,就可以直接通过键盘输入文字。

快捷键方式就是在按下控制键的同时按下某个字母键,从而启动相应的程序,如用 Alt＋F 组合键打开窗口菜单栏中的"文件"菜单。

在菜单操作中,可以通过键盘上的箭头键改变菜单选项,按 Enter 键选取相应的选项。

常用的复制、剪切和粘贴命令都有对应的快捷键,它们分别是 Ctrl＋C、Ctrl＋X 和 Ctrl＋V。

5. 触摸控制

Windows 10 的界面支持多点触摸控制。运用 Windows 10 内建的触摸功能,以两只手指就能旋转、卷页和放大内容,但要使用这样的触摸功能,必须购买支持此技术的屏幕。

4.5.2　Windows 10 的界面

Windows 10 提供了一个友好的用户操作界面,主要有桌面、窗口、对话框、消息框、任务栏、开始菜单等。同时,Windows 10 的操作方式是:先选择、后操作的过程,即先选择要操作的对象,然后选择具体的操作命令。

1. 桌面

桌面是 Windows 提供给用户进行操作的台面,相当于日常工作中使用的办公桌的桌面,用户的操作都是在桌面内进行的。桌面可以放一些经常使用的应用程序、文件和工具,这样就能快速、方便地启动和使用它们。

2. 图标

图标代表一个对象,可以是一个文档、一个应用程序等。

(1) 图标类型

Windows 10 针对不同的对象使用不同的图标,可分为文件图标、文件夹图标和快捷方式图标。

① 文件图标。文件图标是使用最多的一种图标。Windows 10 中,存储在计算机中的任何一个文件、文档、应用程序等都使用这一类图标表示,并且根据文件类型用不同的图案显示。通过文件图标可以直接启动该应用程序或打开该文档。

② 文件夹图标。文件夹图标是表示文件系统结构的一种提示,通过它可以进行文件的有关操作,如查看计算机内的文件。

③ 快捷方式图标。这种图标的左下角带有弧形箭头,它是系统中某个对象的快捷访问方式。它与文件图标的区别是:删除文件图标就是删除文件,而删除快捷方式图标并不删除文件,只是将该快捷访问方式删除。

(2) 桌面图标的调整

① 添加新对象(图标)。可以从其他文件夹窗口中通过拖动鼠标的办法拖来一个新的对象,也可以通过右击桌面空白处并在弹出的快捷菜单中选择"新建"级联菜单中的某项命令来创建新对象。

② 删除桌面上的对象(图标)。Windows 10 提供了以下 4 种删除选中的对象的基本方法。

- 右击想要删除的对象,在弹出的快捷菜单中选择"删除"命令。
- 选择想要删除的对象,按 Del 键。
- 拖动想要删除的对象至"回收站"图标内。
- 选择想要删除的对象,按 Shift＋Del 组合键(该方法直接删除对象,而不放入回收站)。

③ 图标显示大小的调整。Windows 10 提供大图标、中等图标和小图标 3 种图标显示模式,通过右击桌面空白处,在弹出的快捷菜单中选择"查看"子菜单中的某项显示模式命令(如图 4-8 所示)即可实现。

④ 排列桌面上的对象（图标）。可以用鼠标把图标对象拖放到桌面上的任意地方；也可以右击桌面的空白处，在弹出的快捷菜单中选择"排列方式"子菜单（如图4-9所示）中的按"名称""大小""项目类型"或"修改日期"4项中的某项实现排序。还可以通过选择"查看"子菜单中的"将图标与网格对齐"命令（使选项前面有"√"符号，见图4-8所示），使所有图标自动对齐。如果选中"自动排列图标"命令，即该选项前面有"√"符号，这种情况下，用户在桌面上拖动任意图标时，该图标都将会自动排列整齐。

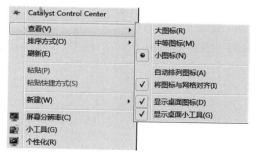

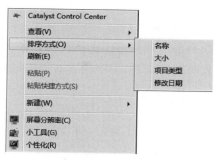

图 4-8　桌面快捷菜单"查看"项的级联菜单　　　图 4-9　桌面快捷菜单"排序方式"项的级联菜单

3. 任务栏

任务栏通常处于屏幕的下方，如图4-10所示。

图 4-10　Windows 10 任务栏

任务栏中取消了原来的快速启动栏，同时取消了此前 Windows 各版本中在任务栏中显示运行的应用程序名称和小图标的做法，取而代之的是没有标签的图标，类似于原来在快速启动工具栏中的图标，用户可以拖放图标进行定制，并可以在文件和应用程序之间快速切换。右击程序图标将显示最近的文件和关键功能。

任务栏中也不再仅仅显示正在运行的应用程序，也可以包括设备图标。例如，如果将数码相机与 PC 相连，任务栏中将会显示数码相机图标，单击该图标后就可以拔掉外置的设备。

Windows 10 可以让用户设置应用程序图标是否要显示在任务栏中的停靠栏（任务栏右下角），或者将图标轻松地在提醒领域及左边的任务栏中互相拖放。用户可以设置，以减少过多的提醒、警告或者弹出窗口。

任务栏包括"地址""链接""桌面"等子栏。通常这些子栏并不全显示在任务栏上，用户根据需要选择了的栏才会显示。具体操作方法：右击任务栏的空白处，弹出快捷菜单，指向快捷菜单上的"工具栏"项，在"工具栏"的级联菜单中选择，如图4-11所示。

任务栏的最右边有一个"显示桌面"按钮，单击可以使桌面上所有打开的窗口透明，以方便浏览桌面，再次单击该按钮可还原。

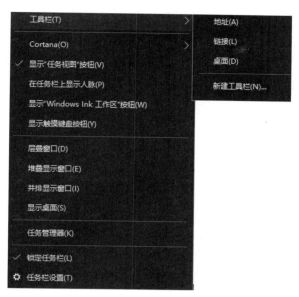

图4-11 Windows 10任务栏中"工具栏"的级联菜单

4. 窗口

窗口是与完成某种任务的一个程序相联系的,是运行的程序与人交换信息的界面。

(1)窗口类型及结构

窗口主要有资源管理器窗口、应用程序窗口和文档窗口。其中,资源管理器窗口主要是显示整个计算机中的文件夹结构及内容,应用程序启动后就都会在桌面提供一个应用程序窗口界面与用户进行交互,该窗口提供进行操作的全部命令(主要以菜单方式提供),当通过应用程序建立一个对象时(如图像),就会建立一个文档窗口,一般文档窗口没有菜单栏、工具栏等,只有标题栏,所以它不能独立存在,只能隶属于某个应用程序窗口。

窗口主要由标题栏、菜单栏、工具栏、状态栏和滚动条组成。

(2)窗口操作

窗口基本操作包括移动窗口,改变窗口大小,滚动窗口内容,最大化、最小化、还原和关闭窗口,窗口的切换,排列窗口和复制窗口。

5. 对话框

在Windows 10或其他应用程序窗口中,当选择某些命令时,会弹出一个对话框,如图4-12所示。对话框是一种简单的窗口,通过它可以实现程序和用户的信息交流。

为了获得用户信息,运行的程序会弹出对话框向用户提问,用户可以通过回答问题来完成对话,Windows 10也使用对话框显示附加信息和警告,或解释没有完成操作的原因,也可以通过对话框对Windows 10或应用程序进行设置。

对话框中主要包含选项卡、文本框、数值框、列表框、下拉列表框、单选按钮、复选按钮、滑标、命令按钮、帮助按钮等对象,通过这些对象实现程序和用户的信息交流。

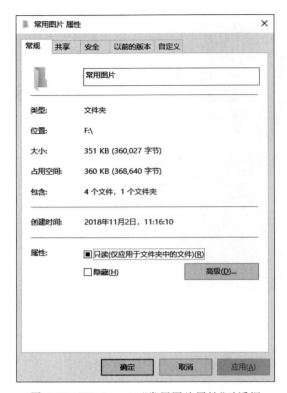

图 4-12　Windows 10"常用图片属性"对话框

4.5.3　Windows 10 的菜单

　　Windows 操作系统的功能和操作基本上体现在菜单中，正确使用菜单才能用好计算机。Windows 10 提供 4 种类型的菜单，它们分别是"开始"菜单、菜单栏菜单、快捷菜单和控制菜单。

1. "开始"菜单

　　Windows 10 的"开始"菜单具有透明化效果，功能设置也得到了增强。单击屏幕左下角任务栏上的"开始"按钮，在屏幕上会出现开始菜单。也可以通过 Ctrl＋Esc 组合键打开"开始"菜单，此法在任务栏处于隐藏状态的情况下较为方便。通过"开始"菜单可以启动一个应用程序。

　　Windows 10 的"开始"菜单中的程序列表也一改以往缺乏灵活性的排列方式，菜单具有"记忆"功能，会即时显示最近打开的程序或项目。菜单也增强了"最近访问的文件"功能，将该功能与各程序分类整合，并按照各类快捷程序进行分类显示，方便用户查看和使用"最近访问的文件"。

　　注意：若在菜单中某项右侧有向下的三角形箭头时，则单击该选项时会自动打开其级联菜单。

Windows 10 的"开始"菜单还给出了一个附加程序的区域。对于经常使用的应用程序,可右击这些应用程序图标,在弹出的菜单中选择"附到'开始'菜单",即可在开始菜单中"附加程序部分"显示该程序的快捷方式。若要在开始菜单中移除某程序时,可右击该程序图标,在快捷菜单中选择"从'开始'菜单解锁"即可。

2. 菜单栏菜单

Windows 10 系统的每一个应用程序窗口几乎都有菜单栏菜单,其中包含"文件""编辑"及"帮助"等菜单项。菜单栏命令只作用于本窗口中的对象,对窗口外的对象无效。

菜单栏命令的操作方法是:先选择窗口中的对象,然后再选择一个相应的菜单命令。

注意:有时系统有默认的选择对象,此时直接选择菜单命令就会对默认选择的对象执行其操作。如果没有选择对象,则菜单命令是虚的,即不能执行所选择的命令。

3. 快捷菜单

当右击一个对象时,Windows 10 系统就弹出作用于该对象的快捷菜单。快捷菜单命令只作用于右击的对象,对其他对象无效。

注意:右击对象不同,其快捷菜单命令也不同。

4. 控制菜单

单击 Windows 10 窗口标题栏最左边或右击标题栏空白处,可以打开"控制"菜单。"控制"菜单命令主要提供对窗口进行还原、移动、大小、最小化、最大化和关闭窗口操作的命令,其中移动窗口要用键盘中的上下左右方向键操作。

5. 工具栏

Windows 10 的应用程序窗口可以根据具体情况添加某种工具栏(如 QQ 工具栏)。工具栏提供了一种方便、快捷地选择常用操作命令的形式,当鼠标指针停留在工具栏某个按钮上时,会在旁边显示该按钮的功能提示,单击就可选中并执行该命令。

4.6　Windows 10 操作系统的文件管理

Windows 10 操作系统将用户的数据以文件的形式存储在外存储器中进行管理,同时给用户提供"按名存取"的访问方法。因此,必须正确掌握文件的概念、命名规则、文件夹结构和存取路径等相关内容,才能以正确的方法进行文件的管理。

4.6.1　Windows 文件系统概述

1. 文件和文件夹的概念

文件是有名称的一组相关信息集合,任何程序和数据都是以文件的形式存放在计算机的外存储器(如磁盘)中的,并且每一个文件都有自己的名字,叫文件名。文件名是存取文件的依据,对于一个文件来讲,它的属性包括文件的名字、大小、创建或修改时间等。

外存储器存放着大量不同类型的文件,为了便于管理,Windows 系统将外存储器组织成一种树形文件夹结构,这样就可以把文件按某一种类型或相关性存放在不同的"文件夹"里。这就像在日常工作中把不同类型的文件资料用不同的文件夹来分类整理和保存一样。在文件夹里除了可以包含文件外,还可以包含文件夹,包含的文件夹称为"子文件夹"。

2. 文件和文件夹的命名

（1）命名规则

Windows 10 使用长文件名,最长可达 256 个字符,其中可以包含空格,分隔符"."等,具体文件名的命名规则如下。

① 文件和文件夹的名字最多可使用 256 个字符。

② 文件和文件夹的名字中除开头以外的任何地方都可以有空格,但不能有下列符号:

? \ / * " < > | :

③ Windows 10 保留用户指定名字的大小写格式,但不能利用大小写区分文件名。如 Myfile.doc 和 MYFILE.DOC 被认为是同一个文件名。

④ 文件名中可以有多个分隔符,但最后一个分隔符后的字符串是用于指定文件的类型。如 nwu.computer.file1.jpg,表示文件名是 nwu.computer.file1,而 jpg 则表示该文件是一个图像类型的文件。

（2）文件查找中的通配符

文件操作过程中有时希望对一组文件执行同样的命令,这时可以使用通配符"*"或"?"来表示该组文件。

若在查找时文件名中含有"?",则表示该位置可以代表任何一个合法字符。也就是说,该操作对象是在当前路径所指的文件夹下除"?"所在位置之外其他字符均相同的所有文件。

若在文件名中含有"*",则表示该位置及其后的所有位置上可以是任何合法字符,包括没有字符。也就是说,该操作对象是在"*"前具有相同字符的所有文件。例如,"A*.*"表示访问所有文件名以 A 开始的文件,"*.BAS"表示所有扩展名为 BAS 的文件,"*.*"表示所有的文件。

3. 文件和文件夹的属性

在 Windows 10 环境下,文件和文件夹都有其自身特有的信息,包括文件的类型、在存储器中的位置、所占空间的大小、修改时间和创建时间,以及文件在存储器中存在的方式等,这些信息统称为文件的属性。

文件在存储器中存在的方式有只读、隐藏等属性,右击文件或文件夹图标,在弹出的快捷菜单中选择"属性"命令,弹出"属性"对话框,从中可以改变一个文件的属性,其中,只读是指文件只允许读、不允许写;隐藏是指将文件隐藏起来,这样在一般的文件操作中就不显示这些隐藏起来的文件信息。

4. 文件夹的树形结构

（1）文件夹结构

Windows 10 采用了多级层次的文件夹结构，如图 4-13 所示。对于同一个外存储器来讲，它的最高一级只有一个文件夹（称为根文件夹）。根文件夹的名称是系统规定的，统一用"\"表示。根文件夹内可以存放文件，也可以建立子文件夹（下级文件夹）。子文件夹的名称是由用户按命名规则指定的，子文件夹下又可以存放文件和再建立子文件夹，这就像是一棵倒置的树，根文件夹是树的根，各子文件夹是树的枝杈，而文件则是树的叶子，叶子上是不能再长出枝杈来的，所以把这种多级层次文件夹结构称为树形文件夹结构。

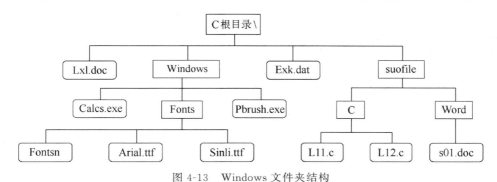

图 4-13　Windows 文件夹结构

（2）访问文件的语法规则

访问一个文件时，必须告诉 Windows 系统 3 个要素：文件所在的驱动器、文件在树形文件夹结构中的位置（路径）和文件的名字。

① 驱动器表示。Windows 的驱动器用一个字母后跟一个冒号表示。例如，"A:"为A 盘的代表符，"C:"为 C 盘的代表符，"D:"为 D 盘的代表符等。

② 路径。文件在树形文件夹中的位置可以用从根文件夹出发一直到该文件所在的子文件夹之间依次经过的一连串用反斜线隔开的文件夹名的序列描述，这个序列称为路径。如果文件名包括在内，该文件名和最后一个文件夹名之间也用反斜线隔开。例如，要访问图 4-13 所示的 s01.doc 文件，可用图 4-14 所示的方法描述。

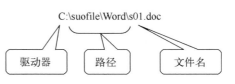

图 4-14　访问 s01.doc 文件的语法描述

路径有绝对路径和相对路径两种表示方法。绝对路径就是上面的描述方法，即从根文件夹起到文件所在的文件夹为止的写法。相对路径是指从当前文件夹起到文件所在的文件夹为止的写法。当前文件夹指的是系统正在使用的文件夹。例如，假设当前文件夹是图 4-13 中的 suofile 文件夹，要访问 L12.c 文件，则可用"C:\suofile\C\L12.c"绝对路径描述方法，也可以用"C\L12.c"相对路径描述方法。

注意：在 Windows 系统中，由于使用鼠标操作，所以上述规则通常是通过 3 个操作完成的，即先在窗口中选择驱动器；然后在列表中选择文件夹及子文件夹；最后选择文件或输入文件名。如果熟练掌握访问文件的语法规则描述，则可直接在地址栏输入路径来访问文件。

4.6.2 文档与应用程序关联

关联是指将某种类型的文件同某个应用程序通过文件扩展名联系起来，以便在打开任何具有此类扩展名的文件时，自动启动该应用程序。通常在安装新的应用软件时，应用软件自动建立与某些文档之间的关联。例如，安装 Word 2016 应用程序时，就会将.docx

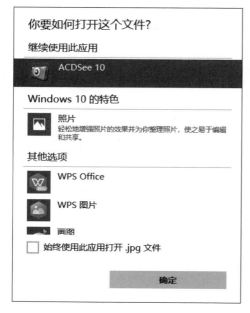

图 4-15　"打开方式"对话框

文档与 Word 2016 应用程序建立关联，当双击此类文档(.docx)时，Windows 系统就会先启动 Word 2016 应用程序，再打开该文档。

如果某类文档没有与任何应用程序相关联，则双击该类文档，就会弹出一个请求用户选择打开该文档的"打开方式"对话框，如图 4-15 所示，用户可以从中选择一个能对该类文档进行处理的应用程序，之后 Windows 系统就启动该应用程序，然后打开该文档。如果选中对话框中的"始终使用此应用打开这种文件"复选框(图 4-15 中为.jpg 文件)，就建立了该类文档与所选应用程序的关联。

也可以右击一个文档，在弹出的快捷菜单中选择"打开方式"命令项，并在级联菜单中选择"选择默认程序"项，这种方法使用户可以重新定义某类文档关联的应用程序。

4.6.3 通过资源管理器管理文件

Windows 10 提供的资源管理器是一个管理文件和文件夹的重要工具，它清晰地显示出整个计算机中的文件夹结构及内容，如图 4-16 所示。使用它能够方便地进行文件打开、复制、移动、删除或重新组织等操作。

1. 资源管理器的启动

方法 1：单击任务栏紧靠"开始"按钮的"文件资源管理器"图标。如果已有打开的资源管理器窗口，则不会打开新的"文件资源管理器"窗口，而是显示已经打开的"资源管理器"窗口（如果有多个，还要求选择其中的一个）。

方法 2：右击"开始"按钮，在弹出的菜单中选择"打开文件资源管理器"命令。

方法 3：打开"开始菜单"，将鼠标指针指向"Windows 系统"并打开折叠列表项，在级联菜单中选择"文件资源管理器"命令。

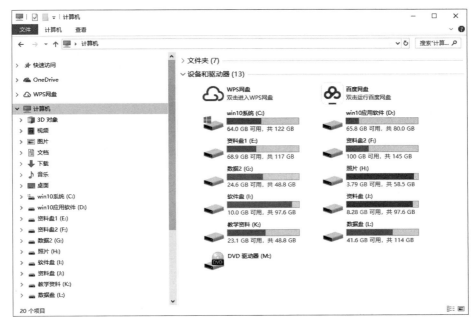

图 4-16 资源管理器窗口

方法 4：按 Windows 键＋ E 快捷键打开。

无论使用哪种方法启动资源管理器，都会打开 Windows 资源管理器窗口。

2. 资源管理器操作

（1）资源管理器窗口的组成

Windows 资源管理器窗口分为上中下共 3 个部分。窗口上部有"地址栏""搜索栏"和"菜单栏"；窗口中部分为左右两个区域，即导航栏区（左边区域）和文件夹区（右边区域），用鼠标拖动左右区域中间的分隔条，可以调整左右区域的大小。导航栏区显示计算机资源的结构组织，整个资源被统一划分为快速访问、网盘、计算机和网络共 4 类。文件夹区中显示的是导航栏中选定对象所包含的内容。窗口下部是状态栏，用于显示某选定对象的属性。

- 快速访问：主要是最近打开过的文件和系统功能使用的资源记录，如果需要再次使用其中的某一个，则只须选定即可。
- 网络：可以直接在此快速组织和访问网络资源。
- 计算机：是本地计算机外部存储器上存储的文件和文件夹列表，是文件和文件夹存储的实际位置显示。
- 网盘：又称网络 U 盘、网络硬盘，是由互联网公司推出的在线存储服务，服务器机房为用户划分一定的磁盘空间，为用户免费或收费提供文件的存储、访问、备份、共享等文件管理功能，以及容灾备份功能。用户可以把网盘看成一个放在网络上的硬盘或 U 盘，不管是在家中、单位或其他任何地方，只要连接到因特网，就可以管理、编辑网盘里的文件，不需要随身携带，更不怕丢失。

（2）基本操作

① 导航栏的使用。

资源管理器窗口的导航栏提供选择资源的菜单列表项，单击某一项，则其包含的内容会在右边的文件夹窗口中显示。

在导航栏中，菜单列表项中可能包含子项。用户可展开列表项，显示子项，也可以折叠列表项，不显示子项。为了能够清楚地知道某个列表项中是否含有子项，在导航栏中用图标进行标记。菜单列表项前面含有向右的大于符号"＞"时，表示该列表项中含有子项，可以单击"＞"展开；列表项前面含有向下的大于符号时，表示该列表项已被展开，可以单击该大于符号将列表项折叠。

② 地址栏的使用。

Windows 10 资源管理器窗口中的地址栏具备简单高效的导航功能，用户可以在当前的子文件夹中，通过地址栏浏览选择上一级的其他资源进行浏览。

③ 选择文件和文件夹。

要选择文件和文件夹，首先要确定该文件或文件夹所在的驱动器或文件（或文件夹）所在的文件夹。即在导航栏中，从上到下一层一层地单击所在驱动器和文件夹，然后在文件夹窗口中选择所需的文件或文件夹。在资源管理器窗口的导航栏中选定一个文件夹之后，在文件夹窗口中会显示出该文件夹下包含的所有子文件夹和文件，在其中选定所要确定的文件和文件夹。导航栏确定的是文件和文件夹的路径，文件夹窗口中显示的是被选定文件夹的内容。

文件夹内容的显示模式有"超大图标""大图标""中等图标""小图标""列表""详细信息""平铺"和"内容"共 8 种形式。

对文件夹窗口中文件和文件夹的选取有以下几种方法。

- 选定单个文件夹或文件：单击所要选定的文件或文件夹。
- 选择多个连续的文件或文件夹：单击所要选定的第一个文件或文件夹，然后用鼠标指向最后一个文件或文件夹上，按住 Shift 键并单击鼠标左键。
- 选定多个不连续的文件或文件夹：按住 Ctrl 键不放，然后逐个单击要选取的文件或文件夹。
- 全部选定文件或文件夹：选择"主页"菜单中的"全部选定"命令图标，则选定资源管理器右窗格中的所有文件或文件夹（或按快捷键 Ctrl＋A）。

3. 文件和文件夹管理

（1）复制文件或文件夹

- 鼠标拖动法：源文件或文件夹图标和目标文件夹图标都要出现在桌面上，选定要复制的文件或文件夹，按住 Ctrl 键不放，用鼠标将选定文件或文件夹拖动到目标盘或目标文件夹，如果在不同的驱动器上复制，只要用鼠标拖动文件或文件夹即可，不必按 Ctrl 键。
- 命令操作法：在文件夹窗口中单击选定要复制的文件夹或文件，选择"编辑"菜单中的"复制"命令,这时已将文件或文件夹复制到剪贴板中;然后打开目标盘或目标文件夹,选择"编辑"菜单中的"粘贴"命令。关于"复制"和"粘贴"命令也可直接使用快捷按键命令,即操作步骤为:选择→Ctrl+C(复制)→确定目标→Ctrl+V(粘贴)。

（2）移动文件或文件夹

- 鼠标拖动法:源文件(或文件夹)和目标文件夹都要出现在桌面上,选定要移动的文件(或文件夹),按住 Shift 键,用鼠标将选定的文件或文件夹拖动到目标盘或文件夹中。如果是在同一驱动器上移动非程序文件(或文件夹),只须用鼠标直接拖动文件或文件夹,不必使用 Shift 键。注意,在同一驱动器上拖动程序文件是建立该文件的快捷方式,而不是移动文件。

- 命令操作法:同复制文件的方法。只须将选择"Ctrl+C(复制)"命令改为选择"Ctrl+X(剪切)"命令即可,即选择→Ctrl+X(剪切)→确定目标→Ctrl+V(粘贴)。

（3）删除文件或文件夹

选定要删除的文件或文件夹,余下的步骤与删除图标的方法相同。如果想恢复刚刚被删除的文件,则选择"编辑"菜单中的"撤销"命令。

注意:删除的文件或文件夹留在"回收站"中并没有节约磁盘空间。因为文件或文件夹并没有真正从磁盘中删除。若删除的是 U 盘和移动盘上的文件和文件夹,将直接删除,不会放入"回收站"。

（4）查找文件或文件夹

当用户创建的文件或文件夹太多时,如果想查找某个文件或某一类型文件,而又不知道文件存放位置,可以通过 Windows 10 提供的搜索栏来查找文件或文件夹。首先在导航栏选定搜索目标,如"计算机"或某个驱动器或某个文件夹,然后在搜索栏中输入内容(检索条件),Windows 10 即刻开始检索并将结果在文件夹窗口中显示出来。

（5）存储器格式化

使用外存储器前需要进行格式化。如果要格式化的存储器中有信息,则格式化会删除原有的信息。操作方法:右击要格式化的存储器,在弹出的快捷菜单上选择"格式化"命令,在弹出的"格式化"对话框中进行相应的格式设置,单击"确定"按钮即可。

（6）创建新的文件夹

选定要新建文件夹所在的文件夹(即新建文件夹的父文件夹)并打开;用鼠标指向"主页"菜单中的"新建文件夹"命令(或右击文件夹窗口空白处,在弹出的快捷菜单中选择"新建"命令级联菜单中的"文件夹"命令),文件夹窗口中出现带临时名称的文件夹,输入新文件夹的名称后,按 Enter 键或单击其他任何地方。

4.6.4　剪贴板的使用

剪贴板是 Windows 操作系统中一个非常实用的工具,它是在 Windows 程序和文件之间用于传递信息的临时存储区。剪贴板不但可以存储正文,还可以存储图像、声音等其他信息。通过它可以把多个文件的正文、图像、声音粘贴在一起,形成一个图文并茂、有声有色的文件。

　　剪贴板的使用步骤是：先将对象复制或剪切到剪贴板这个临时存储区，然后将插入点定位到需要放置对象的目标位置，再使用粘贴命令将剪贴板中信息传递到目标位置中。

　　在 Windows 中，可以把整个屏幕或某个活动窗口作为图像复制到剪贴板上。

　　① 复制整个屏幕：按 Print Screen 键。

　　② 复制窗口、对话框：先将窗口选择为活动窗口，然后按 Alt＋Print Screen 组合键。

4.7　Windows 10 操作系统的系统设置

　　计算机是由硬件和软件构成的一个系统，操作系统是对这个系统进行管理的系统程序，在使用过程中，用户往往需要对其硬件和软件进行重新配置，以适应自己相应程序的运行，提高运行效率。Windows 10 通过"设置"对话框（见图 4-17），提供相关配置系统的功能实现，用户通过它可以方便地重新设置系统。

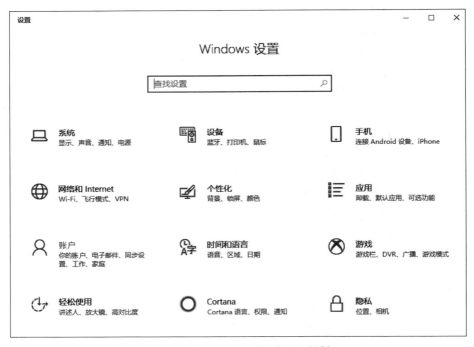

图 4-17　Windows 10 的"设置"对话框

4.7.1　设置对话框简介

　　Windows 10 在"设置"对话框里提供了许多应用程序，这些程序主要用于完成对计算机系统的软、硬件的设置和管理。其启动方式是：单击"开始"按钮，在弹出的命令按钮（见图 4-18）中选择设置按钮"⚙"，即可打开如图 4-17 所示的"设置"对话框。

　　Windows 10 的"设置"对话框集中了计算机的所有相关系统设置，在此可以对系统做任何设置和操作。在组织上"设置"对话框将同类相关设置都放在一起,整合成"系统""账户""网络和 Internet""个性化""设备""时间和语言""应用""手机""轻松使用"和"隐私"等大类,每一大类中再按某方面分成子类,Windows 10 的这种组织使操作变得简单快捷。

在"设置"对话框里启动一个设置应用程序的具体操作是:先选择某个相关设置的类别,此时会出现所选子类所包含的设置应用程序,再在列表中选择一个具体的应用程序,这样就可以在对话框中完成设置操作。图 4-19 是选择"设备"大类,再选择"鼠标"小类出现的对鼠标进行设置的界面图。

图 4-18 "开始"按钮中
的命令按钮

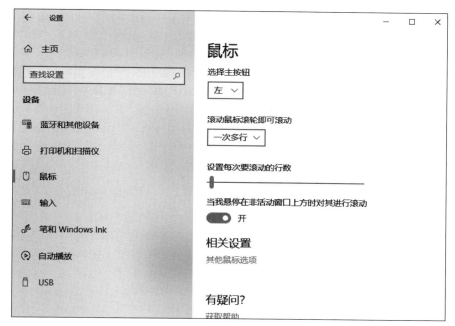

图 4-19 设置鼠标对话框界面

4.7.2 操作中心

在 Windows 10 中的"设置"对话框中的"个性化/任务栏"里选择"打开或关闭系统图标"项,然后将"操作中心"通知打开,这样在任务栏的最右侧就会有一个打开通知界面的按钮,单击即可打开通知界面,操作中心列出了有关需要注意的安全和维护设置的重要消息。操作中心中的红色项目标记为"重要",表明是应快速解决的重要问题,例如需要更新的已过期的防病毒程序。黄色项目是一些应考虑面对的建议执行的任务,如所建议的维护任务。

若要查看有关"安全性"或"维护"部分的详细信息,可单击对应标题或标题旁边的箭头,以展开或折叠该部分。如果不想看到某些类型的消息,可以选择在视图中隐藏它们。

也可通过将鼠标放在任务栏最右侧的通知区域中的操作中心图标上，可快速查看操作中心中是否有任何新消息。单击该图标查看详细信息，然后单击某消息解决问题。

如果计算机出现问题，检查操作中心以查看是否已标志问题。如果尚未标志，则还可以查找指向疑难解答程序和其他工具的有用链接，这些链接可帮助解决问题。

4.7.3　应用程序的卸载

打开"设置"对话框，选择"应用"类别，显示"应用"界面，选择其中的"程序和功能"选项，然后在显示的程序列表中选择要卸载的程序，并按提示进行操作，即可完成。

4.7.4　Windows 10 的基本设置

1. 设置日期和时间

打开"设置"对话框，选择"时间和语言"类别，然后选择"日期和时间"项，在列出的项目中选择"其他日期、时间和区域设置"项，弹出"日期和时间"对话框，按对话框上的提示进行日期、时间设置即可。也可以直接单击任务栏右侧的"时间和日期"提示项打开"日期和时间"设置对话框。

2. Windows 10 的桌面设置

打开"设置"对话框，选择"个性化"类别，在"个性化"窗口（如图 4-20 所示）中列出了对 Windows 10 桌面的背景、颜色、锁屏界面、主题等进行设置的应用程序。选择相应的应用程序后，按窗口（或对话框）上的提示进行相应的设置即可。

图 4-20　"个性化"设置对话框界面

3. 鼠标设置

打开"设置"对话框,选择"设备"类别,在列表中选择"鼠标",然后在右边列出的设置项中按提示进行相应的设置即可。

4. 网络相关设置

Windows 10 的"设置"对话框的"网络和 Internet"类别已将所有网络相关设置集中在一起,正在连接的网络状态、以太网、拨号、VPN、数据使用量和代理等均可在此设置。

例如,选择"以太网",则会显示如图 4-21 所示的以太网相关设置项,在此界面按提示可以进行网络连接的相关设置。

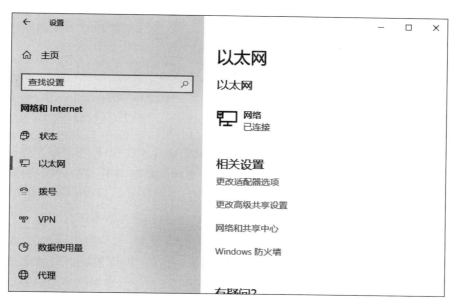

图 4-21　查看基本网络信息并设置连接

4.7.5　用户管理

在 Windows 10 中通过"设置"对话框的"账号"中提供的相关应用程序(如图 4-22 所示),即可添加、删除和修改用户账号,只须按提示操作即可完成。

创建的用户可以是"管理员"或"标准用户"用户,一般应建立为标准账户。标准账户可防止用户做出会对该计算机的所有用户造成影响的更改(如删除计算机工作所需要的文件),从而帮助保护计算机。

当使用标准账户登录到 Windows 时,可以执行管理员账户下的几乎所有的操作,但是如果要执行影响该计算机其他用户的操作(如安装软件或更改安全设置),则 Windows

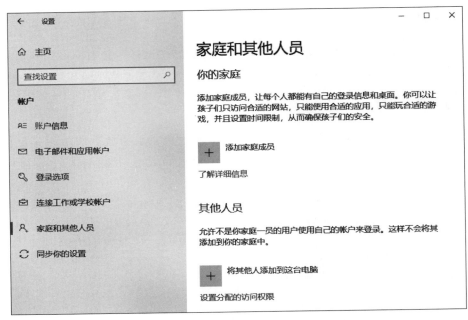

图 4-22 家庭和其他人员账户设置对话框界面

可能要求提供管理员账户的密码。

Windows 10 操作系统中有一个设计的计算机安全管理机制（即用户账户控制），简单地说，就是其他用户对操作系统做了更改，而这些更改是需要有管理员权限的，此时操作系统就会自动通知管理员，让其判断是否允许采用这个更改。

在使用计算机时，用标准用户账户可以提高安全性并降低总体拥有成本。当用户使用标准用户权限（而不是管理权限）运行时，系统的安全配置（包括防病毒和防火墙配置）将得到保护。这样，用户将能拥有一个安全的区域，可以保护他们的账户及系统的其余部分。

Windows 10 的用户管理功能可以使多个用户共用一台计算机，而且每个用户有设置自己的用户界面和使用计算机的权力。

另外，打开 Windows 10 提供的"计算机管理"窗口（如图 4-23 所示，方法是：右击"开始"按钮，在弹出的快捷菜单中选择"计算机管理"命令），可以对新建的用户账户进行权限设置。

权限和用户权力通常授予组。通过将用户添加到组，可以将指派给该组的所有权限和用户权力授予这个用户。User 组中的成员可以执行完成其工作所必需的大部分任务，如登录到计算机、创建文件和文件夹、运行程序及保存文件的更改。但是，只有 Administrators 组的成员可以将用户添加到组、更改用户密码或修改大多数系统设置。

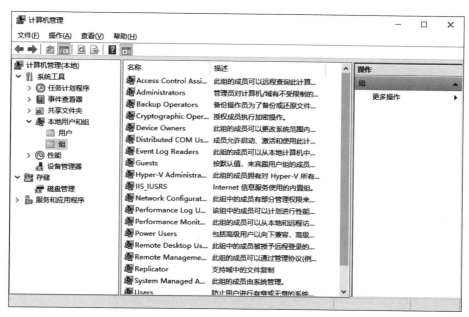

图 4-23 "计算机管理"窗口

习 题

1. 选择题

(1) 下列叙述中,不正确的是(　　)。

　　A. Windows 10 中打开的多个窗口,既可平铺又可层叠

　　B. Windows 10 中可以利用剪贴板实现多个文件之间的复制

　　C. 在"计算机"窗口中,双击应用程序名即可运行该程序

　　D. 在 Windows 10 中不能对文件夹进行更名操作

(2) (　　)是一套多用户、多任务免费使用和自由传播的操作系统。

　　A. Windows 10　　　　B. UNIX　　　　　　C. Linux　　　　　　　D. VxWorks

(3) 当一个应用程序窗口被最小化后,该应用程序将(　　)。

　　A. 被终止执行　　　　　　　　　　　B. 被删除

　　C. 被暂停执行　　　　　　　　　　　D. 被转入后台执行

(4) 在输入中文时,下列的(　　)操作不能进行中英文切换。

　　A. 单击中英文切换按钮　　　　　　　B. 按 Ctrl+空格键

　　C. 用语言指示器菜单　　　　　　　　D. 按 Shift+空格键

(5) 下列操作中,能在各种中文输入法切换的是(　　)。

　　A. 按 Ctrl+Shift 组合键

　　B. 单击输入法状态框"中/英"切换按钮

C. 按 Shift＋空格键

D. 按 Alt＋Shift 组合键

（6）在下列情况中（　　）是不能完成创建新文件夹。

　　A. 右击桌面，在弹出的快捷菜单中选择"新建/文件夹"命令

　　B. 在文件或文件夹属性对话框中操作

　　C. 在资源管理器的"文件"菜单中选择"新建"命令

　　D. 右击资源管理器的导航栏区或文件夹区，在弹出的快捷菜单中选择"新建"命令

（7）用鼠标拖放功能实现文件或文件夹的快速移动时，正确的操作是（　　）。

　　A. 用鼠标左键拖动文件或文件夹到目的文件夹上

　　B. 用鼠标右键拖动文件或文件夹到目的文件夹上，然后在弹出的菜单中选择"移动到当前位置"命令

　　C. 按住 Ctrl 键，然后用鼠标左键拖动文件或文件夹到目的文件夹上

　　D. 按住 Shift 键，然后用鼠标右键拖动文件或文件夹到目的文件夹上

（8）在"计算机"窗口中，如果想一次选定多个分散的文件或文件夹，正确的操作是（　　）。

　　A. 按住 Ctrl 键，用鼠标右键逐个选取

　　B. 按住 Ctrl 键，用鼠标左键逐个选取

　　C. 按住 Shift 键，用鼠标右键逐个选取

　　D. 按住 Shift 键，用鼠标左键逐个选取

（9）在 Windows 应用程序中，某些菜单中的命令右侧带有"…"表示（　　）

　　A. 是一个快捷键命令　　　　　　B. 是一个开关式命令

　　C. 带有对话框以便进一步设置　　D. 带有下一级菜单

2. 填空题

（1）从资源管理的角度来看操作系统目的是最大程度发挥资源的_____，从用户的服务员的角度来看是提供尽可能多的服务功能和最大的_____。

（2）操作系统的作用主要表现在以下两个方面：一方面是管理计算机中的各种资源；另一方面是_____。

（3）操作系统的主要任务是管理计算机系统中_____和软件资源，充分发挥资源的效率。

（4）操作系统要对资源管理，需要做以下 4 个方面的工作：了解资源当前状态、分配资源、_____和保护资源。

（5）操作系统是控制和管理计算机系统中的硬件和_____资源，合理地组织计算机工作流程以及能为用户提供良好的使用_____的程序和数据的集合。

（6）按用户对计算机的使用环境和功能特征的不同，可将操作系统分为三种基本类型：批处理系统、_____和实时系统。

（7）网络操作系统主要完成两大任务：_____和共享资源。

（8）所谓程序并发是指在计算机系统中同时存在有多个_____，宏观上看来，这些_____是同时向前推进的。

（9）进程在其生存期内可能处于三种基本状态之一：运行、_____和等待。

（10）所谓单道程序技术就是一次只允许一个_____进入系统运行的方法。

（11）多道程序技术就是让多个_____同时进入系统并投入执行的方法。

（12）进程管理主要是对_____进行管理。

（13）存储管理主要管理_____资源。

（14）进程是正在_____的程序。

（15）Windows 10 是一个_____的操作系统。

（16）Windows 10 针对不同的对象，使用不同的图标，但可分为_____、_____和_____三大类图标。

（17）Windows 10 提供的"计算机（资源管理器）"图标项是一个管理_____的重要工具，它可清晰地显示出整个计算机中的文件夹结构及内容。

（18）Windows 10 的"设置"对话框集中了计算机的所有_____设置，对_____做任何设置和操作，都可以在这里找到。

3. 简答题

（1）什么是操作系统？

（2）简述操作系统的作用。

（3）多道程序技术的概念是什么？

（4）操作系统的主要功能是什么？

（5）操作系统的主要特征是什么？

（6）简述在 Windows 10 中进行用户账号设置的方法。

（7）请简述 Windows 10 桌面的基本组成元素及功能。

（8）简述访问文件的语法规则。

（9）在 Windows 10 中，运行应用程序有哪几种方式？

（10）简述 Windows 10 的文件命名规则。

第5章

Office 软件的使用

文字具有规范、便携、长期保存等优点。随着历史的发展和社会的进步,文字媒介发生了根本性的变化,尤其是纸张的出现和排版印刷术的产生,使得人类社会的信息得以大规模复制。报刊、书籍等传播信息的印刷品的出现,使得人们可以通过阅读纸张上的文字、图形或图像来获得信息。

随着计算机的普及和技术的发展,人们可以通过浏览计算机屏幕显示的内容获得计算机中存储的信息,这些信息除了文字、图形或图像之外,还有视频、声音、动画等,甚至还可以交互。在计算机中组织文字、视频和声音,都要通过编辑排版软件来完成。

不管是纸张上的文字,还是屏幕上的文字,文字格式和版面是特别重要的。在现实生活中,一篇文章仅有内容的精彩是远远不够的,应该做到形式与内容的统一,包括文章的结构、布局,也包括文章的外部展现方法、手段等。排版正是文章的一种外部展现形式,无论从哪个角度来讲,这种形式都应被重视。

5.1 文字编辑设计

文字是人类沟通的重要媒介。无论对于何种视觉媒体,文字和图片都是两个主要构成要素。文字排列组合的好坏,直接影响着版面的视觉传达效果。因此,文字设计是增强视觉传达效果、赋予版面审美价值的一种重要构成技术。

5.1.1 文字编排要求及基本形式

1. 文字编排要求

在版面设计中,组织文字编排目的是使编排的作品更富于艺术感染力,更能吸引并打动读者,将作品上的内容更清晰有条理地传达给读者。

对于设计者而言,文字的编排还应注意文字本身的格式效果。在图文画面构成中,把不同重点的文字内容用不同的字体来表现,是设计中常用的手法,如:行首的强调、引文的强调等。但要注意,如果字体用得过多画面就显得不清洁,全是重点则无重点;字体用得过少就缺乏必要的生气。字体数量的多寡常暗示版面中核心内容的多少。

2. 文字编排的四种基本形式

(1)两端对齐。文字从左端到右端的长度均齐,整体显得端正、严谨、美观。此排列方式是目前书籍、报刊常用的一种。

（2）居中。以中心为轴线，内容排于正中间，两端余留空间相等。其特点是视线更集中，中心更突出，整体性更强。用文字居中排列的方式配置图片时，文字的中轴线最好与图片中轴线对齐，以取得版面视线的统一。

（3）左对齐或右对齐。左对齐或右对齐的排列方式有松有紧，有虚有实。左对齐或右对齐，行首或行尾自然就产生出一条清晰的垂直线，在与图形的配合上容易协调和取得同一视点。左对齐显得自然，符合人们阅读时视线移动的习惯；而右对齐就不太符合人们阅读的习惯，因而较少用。

（4）文字环绕排列。将图片插入文字版中，文字直接绕图形边缘排列。这种手法给人以亲切自然和生动活泼之感，通常是文字作品中最常用的插图形式。

5.1.2　版面中的文字编排

1. 字体设计

文字编排首先要进行字体的设计。从艺术的角度，可以将字体本身看成一种艺术形式，它在个性和情感方面对人们有着很大影响。在排版中，字体的处理与颜色、版式、图形等其他设计元素的处理一样非常关键。

不同的字体有不同的造型特点。如标题文字多选择醒目、清晰、简洁的黑体、艺术字体等；正文常选择字体清秀的宋体、仿宋、楷体等。

中文常用的字体主要有宋体、仿宋体、黑体和楷书等。在排版设计中，选择2～3种字体为最佳视觉结果。否则，会让人感觉零乱而缺乏整体效果。在选用的字体中，可考虑加粗、变细、拉长、压扁或调整行距来改变字体效果，同样能产生丰富多彩的视觉感受。

2. 字距、行距设计

版面设计中字距和行距不仅要方便阅读，还要能体现出设计者独特的编排风格与特点。所以对字距和行距的处理，首先要方便阅读，给阅读者良好的阅读氛围，然后再进行一些独特的美观设计。一般行距的常规比例为10∶12，即用字10点，则行距12点。适当的行距会形成一条明显的水平空白带，引导浏览者的目光，行距过宽会使一行文字失去较好的延续性。

3. 标题与正文的编排

在进行标题与正文文字的编排时，可先考虑将正文文字作二栏、三栏或四栏的编排，再进行标题的置入。将正文文字分成二栏、三栏、四栏，是为求取版面的空间，避免画面的呆板以及标题插入方式的单一性。标题虽是整个画面的标题，但不一定置于段首之上，也可作居中、横向、竖边或偏置等编排处理。甚至有些直接插入正文中，以求新颖的版式来打破已有的规律。

4. 文字的整体编排

文字的位置要符合整体要求。文字在版面中的安排要考虑全局的因素，不能有视觉上的冲突。在视觉传达过程中,文字作为版面的形象要素之一,必须具有视觉上的美感。将文稿的多种信息组织成一个整体的形式,各个段落之间还可用线段分隔,使其清晰、有条理而富于整体感。在图形配置时,主体更为突出,空间更加统一。

5.1.3　文字编排中的美化

1. 艺术字的应用

为了设计出漂亮的文档版面,在文字处理过程中,除了使用图形、图像进行文档修饰和美化外,艺术字也是点缀精美版面不可缺少的要素。

2. 文字的强调

文字的强调大致可分为线框、符号的强调。有意地加强某种文字元素的视觉效果,使其显得特别出众而夺目。这个被强调的元素正是版面中的诉求重点。行首的强调是将正文的第一个字或字母放大,是当今流行的设计潮流。首字下沉是行首强调中使用最多的手法。

5.2　Word 软件的编辑与排版

Word 2013 是 Microsoft 公司 Office 办公系列软件的重要组成之一,是一个功能很强的文字处理软件,利用它可以完成对文字的录入、编辑、排版等一系列工作。Word 要将文稿资料变成电子文档,首先要建立文档,然后输入文字内容,编辑排版,并保存为文件。在 Word 文字处理软件中,文档保存为文件的默认扩展名是 doc。

5.2.1　编辑文档

1. 选定文档内容

Windows 平台的应用软件都遵循一条操作规则:"先选定内容,后对其操作"。被选定的内容呈反向显示(黑底白字)。只有选定了对象,才能对其进行操作。

① 选定文档中一行:鼠标指针移至选定区(在行的左边),指针呈箭头状,并指向右上时,单击左键。

② 选定文档中一段:鼠标指针移至选定区,指针呈箭头状,并指向右上时,双击左键。

③ 选定整个文档:鼠标指针移至选定区,指针呈箭头状,并指向右上时,三击鼠标左键或按住 Ctrl 键,单击左键;还可以选择菜单"编辑/全选"命令。

④ 用鼠标左键拖动文档内容。

如果取消选定,则单击编辑区任意位置。

2. 删除

当文档中某些文字不需要时,可以将其删除,被删除文字后续的文字会接上来。

① 选定要删除文件的内容。

② 按 Del 键即可删除选定内容。

③ 如果要删除的仅是一个字,只要将插入点移到这个字的前边或后边,按 Del 键即可删除插入点后边的字,按 Backspace 键可以删除插入点前边的字。

如果发生误删除,可按 Ctrl+Z 组合键撤消,或单击窗口最上边工具栏的"撤消键入"按钮。

3. 移动或复制

① 选定要移动或复制文档的内容。

② 单击快捷菜单中的"剪切"或"复制"按钮。

③ 鼠标指针移到欲插入内容的目标处,单击左键(即移动插入点到目标处)。

④ 单击快捷菜单中的"粘贴"按钮,便实现了移动或复制文档内容的操作。

如果文档内容移动距离不远时,则可使用拖动的方法进行移动或复制。如果按住 Ctrl 键的同时拖动选定的内容到目标位置则是复制;如果直接拖动选定的内容到目标位置则是移动。剪切、复制、粘贴操作也可分别用组合键 Ctrl+X、Ctrl+C、Ctrl+V 实现。

4. 复制格式

① 选定被复制格式的内容。

② 如果仅复制一次,单击工具栏"格式刷"按钮,如果需要多次复制,双击"格式刷"按钮,鼠标指针呈"刷子"样。

③ 将鼠标指针移动至目标位置,拖动鼠标,则拖动过的文本格式与原选的格式相同。

5.2.2 格式编辑

1. 字符格式设置

字符格式是指对英文字母、汉字、数字和各种符号进行格式编辑,以实现所要求的显示和打印效果。字符格式的设置也称字符格式化。包括以下几方面的内容:

字体、字号(中文字号从初号到八号、英文字号的磅值范围 5~72)、字形(常规、倾斜、加粗、加粗倾斜)。另外还有字符背景、下画线、字体颜色、上标下标、空心、阴影等的设置,Word 2013 默认的字体、字号为宋体、5 号。

字符格式编辑同样遵循"先选定,后操作"的原则。字体的设置方法主要有以下两种。

① 利用格式工具栏中的按钮("开始/字体")。一些基本的字符格式设置,可利用格式工具栏中的按钮,包含字体、字号和字形等的设置。

② 单击"开始/字体"右下角对话框按钮,弹出"字体"对话框,在"字体"对话框中包含设置字符格式的所有设置。

2. 段落格式设置

段落是构成整个文档的骨架,在 Word 的文档编辑中,用户每输入一个回车符,表示一个段落输入完成，同时在屏幕上出现一个回车标记"↵"，也称为段落标记。段落设置包括：段落的文本对齐方式、段落的缩进、段落中的行距、段落间距等，段落设置也称段落格式化。

　　在对段落设置的操作中，必须遵循这样的规律：如果对一个段落进行格式设置，只须在设置前将插入点置于段落中间即可，如果对几个段落进行设置，必须先选定设置段落，再进行段落的设置操作。段落格式设置的方法也有两种：一种是利用"段落"工具栏中的按钮（如图 5-1 所示）；另一种是选择"段落"对话框（如图 5-2 所示），利用这个对话框进行设置。

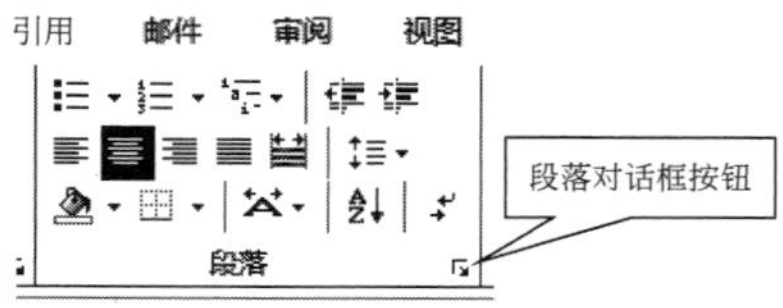

图 5-1　"段落"工具栏中的按钮

图 5-2　"段落"对话框

　　段落对齐指文档边缘的对齐方式，包括左对齐、居中对齐、右对齐、两端对齐和分散对齐。

　　段落缩进是指段落中的文本与页边距之间的距离。Word 中共有 4 种格式：左缩进、右缩进、悬挂缩进和首行缩进。设置段落缩进的方法有两种：一种是采用标尺上的 4 个按钮进行缩进，另外一种是在"段落"对话框中进行设置。

　　段落间距的设置包括文档行间距与段间距的设置。行间距是指段落中行与行之间的距离；段间距指前后相邻的段落之间的距离。段落间距在"段落"对话框中进行设置。

3. 设置页眉和页脚

页眉和页脚通常用于显示文档的附加信息,例如页码、日期、作者名称、单位名称、徽标或章节名称等。其中,页眉位于页面顶部,而页脚位于页面底部。Word 可以给文档的每一页建立相同的页眉和页脚,也可以交替更换页眉和页脚,即在奇数页和偶数页上建立不同的页眉和页脚。

（1）设置页眉和页脚位置

在文档窗口中选择"页面布局"菜单,在"页面设置"工具栏中,单击"页面设置"对话框启动器,就可以打开"页面设置"对话框,选择"版式"选项卡,如图 5-3 所示,在其中设置页眉和页脚位置。

（2）设置页眉、页脚内容

在文档窗口中选择"插入"菜单,在"页眉页脚"功能区中,单击"页眉"或"页脚"按钮进行设置。

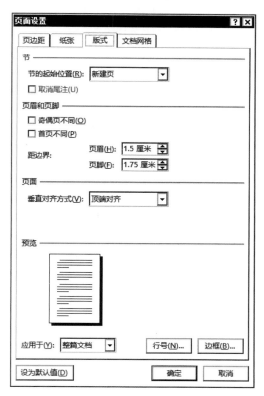

图 5-3 设置页眉页脚位置

4. 分栏

在编辑报纸、杂志时,经常需要对文章进行分栏排版,将页面分成多个栏目。这些栏目有的是等宽的,有的是不等宽的,从而使得整个页面布局显示更加错落有致,增加可读性。Word 具有分栏功能，用户可以把每一栏都作为一节对待，这样就可以对每一栏单独进行格式化和版面设计。

分栏设置步骤如下：

① 切换到页面视图。

② 选定需要分栏的段落。

在文档窗口中选择"页面布局"菜单，在"页面设置"功能区中单击"分栏"按钮，弹出下拉菜单，如图 5-4 所示。在下拉菜单中选择需要分栏的命令，如果需要分更多栏，选择"更多分栏"命令，弹出"分栏"对话框，如图 5-5 所示。在"栏数"文本框内输入要分的栏数，在Word 内最多可分 11 栏。

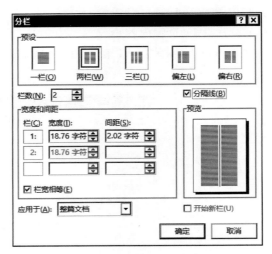

图 5-4　"分栏"下拉菜单　　　　图 5-5　"分栏"对话框实现更多分栏

③ 在"分栏"对话框中选定栏数后，下面的"宽度和间距"栏内会自动列出每一栏的宽度和间距，可以重新输入数据修改栏宽，若选中"栏宽相等"复选框，则所有的栏宽均相同。

④ 若选中"分隔线"复选按钮，可以在栏与栏之间加上分隔线。

⑤ 在"应用于"文本框内，可以选择"整篇文档""插入点之后""所选文字"之一，然后单击"确定"按钮。

如果要取消分栏，需在"分栏"对话框中的"预设"栏内，单击"一栏"按钮，然后单击"确定"按钮。

5. 段落首字下沉

首字下沉是报刊杂志中较为常用的一种文本修饰方式，使用该方式可以很好地改善文档的外观。报刊杂志的文章中，第一个段落的第一个字常常使用"首字下沉"的方式，以引起读者的注意，并从该字开始阅读。设置步骤如下：

① 先将光标定位在需要设定首字下沉的段落中。

② 文档窗口中选择"插入"菜单，在"文本"工具栏中选择"首字下沉"按钮，弹出工具栏，在其中选择下沉方式，如图 5-6 所示。

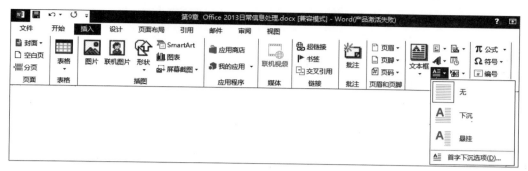

图 5-6 "首字下沉"按钮

如果要取消首字下沉,单击"首字下沉"工具栏中的"无"按钮。

5.2.3 图形

1. 插入图形文件

在 Word 中,可以直接插入的图形文件有 bmp、wmf 和 jpg 等。插入图形文件的步骤如下:

① 定位插入点。

② 选择菜单"插入/插图/图片"命令,弹出"插入图片"对话框。

③ 在"插入图片"对话框中选择图形文件所在的文件夹和文件名。

④ 单击"插入"按钮,则所选图形显示在插入点处。

2. 编辑图形

对插入的图形可进行缩放、移动、剪裁、文字环绕等设置图片的属性。设置图片的属性方法:单击需要修改属性的图片,系统弹出"图片工具"栏,如图 5-7 所示。

图 5-7 "图片工具"栏

(1) 缩放图形

使用鼠标可以快速缩放图形。在图形的任意位置单击,图形四周出现 8 个句柄;鼠标指针指向某个句柄时,指针变为双向箭头,按住鼠标拖动,图形四周出现虚线框,如果拖动的是 4 个角上的句柄之一,图形呈比例放大或缩小;拖动的是横方向或纵方向两个句柄中的一个,图形变宽或变窄,变长或变短。

(2) 图形裁剪

利用裁剪功能,可以把图片的主要部分突显出来,次要的东西舍弃掉。选中图片后,单击"图片工具"栏上的"裁剪"  按钮，鼠标指针也变成 形状，将光标移到任一句柄上，按住鼠标左键拖动句柄，向内裁剪，向外复原部分图片。

3. 图文混排

浮动式图片可在页面上自由移动，移动时只须选中该图片，鼠标箭头呈十字交叉的双箭头状，图片周围出现虚框，按住鼠标左键拖动图片，移动到所需位置，释放鼠标即可。

图文混排是 Word 提供的一种重要的排版功能，是设置文字在图形周围的一种分布方式。

若要设置图文混排，先单击"图片"，选择"图片工具"栏中"排列"工具组中的"自动换行"按钮，在菜单中选择相应的文字环绕，如图 5-8 所示，如选择"中间居中，四周型文字环绕"。

4. 改变图片的颜色、亮度、对比度和背景

图 5-8　文字环绕菜单

利用"图片工具格式"工具栏的"调整"工具组，可以很方便地调整图片的颜色，更改亮度、对比度和艺术效果特性。

5.2.4　水印

在许多重要文件中，常常要设置文档的背景，如一些隐约可见的文字或图案，通常把这些文字或图案称为"水印"。操作方法为：选择菜单"设计/页面背景/水印"命令中的"自定义水印"，弹出"水印"对话框，在其中设置。

5.2.5　自选图形

在 Word 文档中除了可以插入剪辑画和来自文件的图形图片以外，还可以利用功能强大的"绘图"工具栏自绘图形并插入到文档之中。

1. 绘制自选图形

Word 提供了一套现成的基本图形，共有 7 类：线条、连接符、基本形状、箭头总汇、流程图、星与旗帜、标注。在"页面"视图下可以方便地绘制、组合、编辑这些图形，也可以方便地将其插入于文档之中。操作步骤如下：

① 选择菜单"插入/插图/形状"命令，出现"形状"对话框，如图 5-9 所示。

② 选择图形。

③ 鼠标指针呈"十"字状，在需要插入图形处，拖动鼠标，即可画出所选图形。

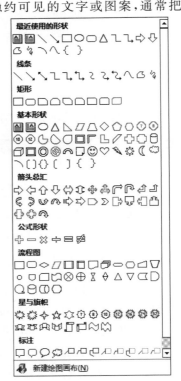

图 5-9　"形状"对话框

④ 可以利用图形周围的 8 个句柄放大、缩小，利用深色的小方框修改图形的形状，这个深色小方框称为图形控制点。

⑤ 将鼠标指针移动到控制点上，指针的形状变成斜向左上角的三角形，按住鼠标左键，拖动鼠标，出现虚线，表示改变后自选图形的形状，释放鼠标，就得到修改后的自选图形。

2. 多个图形组合为一个图形

要将多个图形组合为一个图形，须首先选择多个图形，然后再组合。

选择多个图形的方法：单击菜单"开始/编辑"命令中的"选择"按钮，在下拉菜单中选择"选择对象"，移动鼠标指针，从左上角拉向右下角，画一个矩形虚线框，将所有图形包含在内，则选择了所有图形，被选择的每个图形周围都显示 8 个句柄。

选择所有图形之后，选择"图片工具格式"工具栏中"排列"工具组中的"组合"对象按钮，则多个图形就组合成一个图形，可以整体移动、放大、缩小、旋转等。

5.2.6　艺术字和艺术图案

Word 提供了 30 种不同类型的艺术字体。可为文字建立图形效果的功能，如变形、旋转等。还提供了 160 多种艺术图案，供页面边框使用。

1. 创建艺术字

① 将插入点定位于要加入艺术字的文档中。

② 选择菜单"插入/文本/艺术字"命令，弹出"艺术字库"对话框，选择所需的艺术字样式。

③ 弹出编辑"编辑艺术字文字"对话框，在"文本"框中输入内容，进行格式设置，如图 5-10 所示。

图 5-10　"编辑艺术字文字"对话框

④ 单击"确定"按钮，艺术字以图形方式显示在文档中。

2. 页面边框插入艺术图案

① 选择菜单"设计/页面背景/页面边框"命令，弹出"边框和底纹"对话框。
② 单击"页面边框"选项卡。
③ 单击"艺术型"下拉列表框，选择所需图案。
④ 单击"应用于"下拉列表框，可以选择整篇文档、本节等。
⑤ 单击"确定"按钮。

5.2.7　文本框

文本框是将文字、表格、图形精确定位的有力工具。文本框如同容器，任何文档的内容，不论是一段文字、一张表格、一幅图形，只要被置于方框内，就可以随时被移动到页面的任何地方，也可以让正文环绕而过，还可以进行放大缩小等操作。

对文本框进行操作时必须在页面视图模式下，才能显示其效果。

1. 插入文本框

单击"插入"菜单，在"文本"功能区中单击"文本框"按钮，再选择所要的文本框的类型。

2. 编辑文本框

文本框具有图形的属性，对其操作类似于图形的格式设置，选择插入的文本框，会弹出"文本框工具"菜单，利用文本、文本框样式、阴影效果、排列和大小等工具，对文本框进行颜色、线条、大小、位置、环绕等的设置。

5.2.8　Word 软件的工具使用

1. 自动更正错误

利用 Word 中的自动更正功能，可以自动更正常见的输入错误，如拼写错误，也可以创建、删除自动更正词条。

（1）设置自动更正选项

单击"文件/选项/校对/自动更正选项"，打开"自动更正"对话框，选中或取消"显示'自动更正'按钮"等 7 项功能。

（2）创建自动更正内容

如果在编辑文档时经常输错一些字词或字符，例如，将"小题大做"输入成"小题大作"，可以通过创建自动更正词条进行更正。

单击"文件/选项/校对/自动更正选项"，打开"自动更正"对话框，在"替换"和"替换为"框中分别输入"小题大作"和"小题大做"后，单击"添加"按钮。

注意：Word 提供了很多的自动更正词条，可以添加新词条，也可以删除已有的更正词条。

2. 邮件合并

学期末,学校要为每位学生邮寄一份本学期学习成绩单,像这样内容的信件,主体内容和格式相同,只是学生姓名和各科成绩不同。须制作一份共有内容和格式的信件,该文件被称为"主文档"。再制作一份表格,在表格中存放学生姓名和各科成绩等内容,该表格被称为"数据源"。然后在"主文档"中加入"数据源"中的有关内容,如姓名和各科成绩。通过"邮件合并"功能,就可生成如图 5-11 所示的学生成绩通知单。

段宁同学:

你本学期课程成绩如下:

高等数学:85　英语:98　计算机基础:98

下学期3月1号开学(如果有成绩不及格的课程,请认真复习,开学后第一周补考),请准时返校,祝春节快乐!

现代科技大学教务处

2018 年 1 月 26 日

王芳同学:

你本学期课程成绩如下:

高等数学:76　英语:86　计算机基础:93

下学期3月1号开学(如果有成绩不及格的课程,请认真复习,开学后第一周补考),请准时返校,祝春节快乐!

现代科技大学教务处

2018 年 1 月 26 日

图 5-11　邮件合并

具体分为 4 个步骤:

(1)创建主文档

新建文档,单击"邮件/开始邮件合并/开始邮件合并"命令,在下拉列表中选择"信函"。然后输入主文档内容并保存文档,如图 5-12 所示。

(2)创建数据源

新建文档,直接建立表格,输入内容,如表 5-1 所示,最后保存文档。

表 5-1　数据源

姓名	性别	计算机基础	高等数学	英语
段宁	男	98	85	98
王芳	女	93	76	86
李志宏	男	65	63	66

图 5-12　主文档

（3）插入合并域

打开"主文档"，单击"邮件/开始邮件合并/选择收件人"命令，在下拉列表中选择"使用现有列表"，打开"选取数据源"对话框，选择数据源文件，在"主文档"中定位插入点，单击"编辑和插入域/插入合并域"按钮，打开"插入合并域"对话框，在域列表中选择要插入的域，例如姓名、各门课成绩等，如图 5-13 所示。

图 5-13　插入合并域

（4）合并新文档

单击"邮件/完成/完成合并"工具栏中的"编辑单个文档"命令，弹出"合并到新文档"对话框，单击"全部"按钮，最后单击"确定"按钮即可完成。

5.2.9　表格制作

表格是一种简单明了的文档表达方式，具有整齐直观、简洁明了、内涵丰富、快捷方便等特点。在工作中，经常会遇到像制作和使用财务报表、工作进度表与活动日程表等表格的问题。

在文档中插入的表格由有行和列组成，行和列交差组成的每一格称为"单元格"。生成表格时，一般先指定行数、列数，生成一个空表，再输入内容。

1. 生成表格

① 将插入点移动到要插入表格的位置。

② 选择"插入"菜单,在"表格"功能区的下拉菜单中选择第一个"插入表格",直接选择所需的行和列即可,如图5-14(a)所示。

③ 使用第二个"插入表格"按钮生成表格步骤如下:

- 光标移动到要插入表格的位置。
- 单击第二个"插入表格"按钮,弹出"插入表格"对话框,如图5-14(b)所示。
- 在"表格尺寸"栏中输入表格的列数和行数,如5行5列。
- 在"'自动调整'操作"栏中,选择"自动",系统会自动地将文档的宽度等分给各个列。单击"确定"按钮,在光标处就生成了5行5列的表格。在水平标尺上有表格的列标记,可以拖动列标记改变表格的列宽。

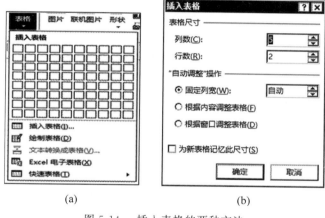

(a)　　　　　　　　　　　(b)

图5-14　插入表格的两种方法

2. 表格的编辑

表格编辑包括增加或删除表格中的行、列、改变行高和列宽、合并和拆分单元格等操作。

(1) 选定表格

像其他操作一样,对表格操作也必须"先选定,后操作"。

① 选定单元格。当鼠标指针移近单元格内的回车符附近,指针指向右上且呈黑色时,表明进入了单元格选择区,单击左键,反向显示,该单元格被选定。

② 选定一行。当鼠标指针移近该行左侧边线时,指针指向右上呈白色,表明进入了行选择区,单击左键,该行呈反向显示,整行被选定。

③ 选定列。当鼠标指针由上而下移近表格上边线时,指针垂直指向下方,呈黑色,表明进入列选择区,单击左键,该列呈反向显示,整列被选定。

④ 选定整个表格。当鼠标指针移至表格内的任一单元格,在表格的左上角出现"田"

字形图案,单击该图案"▣▣",整个表格呈反向显示,表格被选定。

（2）插入行、列

① 将插入点移至要增加行、列的相邻的行、列,选择菜单"表格工具/布局/行和列"命令,选择子菜单中的命令,可分别在行的上边或下边增加一行,在列的左边或右边增加一列。

② 如果是在表格的最末增加一行,只须把插入点移到右下角的最后一个单元格,按Tab键即可。

（3）删除行、列或表格

选定要删除的行、列或表格,选择菜单"表格工具/布局/删除"命令,在其子菜单中,单击行、列或表格,即可实现相应的删除操作。

3. 改变表格的行高和列宽

用鼠标拖动法调整表格的行高和列宽。

① 将鼠标指针指向该行左侧垂直标尺上的行标记或指向该列上方水平标尺上的列标记。显示"调整表格行"或"移动表格列"。

② 按住鼠标左键,此时,出现一根横方向或列方向的虚线,上下拖动改变相应行的行高,左右拖动改变相应列的列宽。

4. 拆分单元格

在调整表格结构时,需要将一个单元格拆分为多个单元格,同时表格的行数和列数也增加了,称这样的操作为拆分单元格。

操作步骤如下:

① 选定要拆分的单元格。

② 单击右键,在快捷菜单中选择"拆分单元格"命令,弹出"拆分单元格"对话框,输入要拆分的列数及行数,单击"确定"按钮。

5. 合并单元格

合并单元格是将相邻的多个单元格合并成一个单元格,操作步骤如下:

① 选定所有要合并的单元格。

② 右击,在快捷菜单中"合并单元格"命令,该命令使选定的单元格合并成一个单元格。

5.2.10 文档编排实验

实验一 编排应聘书

（1）实验要求

① 将文档的纸张大小（版面布局）设置为自定义（宽：17.6厘米,高：19厘米）。

② 将文档的版心位置页面边距（版心位置）设置为上边距2厘米,下边距2厘米,左

边距 1.5 厘米、右边距 1.5 厘米。

③ 将文档标题"应聘书"设置字体属性为：黑体、小三、加粗，对齐方式为居中对齐。正文字体为：宋体、五号。

④ 将正文各段落设置为：左右缩进各一个字符，段前、段后间距各为 0.5 行，行距最小值为 14 磅。

⑤ 将第一段中文字"本人自己做了一个个人网站，日访问量已经达到了 100 人左右。"加波浪下划线，图案样式为 15％底纹（应用范围为文字）。

⑥ 将第二段中文字分为等宽的两栏，栏间距 0.5 字符，加分隔线。

⑦ 设置正文第二段首字的下沉行数为 2，字体为楷体，距正文 0.2 厘米（在"插入/文本"中完成）。

⑧ 在输入的文字后面插入日期，格式为"＊＊＊＊年＊＊月"，右对齐。

⑨ 给王楠插入脚注，注文为"王楠，女，27 岁，西北大学经济管理专业毕业"。

（2）文字内容

应聘书

尊敬的公司领导：

您好！我从报纸上看到贵公司的招聘信息，我对网页兼职编辑一职很感兴趣。我现在是出版社的在职编辑，从 2016 年获得硕士学位后至今，一直在出版社担任编辑工作。两年以来，对出版社编辑的工作已经有了相当的了解和熟悉。经过行业工作协会的正规培训和两年的工作经验，我相信我有能力担当贵公司所要求的网页编辑任务。我对计算机有着非常浓厚的兴趣。我能熟练使用多种网页制作工具。本人自己做了一个个人网站，日访问量已经达到了 100 人。

通过互联网，我不仅学到了很多在日常生活中学不到的东西，而且坐在计算机前轻点鼠标就能尽晓天下事的快乐更是别的任何活动所不能及的。由于编辑业务的性质，决定了我拥有灵活的工作时间安排和方便的办公条件，这一切也在客观上为我的兼职编辑的工作提供了必要的帮助。基于对互联网和编辑事务的精通和喜好，以及我自身的客观条件和贵公司的要求，我相信贵公司能给我提供施展才能的另一片天空，而且我也相信我的努力能让贵公司的事业更上一层楼。随信附上我的简历，如有机会与您面谈，我将十分感谢。即使贵公司认为我还不符合你们的条件，我也将一如既往地关注贵公司的发展，并在此致以最诚挚的祝愿。

谢谢！

此致，敬礼！

应聘人：王楠
2019 年 5 月

实验结果如图 5-15 所示。

实验二　编排"国家体育场（鸟巢）简介"

（1）实验要求

① 将文档的纸张大小（版面尺寸）设置为自定义（宽：19 厘米，高：20 厘米）。

② 将文档的版心位置页面边距（版心位置）设置为上边距 2.54 厘米，下边距 2.54 厘米，左边距 3.17 厘米、右边距 3.17 厘米。

③ 输入文字内容，将文档标题"国家体育场（鸟巢）简介"插入到竖排文本框中，设置

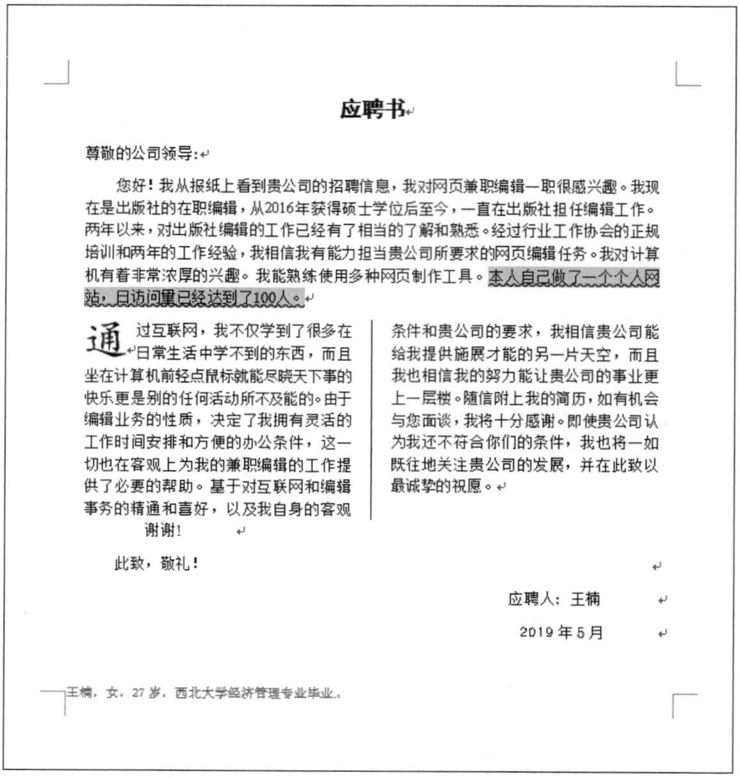

图 5-15　文档编排实验一结果

字体属性为：隶属、小一、加粗，设字符缩放 80％。文本框属性为：线条颜色为深黄，线形为 3 磅双线，环绕方式为四周环绕。正文字体为：宋体、五号。

④ 从网站下载鸟巢夜景图，四周环绕插入文中。

⑤ 设置页眉内容为"国家体育场（鸟巢）简介"，字体为隶属，字号为小五。

⑥ 设置页脚内容为"注：文字、照片来自：国家体育场官方网站 http://www.n-s.cn/cn/"。

（2）文字内容

国家体育场位于北京奥林匹克公园中心区南部，为 2008 年第 29 届奥林匹克运动会的主体育场。工程总占地面积 21 公顷，建筑面积 $258000m^2$。场内观众座席约为 91000 个，其中临时座席约 11000 个。奥运会、残奥会开闭幕式、田径比赛及足球比赛决赛在这里举行。奥运会后这里将成为文化体育、健身购物、餐饮娱乐、旅游展览等综合性的大型场所，并成为具有地标性的体育建筑和奥运遗产。

国家体育场工程为特级体育建筑，主体结构设计使用年限 100 年，耐火等级为一级，抗震设防烈度 8 度，地下工程防水等级一级。工程主体建筑呈空间马鞍椭圆形，南北长 333 米、东西宽 294 米、高 69 米。主体钢结构形成整体的巨型空间马鞍形钢桁架编织式"鸟巢"结构，钢结构总用钢量为 4.2 万吨，混凝土看台分为上、中、下三层，看台混凝土结构为地下一层，地上 7 层的钢筋混凝土框架-剪力墙结构体系。钢结构与混凝土看台上部完全脱开，互不相连，形式上呈相互围合，基础则坐在一个相连的基础底板上。国家体育场屋顶钢结构上覆盖了双层膜结构，即固定于钢结构上弦之间的透明的上层 ETFE 膜和固定于钢结构下弦之下及内环侧壁的半透明的下层 PTFE 声学吊顶。

国家体育场工程按 PPP(Private ＋ Public ＋ Partnership)模式建设,中国中信集团联合体负责国家体育场的投融资、建设、运营和管理。中信联合体出资 42％,北京市政府给予 58％的资金支持。中信联合体拥有赛后 30 年的特许经营权。

实验结果如图 5-16 所示。

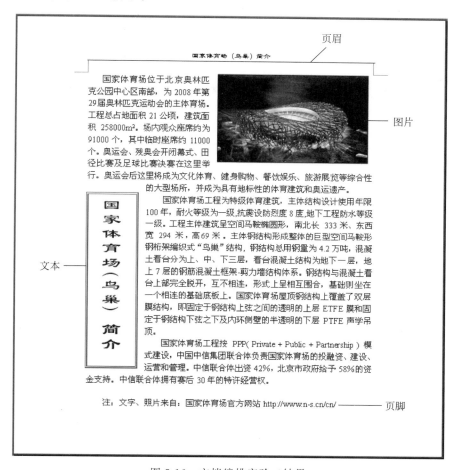

图 5-16　文档编排实验二结果

实验三　编辑数学公式

(1)实验要求

编辑一个数学公式,其中包含下标符号、乘法、除法、减法、积分算式等基本符号。公式的样式如下:

$$P_i = \frac{W}{V}\int_a^b \frac{x}{1-x}\mathrm{d}x$$

(2)实验步骤

① 显示"公式工具设计"工具栏。单击"插入/符号/公司/插入新公式"命令,在插入

点插入公式对象,并弹出"公式工具设计"工具栏。

② 制作下标变量。单击"公式工具设计"工具栏上的"上标和下标模板"按钮,选择相应的公式模板,然后在"在此键入公式"中输入 P,在下标框中输入 i。注意,当鼠标指针对准某公式模板时,系统将自动显示该模板的名称。

③ 制作分式。输入"="号之后,单击"公式"工具栏的"分式和根式"按钮,在分子框中输入 w,在分母框中输入 v。

④ 制作积分表达式。单击"公式模板"工具栏的"积分"模板,在上限框中输入 b,在下限框中输入 a。

⑤ 单击"公式模板"工具栏"分式和根式"按钮,在分子框中输入 xdx;在分母框中输入 1-x。

⑥ 单击数学公式工具栏以外的任何部位,结束公式编辑,并返回 Word 文档的正常编辑状态,如果要删除公式中出现的错误内容,必须先选定错误的字符或表达式。

5.3 电子表格软件

用户采用电子表格软件可以制作各种复杂的表格,在表格中可以输入数据、显示数据,进行数据计算,并能对表格的数据进行各种统计运算,同时它还能将表格数据变为图表显示出来,极大地增强了数据的可视性。另外,电子表格还能将各种统计报告和统计图打印输出。

5.3.1 电子表格软件的基本功能

一般电子表格软件具有 3 种基本功能:制表、计算、统计图。

1. 制表

制表也就是画表格。是电子表格软件的最基本的功能。电子表格具有极为丰富的格式,能够以各种不同的方式显示表格及其数据,操作简便易行。

2. 计算

表格中的数据常常需要进行各种计算、统计、汇总,因而计算是电子表格软件必不可少的一项功能,电子表格的计算功能十分强大,内容也丰富,可以采用公式或函数计算,同时也可直接引用单元格的值。为了方便计算,电子表格软件提供了各类丰富函数,尤其是各种统计函数,为用户进行数据汇总提供很大的方便。

3. 统计图

以图形的方式能直观地表示数据之间的相互关系。电子表格软件提供了丰富的统计图功能,能以多种图表格式表示数据,如直方图、饼图等。电子表格中的统计图所采用的数据直接取自工作表,并且当工作表中的数据改变时,统计图会自动随之变化。

中文 Excel 2013 电子表格软件正是具有以上功能的具体软件,是 Microsoft 公司 Office 办公系列软件的重要组成之一。Excel 主要是以表格的方式完成数据的输入、计算、分析、制表、统计,并能生成各种统计图形,是一个功能强大的电子表格应用软件。

5.3.2　中文 Excel 的基本知识

- 工作簿:Excel 工作簿是由一张或若干张表格组成的文件,其文件名的扩展名为 xlsx。每一张表格称为一个工作表。
- 工作表:Excel 工作表是由若干行和若干列组成的一张表格。行号用数字来表示,最多有 1048576 行;列标用英文字母表示,开始用一个字母 A,B,C 表示,超过 26 列时用两个字母 AA、AB……AZ、BA、BB……IV 表示,最多有 16384 列。
- 单元格:由行和列相交叉的区域称为单元格。单元格的命名是由它所在的列标和行号组成。例如,B 列 5 行交叉处的单元格名为 B5,单元格名为 C6 的表示第 6 行和第 C 列交叉处的单元格。一个工作表最多有 1048576×16384 个单元格。

每次启动 Excel 软件会自动建立一个名为 Book1 的空工作簿,并预置 3 张工作表(分别命名为 Sheet1、Sheet2、Sheet3),其中,Sheet1 为当前工作表。

5.3.3　工作表的基本操作

在“工作表”标签上选择某一个工作表,则在屏幕上显示该工作表,这时就可以操作这个工作表。

1. 单个单元格数据的输入

先选择单元格,再直接输入数据,会在单元格和编辑栏中同时显示输入的内容,按 Enter 键、Tab 键,或单击编辑栏上的“√”按钮确认输入。如果要放弃刚才输入的内容,单击编辑栏上的“×”按钮或按 Esc 键。如果对单元格中内容格式没有设定,则是常规格式。如果要对单元格中内容格式设定,可以单击“格式/单元格/数字”进行设置。

（1）文本输入

在单元格中输入文本时靠左对齐。要输入纯数字的文本(如身份证号、学号等),在第一个数字前加上一个单引号即可(如'00908054)。注意,在单元格中输入内容时,默认状态是文本靠左对齐,数值靠右对齐。

（2）数值输入

在单元格中输入数值时靠右对齐,当输入的数值整数部分长度较长时,可以设置用科学记数法表示(如:3.14E＋13 代表 $3.14×10^{13}$),小数部分超过单元格宽度(或设置的小数位数)时,超过部分自动四舍五入后显示。但在计算时,用输入的数值参与计算,而不是显示四舍五入后的数值。如果单元格显示内容为“＃＃＃＃”,则表示单元格宽度不够宽。另外,在输入分数(如 5/8)时,应先输入 0 及一个空格,然后再输入分数,否则 Excel 把它处理为日期数据(例如:5/8 处理为 5 月 8 日)。

（3）日期和时间输入

Excel 内置了一些常用的日期与时间的格式。当输入数据与这些格式相匹配时,将它们识别为日期或时间。常用的格式有"dd-mm-yy""yyyy/mm/dd""yy/mm/dd""hh：mm AM""mm/dd"等。输入当天的日期,可按组合键"Ctrl＋;"。输入当天的时间,可按组合键"Ctrl＋Shift＋;"。

2. 单元格选定操作

要把数据输入到某个单元格中,或对某个单元格中的内容进行编辑,首先就要选定该单元格。

① 选定单个单元格。单击要选择的单元格,表示选定了该单元格,该单元格也被称为活动单元格。

② 选定一个矩形(单元格)区域。用鼠标指向矩形区域左上角第一个单元格,按住鼠标左键拖动到矩形区域右下角最后一个单元格;或单击矩形区域左上角第一个单元格,按住 Shift 键,再单击矩形区域右下角最后一个单元格。

③ 选定整行(列)单元格。单击工作表相应的行号(或列标)。

④ 选定多个不连续单元格或单元格区域。选定第一个单元格或单元格区域,按住 Ctrl 键不放,再单击选定其他单元格或单元格区域,最后松开 Ctrl 键。

⑤ 选定多个不连续行或列。单击工作表相应的第一个选择行号或列标,按住 Ctrl 键不放,再单击其他选择的行号或列标,最后松开 Ctrl 键。

⑥ 选定工作表全部单元格。单击"全部选定"按钮(工作表左上角所有行号的纵向与所有列标的横向交叉处)。

3. 自动填充数据

数据自动输入功能,它可以方便快捷地输入等差、等比以及预先定义的数据填充序列。如序列一月、二月……十二月等。

(1) 自动输入数据的方法

① 在一个单元格或多个相邻单元格内输入初始值,并选定这些单元格。

② 鼠标移到选定单元格区域右下角的填充柄,此时鼠标指针变为实心十字形,按住左键拖动到最后一个单元格。

如果输入初始数据为文字数字的混合体,在拖动该单元格右下角的填充柄时,文字不变,当中的数字递增。例如:输入初始数据"第 1 组",再拖动该单元格右下角的填充柄,自动填充给后继项填入"第 2 组""第 3 组"等。

(2) 用户自定义填充序列的设定

Excel 提供 11 个自动填充序列,用户可自定义填充序列,以便进行系列数据输入。例如,在自动填充序列中没有第一名、第二名、第三名、第四名序列,可以将其加入到填充序列中。

方法:选择"文件"菜单中的"选项"命令,弹出"Excel 选项"对话框,在对话框中选择"高级"命令项,在"使用 Excel 时采用的高级选项"列表中选择"编辑自定义列表"按钮。弹出"自定义序列"对话框,如图 5-17 所示。

图 5-17　"自定义序列"对话框

然后在"输入序列"文本框中输入自定义序列项(第一名、第二名、第三名、第四名),每输入一项,要按一次 Enter 键作为分隔。整个序列输入完毕后单击"添加"按钮。

4. 工作表单元格数据计算

Excel 的数据计算可以通过公式和函数来实现,首先选择存放结果的单元格,再输入公式或函数。

(1) 公式计算

通过公式计算,可以对工作表中的数据进行加、减、乘、除等运算。

公式以等号开头,后面是用运算符连接对象组成的表达式。表达式中可以使用圆括号"( )"改变运算优先级。公式中的对象可以是常量、变量、函数以及单元格引用。如:=C4+C5、=D4/3-B4、=sum(B3:C8)等。当引用单元格的数据发生变化时,公式的计算结果也会自动更改。

① 公式中的运算符。

Excel 包含 4 种类型的运算符:算术运算符、比较运算符、文本运算符和引用运算符,如表 5-2 和表 5-3 所示。

例如:

=B2&B3;　　　　　　　将 B2 单元格和 B3 单元格的内容连接起来
="总计为:"&G6　　　　将 G6 中的内容连接在"总计为:"之后

注意:要在公式中直接输入文本,必须用英文双引号把输入的文本括起来。

② 编制公式。

选定要输入公式的单元格,输入一个等号(=),然后输入编制好的公式内容,确认输入,计算结果自动填入该单元格。

表 5-2　算术、文字和比较运算符及优先级

运算类型	运　算　符	说　明	优先级
算术运算符	—	负号	高
	%	百分号	↑
	^	乘方	
	* 和/	乘、除	
	＋和－	加、减	
文字运算符	&	文字连接	
比较运算符	=、>、<、>=、<=、<>	比较运算	低

表 5-3　引用运算符

引用运算符	含　　义	举　　例
:	区域运算符(引用区域内全部单元格)	=sum(B2:B8)
,	联合运算符(引用多个区域内的全部单元格)	=sum(B2:B5,D2:D5)
空格	交叉运算符(只引用交叉区域内的单元格)	=sum(B2:D3　C1:C5)

③ 公式复制。

选定具有公式的单元格，鼠标移到选定单元格右下角的填充柄，此时鼠标指针变为实心十字形，按住左键向下或向右拖动到下一个单元格。

例如，计算王铁山的总评成绩。单击 H3 单元格；输入“=”号，再输入公式内容(如图 5-18 所示的公式计算成绩)；最后单击编辑栏上的“√”按钮。计算结果自动填入 H3 单元格中。若要计算所有人的总分，可先选定 H3 单元格，再将该单元格填充柄拖动到 H12 单元格即可。

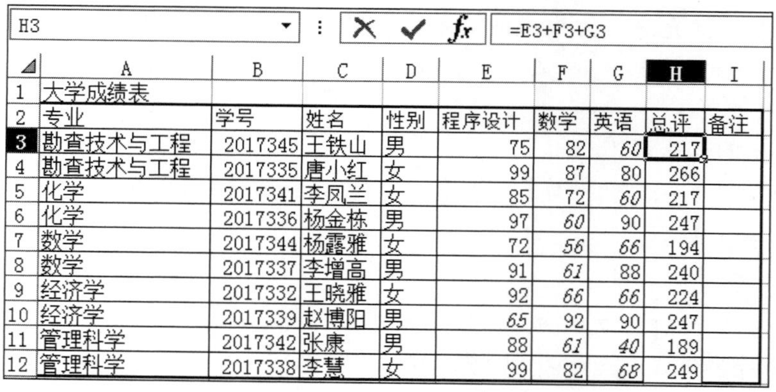
H3　=E3+F3+G3

	A	B	C	D	E	F	G	H	I
1	大学成绩表								
2	专业	学号	姓名	性别	程序设计	数学	英语	总评	备注
3	勘查技术与工程	2017345	王铁山	男	75	82	60	217	
4	勘查技术与工程	2017335	唐小红	女	99	87	80	266	
5	化学	2017341	李凤兰	女	85	72	60	217	
6	化学	2017336	杨金栋	男	97	60	90	247	
7	数学	2017344	杨露雅	女	72	56	66	194	
8	数学	2017337	李增高	男	91	61	88	240	
9	经济学	2017332	王晓雅	女	92	66	66	224	
10	经济学	2017339	赵博阳	男	65	92	90	247	
11	管理科学	2017342	张康	男	88	61	40	189	
12	管理科学	2017338	李慧	女	99	82	68	249	

图 5-18　公式计算成绩

④ 单元格引用。

单元格引用分为相对引用、绝对引用和混合引用 3 种。

• 相对引用。

相对引用方式是指利用单元格名称引用单元格数据的一种方式。例如：在F3单元格中输入公式"＝C3＋D3＋E3"，代表将C3、D3和E3这3个单元格中的数据求和的结果放入F3单元格中。在公式复制时，相对引用单元格将随公式位置的移动而改变单元格名称。

相对引用方法的好处是：当编制的公式被复制到其他单元格中时，Excel能够根据移动的位置自动调节引用的单元格。例如，要计算学生成绩表中所有学生的总评，只须在第一个学生总分单元格中编制一个公式，然后用鼠标向下拖动该单元格右下角的填充柄，拖到最后一个学生总评单元格处松开鼠标左键，所有学生的总评均被计算完成。

• 绝对引用。

在单元格名称行号和列标前面均加上"＄"符号。在公式复制时，绝对引用单元格将不随公式位置的移动而改变单元格的引用。

• 混合引用。

混合引用是指在引用单元格名称时，行号前加"＄"符号或列标前加"＄"符号的引用方法。即行用绝对引用，而列用相对引用；或行用相对引用，而列用绝对引用。其作用是不加"＄"符号的随公式的复制而改变，加了"＄"符号的不发生改变。

例如，E＄2表示行不变而列随移动的列位置自动调整，＄F2表示列不变而行随移动的行位置自动调整。

• 同一工作簿中不同工作表单元格的引用。

如果要从Excel工作簿的其他工作表中（非当前工作表）引用单元格，其引用方法为"工作表名！单元格引用"。

例如，设当前工作表为Sheet1，要引用Sheet3工作表中的D3单元格，其方法是：Sheet3！D3。

（2）函数使用

函数是为了方便用户对数据运算而预定义好的公式。Excel按功能不同将函数分为11类，分别是财务、日期与时间、数学与三角函数、统计、查找与引用、数据库、文本、逻辑、信息等。下面介绍函数引用的方法。

函数引用的格式为：函数名(参数1，参数2，…)，其中参数可以是常量、单元格引用和其他函数。引用函数的操作步骤如下。

① 将光标定位在要引用函数的位置。例如，要计算大学成绩表中所有学生的"程序设计"课平均分，则选定放置平均分的单元格(E13)，输入等号"＝"，此时光标定位于或等号之后。

② 单击工具栏上的"插入函数"按钮 f_x，或者选择菜单栏上"公式/函数库/插入函数"命令，弹出如图5-19所示的"插入函数"对话框。

③ 在"插入函数"对话框中选择函数类别及引用函数名。例如，为求平均分，应先选常用函数类别，再选求平均值函数AVERAGE。然后单击"确定"按钮，弹出如图5-20所示的"函数参数"对话框。

④ 在AVERAGE参数栏中输入参数，即在Number1，Number2，…中输入要参加求

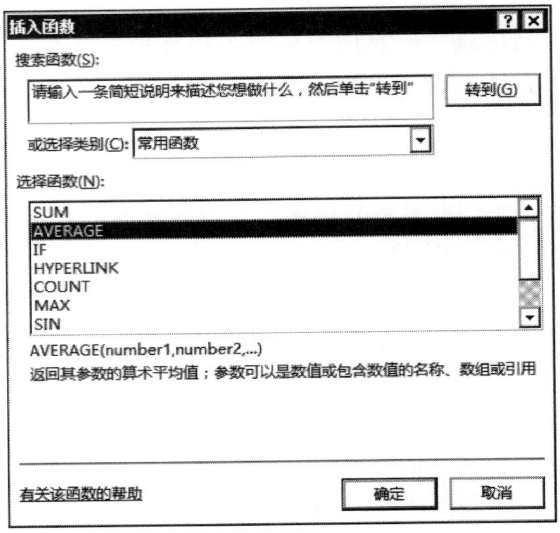

图 5-19　"插入函数"对话框

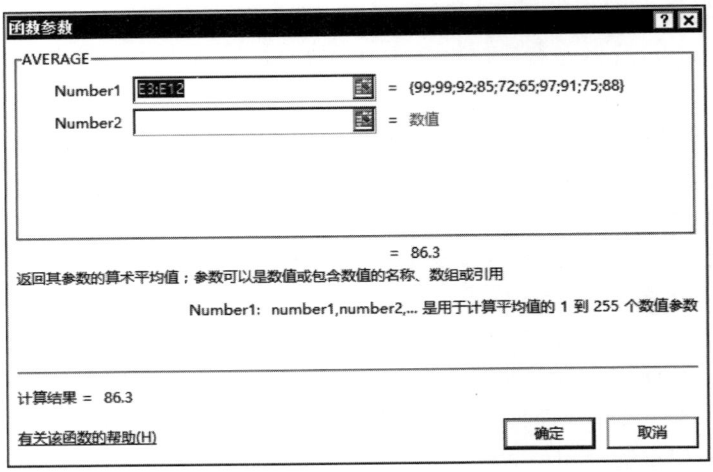

图 5-20　"函数参数"对话框

平均分的单元格、单元格区域。可以直接输入，也可以单击参数文本框右面的"折叠框"按钮，使"函数参数"对话框折叠起来，然后到工作表中选择引用单元格，选好之后，单击折叠后的"折叠框"按钮，即可恢复"函数参数"对话框，同时所选的引用单元格已自动出现在参数文本框中。

⑤　当所有参数输入完后，单击"确定"按钮，此时结果出现在单元格中，而公式出现在编辑栏中。

5. 应用举例

①　建立标题为"计算机成绩表"的表格。内容如图 5-21 所示。

	A	B	C	D	E	F	G	H
1	计算机成绩表							
2	专业	学号	姓名	性别	期中	期末	总评	备注
3	金融数学与统计	2017114062	郭策	男	88	78		
4	金融数学与统计	2017114078	黄婷	女	78	56		
5	信息与计算科学	2017114125	赵浩	男	65	85		
6	信息与计算科学	2017114119	张靖彗	女	98	93		
7	数学与应用数学	2017114053	谈薇	女	53	94		
8	数学与应用数学	2017114056	倪晓晖	男	96	75		
9	金融学(金融工程)	2017103164	张艳娜	女	75	84		
10	金融学(金融工程)	2017103159	刘娜	女	55	45		
11	平均成绩							

图 5-21 原始数据

② 选择 A1 到 H1 区域,单击"合并与居中"按钮,使标题"计算机成绩表"居中。

③ 用公式计算总评,保留两位小数。方法为期中占 20%(B13 存 20%,采用绝对引用 B13 单元格)、期末占 80%(采用 1-b13 表示)。G3 单元格公式:=E3 * B13+F3 * (1-B13)。然后将公式从 G3 单元格复制到 G10 单元格。

④ 采用函数计算期中、期末和总评的平均成绩,并保留两位小数。

⑤ 采用 IF 函数在备注栏写入内容:如果总评大于或等于 90,写入优秀;如果总评大于或等于 80,写入良好;如果总评大于或等于 70,写入中等;如果总评大于或等于 60,写入及格;如果总评小于 60,写入不及格。在 H3 单元格中输入公式:"=IF(G3>=90,"优秀",IF(G3>=80,"良好",IF(G3>=70,"中等",IF(G3>=60,"及格","不及格"))))"。从 H3 到 H10 复制公式。

⑥ 将 B13 单元格值 20% 改为 30%,观察总评和备注中的内容变化。

⑦ 计算期中、期末和总评的及格率。及格率为及格人数除以总人数。注意计算期中及格人数,在 E14 单元格中输入公式:=COUNTIF(E3:E10,">=60");复制公式从 E14 到 G14,同样计算总人数用 COUNT()函数。

⑧ 美化工作表,如图 5-22 所示,包括字体、字号、对齐方式、边框线等。

	A	B	C	D	E	F	G	H
1	计算机成绩表							
2	专业	学号	姓名	性别	期中	期末	总评	备注
3	金融数学与统计	2017114062	郭策	男	88	78	81.00	良好
4	金融数学与统计	2017114078	黄婷	女	78	56	62.60	及格
5	信息与计算科学	2017114125	赵浩	男	65	85	79.00	中等
6	信息与计算科学	2017114119	张靖彗	女	98	93	94.50	优秀
7	数学与应用数学	2017114053	谈薇	女	53	94	81.70	良好
8	数学与应用数学	2017114056	倪晓晖	男	96	75	81.30	良好
9	金融学(金融工程)	2017103164	张艳娜	女	75	84	81.30	良好
10	金融学(金融工程)	2017103159	刘娜	女	55	45	48.00	不及格
11	平均成绩				76.00	76.25	76.18	
12	及格率				75.00%	75.00%	87.50%	
13	期中比例	30%						
14	及格人数				6	6	7	
15	总人数				8	8	8	

图 5-22 结果表格

5.3.4　单元格的格式编辑

1. 单元格格式化

选择"格式/单元格"命令,弹出"单元格格式"对话框。

从"单元格格式"对话框中能够对单元格的数字格式、对齐方式、字体格式、边框格式、图案格式和保护格式进行设置。

注意:单元格未设边框,打印出来无边框。

2. 条件格式

条件格式的功能是,用醒目的格式设置选定区域中满足条件的数据单元格格式。条件最多3组。

例如:对计算机成绩表中,期中和期末成绩在70分以下(不包括70)的成绩,用黄色、斜体字形,单元格加灰色图案设置,如图5-23所示。

	A	B	C	D	E	F	G	H
1	计算机成绩表							
2	专业	学号	姓名	性别	期中	期末	总评	备注
3	金融数学与统计	2017114062	郭策	男	88	78	81.00	良好
4	金融数学与统计	2017114078	黄婷	女	78	56	62.60	及格
5	信息与计算科学	2017114125	赵浩	男	65	85	79.00	中等
6	信息与计算科学	2017114119	张靖彗	女	98	93	94.50	优秀
7	数学与应用数学	2017114053	谈薇	女	53	94	81.70	良好
8	数学与应用数学	2017114056	倪晓晖	男	96	75	81.30	良好
9	金融学(金融工程)	2017103164	张艳娜	女	75	84	81.30	良好
10	金融学(金融工程)	2017103159	刘娜	女	55	45	48.00	不及格
11	平均成绩				76.00	76.25	76.18	
12	及格率				75.00%	75.00%	87.50%	
13	期中比例	30%						
14	及格人数				6	6	7	
15	总人数				8	8	8	

图 5-23　突出显示 70 分以下的成绩

方法:在学生成绩表中,选定设置单元格区域(即 E3:F10),选择"开始/样式/条件格式/新建规则"命令,弹出如图 5-24 所示的"编辑格式规则"对话框,在"选择规则类型"中选择"只为包含以下内容的单元格设置格式"。在"编辑规则说明"中,下拉列表框中选择条件"单元格值","条件运算符"下拉列表框中选择"小于或等于","条件值"框输入 70,单击"格式"按钮,出现"单元格格式"对话框,在对话框的"字体"标签中,设置字形为倾斜,颜色为黄色。

5.3.5　数据管理与分析

在 Excel 中,数据清单是包含相似数据组并带有标题的一组工作表数据行。可以把数据清单看成最简单的数据库,其中,行作为数据库中的记录,列作为字段,列标题作为数据库中的字段名的名称。借助数据清单,可以实现数据库中的数据管理功能——筛选、排序等。Excel 除了具有数据计算功能,还可以对表中的数据进行排序、筛选等操作。

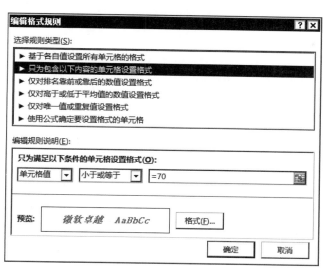

图 5-24 "编辑格式规则"对话框

1. 数据排序

如果想将 5.3.3 节中的大学成绩表（图 5-18）按男女分开，再按总评从大到小排序，如果总评相同时，再按英语成绩从大到小排序，即排序是按性别、总评、英语 3 列为条件进行的，则可用下述方法进行操作。

先选择单元格 A2 到 I12 区域，选择菜单栏上的"开始/编辑/排序和筛选/自定义排序"命令，弹出如图 5-25 所示的"排序"对话框，在该对话框中，选中"数据包含标题"复选框，在"主要关键字"下拉列表框中选择"性别"字段名，同时选中"次序"为"降序"；单击"添加条件"按钮，在"次要关键字"下拉列表框中选择"总评"字段名，同时选中"次序"为"降序"；在"次要关键字"（第三关键字）下拉列表框中选择"英语"字段名，同时选中"次序"为"降序"；最后单击"确定"按钮。排序结果如图 5-26 所示。

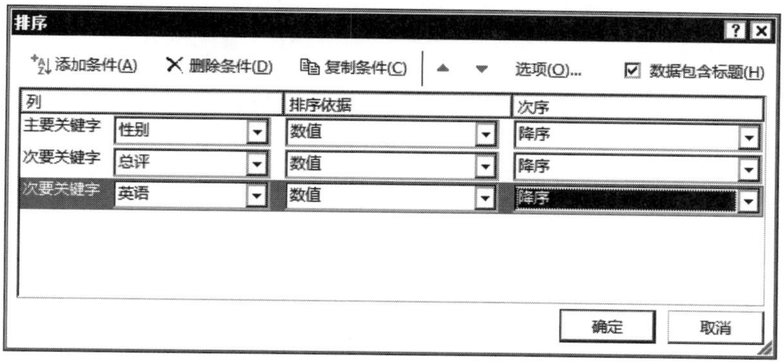

图 5-25 "排序"对话框

	A	B	C	D	E	F	G	H	I
1	大学成绩表								
2	专业	学号	姓名	性别	程序设计	数学	英语	总评	备注
3	勘查技术	2017335	唐小红	女	99	87	80	266	
4	管理科学	2017338	李慧	女	99	82	68	249	
5	经济学	2017332	王晓雅	女	92	66	66	224	
6	化学	2017341	李凤兰	女	85	72	60	217	
7	数学	2017344	杨露雅	女	72	56	66	194	
8	化学	2017336	杨金栋	男	97	60	90	247	
9	经济学	2017339	赵博阳	男	65	92	90	247	
10	数学	2017337	李增高	男	91	61	88	240	
11	勘查技术	2017345	王铁山	男	75	82	60	217	
12	管理科学	2017342	张康	男	88	61	40	189	

图 5-26   大学成绩表排序结果

2. 数据的自动筛选

如果想从工作表中选择满足要求的数据，可用筛选数据功能将不用的数据行暂时隐藏起来，只显示满足要求的数据行。例如，对大学成绩表进行筛选数据。将如图 5-18 所示的大学成绩表单元格 A1 到 I12 区域组成的表格进行如下的筛选操作。

先选择单元格 A2 到 I12 区域，选择菜单栏上的"数据（菜单）/排序和筛选（功能区）/筛选（按钮）"（或"开始（菜单）/编辑（功能区）/排序和筛选（按钮）/筛选（选项）"）命令，则出现如图 5-27 所示的"数据筛选"窗口，可以看到每一列标题右边都出现一个向下的筛选箭头，单击筛选箭头打开下拉菜单，从中选择筛选条件即可完成，如筛选"性别"为"女"的同学。在有筛选箭头的情况下，若要取消筛选箭头，也可以通过选择菜单"数据/排序和筛选/筛选"命令完成。

	A	B	C	D	E	F	G	H	I
1	大学成绩表								
2	专业 ▼	学号 ▼	姓名 ▼	性别 ▼	程序设计 ▼	数学 ▼	英语 ▼	总评 ▼	备注 ▼
4	勘查技术	2017335	唐小红	女	99	87	80	266	
5	化学	2017341	李凤兰	女	85	72	60	217	
7	数学	2017344	杨露雅	女	72	56	66	194	
9	经济学	2017332	王晓雅	女	92	66	66	224	
12	管理科学	2017338	李慧	女	99	82	68	249	

图 5-27   "数据筛选"窗口

3. 数据的分类汇总

所谓分类汇总，就是对数据清单按某字段进行分类，将字段值相同的连续记录作为一类，进行求和、平均和计数等汇总运算。在分类汇总前，必须对要分类的字段进行排序，否则分类汇总无意义。操作步骤如下：

① 对数据清单按分类字段进行排序；选择"数据（菜单）/排序和筛选（功能区）/排序"命令来完成。

② 选中整个数据清单或将活动单元格置于欲分类汇总的数据清单之内。

③ 选择菜单栏上的"数据/分级显示 /分类汇总"命令,弹出"分类汇总"对话框。

④ 在"分类汇总"对话框中依次设置"分类字段""汇总方式"和"选定汇总项"等,然后单击"确定"按钮。

例如,对大学成绩表进行按专业分类汇总,求程序设计、英语和数学的平均值,"分类汇总"对话框和汇总结果如图 5-28 和图 5-29 所示。

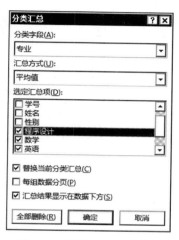

图 5-28 "分类汇总"对话框

1 2 3		A	B	C	D	E	F	G	H	I
	1	大学成绩表							
	2	专业	学号	姓名	性别	程序设计	数学	英语	总评	备注
	3	管理科学	2017342	张康	男	88	61	40	189
	4	管理科学	2017338	李慧	女	99	82	68	249
	5	管理科学 平均值				93.5	71.5	54	219
	6	化学	2017341	李凤兰	女	85	72	60	217
	7	化学	2017336	杨金栋	男	97	60	90	247
	8	化学 平均值				91	66	75	232
	9	经济学	2017332	王晓雅	女	92	66	66	224
	10	经济学	2017339	赵博阳	男	65	92	90	247
	11	经济学 平均值				78.5	79	78	236
	12	勘查技术与工程	2017345	王铁山	男	75	82	60	217
	13	勘查技术与工程	2017335	唐小红	女	99	87	80	266
	14	勘查技术与工程 平均值				87	84.5	70	242
	15	数学	2017344	杨露雅	女	72	56	66	194
	16	数学	2017337	李增高	男	91	61	88	240
	17	数学 平均值				81.5	58.5	77	217
	18	总计平均值				86.3	71.9	70.8	229
	19	数学 平均值				81.5	58.5	77	217
	20	总计平均值				86.3	71.9	70.8	229

图 5-29 数据分类汇总结果

4. 数据的图表化

利用 Excel 的图表功能,可根据工作表中的数据生成各种各样的图形,以图的形式表示数据。共有 14 类图表可以选择,每一类中又包含若干种图表式样,有二维平面图形,也有三维立体图形。

下面以图 5-18 所示的大学成绩表为例,介绍创建图表的方法。

① 选择创建图表的数据区域,如图 5-30 所示,这里选择了姓名、程序设计、数学和英语 4 个字段。

	A	B	C	D	E	F	G	H	I
1	大学成绩表								
2	专业	学号	姓名	性别	程序设计	数学	英语	总评	备注
3	勘查技术与	2017345	王铁山	男	75	82	60	217	
4	勘查技术与	2017335	唐小红	女	99	87	80	266	
5	化学	2017341	李凤兰	女	85	72	60	217	
6	化学	2017336	杨金栋	男	97	60	90	247	
7	数学	2017344	杨露雅	女	72	56	66	194	
8	数学	2017337	李增高	男	91	61	88	240	
9	经济学	2017332	王晓雅	女	92	66	66	224	
10	经济学	2017339	赵博阳	男	65	92	90	247	
11	管理科学	2017342	张康	男	88	61	40	189	
12	管理科学	2017338	李慧	女	99	82	68	249	

图 5-30 图表的数据区域

② 选择菜单"插入/图表/柱形图"命令,弹出如图 5-31 所示的图表类型。

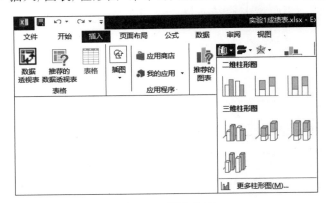

图 5-31 图表类型

③ 拖动改变图标大小和位置。

④ 选择柱形图,右击鼠标,弹出快捷菜单,如图 5-32 所示。

注意:独立图表和对象图表之间可以互相转换,方法:右击图表,在快捷菜单中选择"移动图表"命令,弹出如图 5-33 所示的对话框,选择要转换的图表位置。

5.3.6 表格编辑实验

采用 Excel 电子表格软件完成下列任务。

实验一 制作学生成绩表

实验要求

① 设计成绩表并输入数据。成绩表由"学号、班级、姓名、性别、计算机基础、大学语

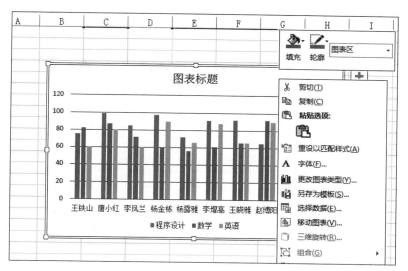

图 5-32 图表快捷菜单

图 5-33 "移动图表"对话框

文、英语、高等数学"等字段构成。

任务知识点：Excel 的启动、界面构成、退出；数据的输入与修改；不同类型数据的输入规则；数据的填充；数字格式的设置方法。

提示：8 个同学的学号连续，学号和班级在单元格中居中。

② 成绩表的编辑和美化，将成绩表加上表格标题"学生成绩表"，并设置居中对齐方式；给整个表格数据添加边框，给标题行设置底纹；给表格设置合适的高度和宽度。

任务知识点：行、列的插入/删除、单元格格式设置（单元格合并、对齐方式、边框、底纹）、单元格属性设置等。

③ 用柱形图直观显示成绩的分布，创建由姓名和各科成绩构成的图表。

任务知识点：图表的创建、图表类型。

④ 利用条件格式将小于 60 的成绩用红字显示。

⑤ 成绩查询，对成绩表中数据进行筛选，查询出平均成绩在 75 分以上的学生成绩表。

任务知识点：数据筛选。

⑥ 成绩排序，为成绩表添加"排名"一列，并按平均成绩进行排名。

任务知识点：公式和函数的使用；数据排序、数据的自动填充。

实验结果如图 5-34 所示。

学生成绩表

学号	班级	姓名	性别	计算机基础	大学语文	英语	高等数学	平均成绩
2008009	801	李 娜	女	67	76	78	67	72.0
2008010	802	季 瑶	女	91	82	81	64	79.5
2008011	803	沙 洁	女	61	76	92	67	74.0
2008012	801	李 帅	男	68	87	85	63	75.8
2008013	803	尚锦松	男	99	68	79	68	78.5
2008014	802	李京泽	男	53	59	63	70	61.3
2008015	801	刘玉利	男	83	69	77	82	77.8
2008016	803	杨 斌	男	55	76	93	81	76.3

学生成绩表

学号	班级	姓名	性别	计算机基础	大学语文	英语	高等数学	平均成绩	排名
2008010	802	季 瑶	女	91	82	81	64	79.5	1
2008013	803	尚锦松	男	99	68	79	68	78.5	2
2008015	801	刘玉利	男	83	69	77	82	77.8	3
2008016	803	杨 斌	男	55	76	93	81	76.3	4
2008012	801	李 帅	男	68	87	85	63	75.8	5
2008011	803	沙 洁	女	61	76	92	67	74.0	6
2008009	801	李 娜	女	67	76	78	67	72.0	7
2008014	802	李京泽	男	53	59	63	70	61.3	8

图 5-34　表格编辑实验一结果

实验二　表格统计

实验要求

在实验一的学生成绩表上分别完成以下任务：

① 分别按班级统计各门课平均成绩和在同一班级中按性别统计各门课平均成绩。

② 按性别分类统计各班级的计算机基础平均值及总计，生成如图 5-35 所示的统计数据透视表。

实验结果如图 5-35 所示。

	A	B	C	D	E	F	G	H	I	J
1				学生成绩表						
2	学号	班级	姓名	性别	计算机基础	大学语文	英语	高等数学	平均成绩	排名
3	2008012	801	李　帅	男	68	87	85	63	75.8	5
4	2008015	801	刘玉利	男	83	69	77	82	77.8	3
5				男 平均值	75.5	78	81	72.5		
6	2008009	801	李　娜	女	67	76	78	67	72.0	7
7				女 平均值	67	76	78	67		
8		801 平均值			72.7	77.3	80.0	70.7		
9	2008014	802	李京泽	男	53	59	63	70	61.3	8
10				男 平均值	53	59	63	70		
11	2008010	802	季　瑶	女	91	82	81	64	79.5	1
12				女 平均值	91	82	81	64		
13		802 平均值			72	70.5	72	67		
14	2008013	803	尚锦松	男	99	68	79	68	78.5	2
15	2008016	803	杨　斌	男	55	76	93	81	76.3	4
16				男 平均值	77	72	86	74.5		
17	2008011	803	沙　洁	女	61	76	92	67	74.0	6
18				女 平均值	61	76	92	67		
19		803 平均值			71.7	73.3	88.0	72.0		
20		总计平均值			72.1	74.1	81.0	70.3		

平均值项:计算机基础	班级			
性别	801	802	803	总计
男	75.5	53	77	71.6
女	67	91	61	73.0
总计	72.7	72.0	71.7	72.1

图 5-35　表格编辑实验二结果

5.4　演 示 文 稿

演示文稿是由多张幻灯片组成的计算机上的信息载体。每张幻灯片上可以包含文字、图形、图像、声音以及视频剪辑等多媒体元素，可以将自己所要表达的信息组织在一组图文并茂的画面中，用于介绍公司的产品、展示自己的学术成果。用户不仅可在投影仪或者计算机屏幕上进行演示，也可以将演示文稿打印出来，制作成胶片，以便应用到更广泛的领域中。好的演示文稿是一场报告会取得成功的关键之一。

5.4.1　演示文稿的作用

人类获取的信息大部分来自视觉和听觉，多媒体技术刺激感官所获取的信息量，比单一地听讲多很多。如果采用演示文稿展示信息就起到刺激听众视觉的功效，那是不是把所有报告内容都做成演示文稿就可以了？并不是这样。演示文稿与发言者必须是互相补充、互相影响的。演示文稿只是起到画龙点睛、展示关键信息的作用，发言者必须对演示文稿展开说明，才能收到好的效果。要特别注意的是创建幻灯片演示文稿的目的是支持口头演讲。

5.4.2　演示文稿的内容

在演示文稿中一般用文字表达的是报告的标题与要点。既方便听者笔录，也可以通过文稿的文字内容来表达报告会的内容进程以及报告中的关键信息。在制作演示文稿时，图片、动画、图表都是很好的内容表现形式，都能给予听众很好的视觉刺激，但并不是将所有内容都做成图片和动画就是最好的方式。每种表达方式都有局限性，要清楚其特点才能用好。在多媒体中，文本、图形、图像适合传递静态信息，动画、音频、视频适合传递过程性信息。

5.4.3　演示文稿的设计原则

1. 整体性原则

幻灯片的整体效果的好坏，取决于幻灯片制作的系统性、幻灯片色彩的配置等。幻灯片一般是以提纲的形式出现。制作幻灯片时要将文字做提炼处理，起到强化要点、突出重点的效果。

2. 主题性原则

设计幻灯片时要注意突出主题，通过合理的布局有效地表现内容。在每张幻灯片内都应注意构图的合理性，可使用黄金分割构图，使幻灯片画面尽量地做到均衡与对称。从可视性方面考虑，还应当做到视点明确（视点即是每张幻灯片的主题所在），利用多种对比方法来为主题服务，例如黑白色对比，互补色对比（红和青、绿和品、蓝和黄），色彩的深浅对比，文字的大小对比等等。

3. 规范性原则

幻灯片的制作要规范，特别是在文字的处理上，力求使字数、字体、字号的搭配做到合理、美观。

4. 以少胜多原则

一般比较合理的做法是，视屏上应留出三分之一左右的空白，特别是在视屏的底部应该留有较多的空白。这样安排的原因有两个：一是比较符合听众观看演示的心态和习惯。如果幻灯片上信息太多，满篇都是文字，听众就要用比较长的时间看完内容；二是有利于营造演示者和听众间的交流气氛。幻灯片上满篇文字的另一个缺点是，会使演示者的"念"比听众的"看"慢得多，容易造成听众的长时间等待，同时还使演示者长时间背对观众，破坏了演示者和听众之间的交流气氛。

5. 醒目原则

一般可以通过加强色彩的对比度来达到使视屏信息醒目的目的。例如，蓝底白字的对比度强，效果也好；蓝底红字的对比度要弱一些，效果也要差一些；而如果采用红色作为白字的阴影色放在蓝色背景上，就会更加醒目和美观。

6. 完整性原则

完整性是指力求把一个完整的概念放在一张幻灯片上，尽量不要跨越几张幻灯片，这是因为当幻灯片由一张切换到另一张时,会导致受众原先的思绪被打断。一般来说,在切换以后,上一张幻灯片中的概念已经结束,下面所等待的是另外一个新概念。

7. 一致性原则

所谓一致性,就是要求演示文稿的所有幻灯片上的背景、标题大小、颜色、幻灯片布局等尽量做到保持一致。

5.4.4 演示文稿的制作步骤

(1) 准备素材:主要是准备演示文稿中所需要的图片、声音、动画等文件。

(2) 确定方案:对演示文稿的整个构架作设计。

(3) 初步制作:将文本、图片等对象输入或插入到相应的幻灯片中。

(4) 装饰处理:设置幻灯片中的相关对象的要素(包括字体、大小、动画等),对幻灯片进行装饰处理。

(5) 预演播放:设置播放过程中的一些要素,然后播放查看效果,满意后正式输出播放。

5.4.5 PowerPoint 2013 演示文稿制作软件的使用

PowerPoint 2013 是 Microsoft Office 2013 的一个套装软件,利用它可以轻松地制作出集文字、图形、图像、声音、视频及动画于一体的多媒体演示文稿。在计算机上安装PowerPoint 软件并启动成功,就可以利用它创建演示文稿,通常有 4 种方法创建演示文稿,分别是空演示文稿、根据设计模板、根据内容提示向导和根据现有演示文稿。

PowerPoint 启动后的屏幕窗口如图 5-36 所示,主要包括大纲、幻灯片制作区、备注区和任务窗格区。

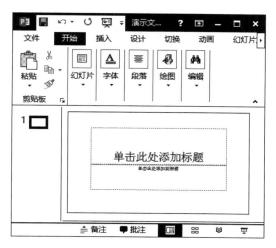

图 5-36 启动后的 PowerPoint 窗口

1. 创建空演示文稿

启动 PowerPoint 时，带有一张幻灯片的新空白演示文稿将自动创建，只须添加内容、按需添加更多幻灯片并设置格式就可以了。

如果需要新建另一个空白演示文稿，可按照以下步骤操作。

① "文件"选项卡，选择"新建"，在"可用的模板和主题"对话框中选择"空白演示文稿"，如图 5-37 所示。

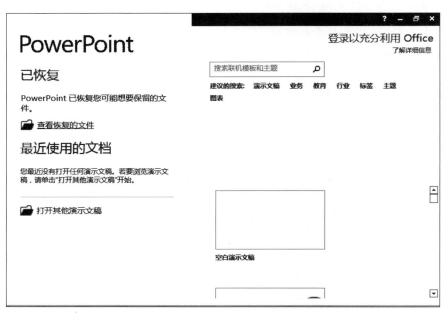

图 5-37　"新建演示文稿"对话框

② 此时"空白演示文稿"已选中，单击"创建"按钮即可。

注意：按 Ctrl＋N 快捷键可新建演示文稿。

2. 创建幻灯片

本节将从"空演示文稿"开始，设计一个简单的"贾平凹文学艺术馆"演示文稿。每一个演示文稿的第一张幻灯片通常都是标题幻灯片，创建标题幻灯片的步骤如下：

① 单击"文件"选项卡，选择"新建"命令，在"可用的模板和主题"对话框中选择"空白演示文稿"。

② 单击"创建"按钮。

③ 单击"单击此处添加标题"框，输入主标题的内容："贾平凹文学艺术馆"。

④ 单击"单击此处添加副标题"框，输入子标题内容："JIAPINGWA GALLERY OF LITERATURE AND ART。

资料来源：http://www.jpwgla.com/ "。

⑤ 选择"插入（菜单）/图像（功能区）/图片（按钮）"命令，弹出"插入图片"对话框，选

择相应的图片,此时就完成标题幻灯片的制作,如图 5-38 所示。

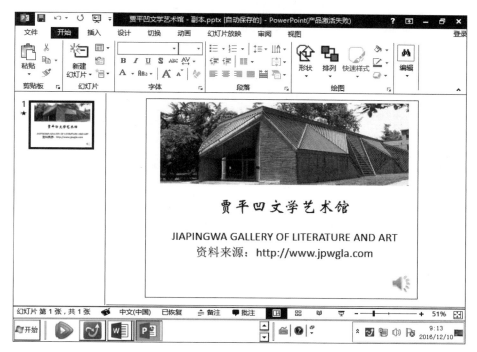

图 5-38 制作完成的标题幻灯片

⑥ 单击"开始/幻灯片/新建幻灯片"右侧的下拉按钮,选择"标题和内容"版式。在"单击此处添加标题"中输入"贾平凹文学艺术馆概况";在"单击此处添加文本"中输入"贾平凹文学艺术馆于 2006 年 9 月建成开放。贾平凹文学艺术馆是以全面收集、整理、展示、研究贾平凹的文学、书法、收藏等艺术成就及其成长经历为主旨的非营利性文化场馆"。

⑦ 选择"插入(菜单)/图像(功能区)/图片(按钮)"命令,弹出"插入图片"对话框,选择相应的图片,此时就完成概况幻灯片的制作,如图 5-39 所示。

⑧ 单击下面的"幻灯片放映"按钮即可查看放映的效果。

在演示文稿的编辑过程中,必须随时注意保存演示文稿,否则可能会因误操作或软硬件的故障而前功尽弃。不管一个演示文稿有多少张幻灯片,可以将其作为一个文件保存起来,文件的扩展名为 pptx。注意:将前面创建的演示文稿保存为"贾平凹文学艺术馆.pptx"文件。

3. 编辑幻灯片

幻灯片的编辑操作主要有幻灯片的删除、复制、移动和幻灯片的插入等,这些操作通常都是在幻灯片浏览视图下进行的。因此,在进行编辑操作前,首先切换到幻灯片浏览视图。

(1)插入点与幻灯片的选定

首先在 PowerPoint 中打开"贾平凹文学艺术馆.pptx"文件,然后切换到幻灯片浏览

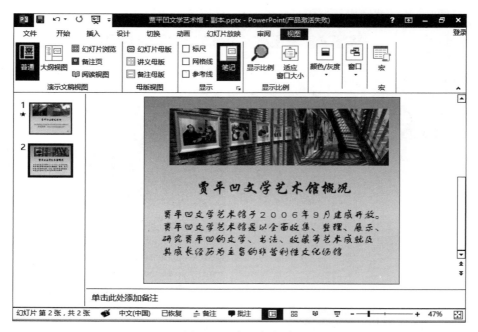

图 5-39　概况幻灯片

视图。

① 插入点。幻灯片浏览视图下，单击任意一个幻灯片左边或右边的空白区域，一条黑色的竖线出现，这条竖线就是插入点。

② 幻灯片的选定。幻灯片浏览视图下，单击任意一张幻灯片，则该幻灯片的四周出现黑色的边框，表示该幻灯片已被选中；若要选定多个连续的幻灯片，先单击第一个幻灯片，再按住 Shift 键并单击最后一张幻灯片；若要选定多个不连续的幻灯片，按住 Ctrl 键并单击每一张幻灯片；选择菜单"开始/编辑/选择/全选"命令可选中所有的幻灯片。若要放弃被选中的幻灯片，单击幻灯片以外的任何空白区域，即可放弃被选中的幻灯片。

（2）删除幻灯片

在幻灯片浏览视图中，选定要删除的幻灯片，按 Delete 键即可删除。

（3）复制（或移动）幻灯片

在 PowerPoint 中可以将已设计好的幻灯片复制（或移动）到任意位置。其操作步骤如下：

① 选中要复制（或移动）的幻灯片。

② 单击"开始（菜单）/剪贴板（功能区）/复制（或移动）（按钮）"。

③ 确定插入点的位置，即移动（或移动）幻灯片的目标位置。

④ 单击"开始（菜单）/剪贴板（功能区）/粘贴（按钮）"，即完成了幻灯片的复制（或移动）。

更快捷的复制（或移动）幻灯片的方法是：选中要复制（或移动）的幻灯片，按住 Ctrl 键，拖动鼠标到目标位置，放开鼠标左键，即可将幻灯片复制（或移动）到新位置。在拖动时有一条长竖线出现即目标位置。

（4）插入幻灯片

插入幻灯片的操作步骤如下：

① 选定插入点位置，即要插入新幻灯片的位置。

② 单击"插入（菜单）/幻灯片（功能区）/新建幻灯片"右边的下拉按钮，选择幻灯片的版式。

③ 输入幻灯片中的相关的内容。

（5）在幻灯片中插入对象

PowerPoint 最富有魅力的地方就是支持多媒体幻灯片的制作。制作多媒体幻灯片的方法有两种：一是在新建幻灯片时，为新幻灯片选择一个包含指定媒体对象的版式；二是在普通视图情况下，利用"插入"菜单，向已存在的幻灯片插入多媒体对象。本节介绍后者，如图 5-40 所示。

图 5-40　插入对象

① 向幻灯片上插入图形对象。可以在幻灯片上插入艺术字体、自选图形、文本框和简单的几何图形。最简单的方法是选择"插入"菜单，可以插入图片、剪贴画、相册、图形、SmartArt 图形和图表。

② 为幻灯片中的对象加入链接。PowerPoint 可以轻松地为幻灯片中的对象加入各种动作。例如，可以在单击对象后跳转到其他幻灯片，或者打开一个其他幻灯片文件等。在这里将为前面实例中的第 2、3、4、5 张幻灯片插入自选的形状图形，并为其增加一个动作，使得在单击该自选图形后，将跳回到标题幻灯片继续放映。设置步骤：

- 在第 1 张幻灯片后插入一张"导读"幻灯片。并在第 3、4、5 和 6 张幻灯片上插入自选图形对象，作为返回按钮。

- 在第 2 张幻灯片中选择"A 贾平凹文学艺术馆概况"，并用右击该对象，在弹出的快捷菜单中选择"超链接"，将会弹出一个"编辑超链接"对话框，如图 5-41 所示。

- 在"编辑超链接"对话框中，单击"链接到"中的"本文档中的位置"选项，然后在右边的"请选择文档中的位置"中选择"3 贾平凹文学艺术馆概况"幻灯片。

- 单击"确定"按钮，就完成了链接的设置。通过放映幻灯片，可以看到当放映到第 2 张幻灯片时，单击该"A 贾平凹文学艺术馆概况"时，幻灯片放映跳到第 3 个幻灯片了。

- 以同样的方法对第 2 张幻灯片中的"B 贾平凹文学艺术馆开馆典礼""C 平凹书画"和"D 平凹作品"分别进行设定。再对第 3、4、5、6 张幻灯片上的返回按钮进行设定让其都链接到第 2 张幻灯片上，如图 5-42 所示。

图 5-41　"编辑超链接"对话框

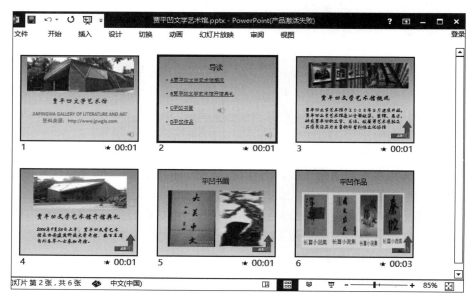

图 5-42　超链接

③ 向幻灯片插入影片和声音。只要有影片和声音的文件资料，制作多媒体幻灯片是
非常便捷的，下面以插入背景音乐对象为例说明操作步骤：

- 在幻灯片视图下，切换到第 2 张幻灯片上。
- 选择菜单"插入/媒体/音频"命令，选择"PC 上的音频"命令项，弹出"插入音频"对
  话框。
- 选择要插入声音的文件，单击"确定"按钮，即可将声音插入到幻灯片上，如图 5-43
  所示。对于声音文件，建议选择 midi 文件，即文件扩展名为 mid 的文件，它们的

文件较小,音质也很优美,很适合作为背景音乐。

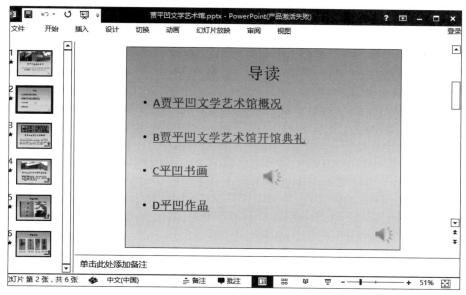

图 5-43　自动播放选择

- 播放时,会显示声音图标。
- 放映幻灯片进行检查,可以看到已经完成了背景音乐的插入。

注意：插入影片文件的方法与插入声音的方法基本相同,即选择菜单"插入/媒体/视频"命令。

4. 为对象设置动画

PowerPoint 可以为幻灯片中的对象设置动画效果。

在"贾平凹文学艺术馆.pptx"文件中第 6 张幻灯片内容为"平凹作品",并采用动画的方式显示。采用"自定义动画"命令设计动画效果的步骤：

① 打开"贾平凹文学艺术馆.pptx"文件。

② 编辑第 6 张幻灯片。

③ 指针指向文字区,选择这段文字,选择菜单"动画/高级动画/添加动画"命令,在弹出菜单中选择"其他动作路径",在"添加动作路径"对话框中选择"S 形曲线 1",如图 5-44所示。

5.4.6　幻灯片放映

1. 播放演示文稿

当演示文稿制作完成后,就可以进行播放,具体方法如下：

① 选择起始播放的幻灯片。

② 单击状态栏上的"幻灯片放映"按钮,系统从所选幻灯片开始播放。

图 5-44　"动画"设置

逐页播放是系统默认的播放方式（单击左键或按 Enter 键）。若用户进行了计时控制，则整个播放过程自动按计时完成，用户不需参与。在播放过程，若要终止，只须右击鼠标，在快捷菜单中选择"结束放映"菜单选项。

2. 为幻灯片录制旁白

录制声音旁白的具体操作步骤如下：

① 选择某一幻灯片，选择菜单"幻灯片放映/录制幻灯片演示"命令，出现"录制幻灯片演示"对话框。

② 在"录制幻灯片演示"对话框中，单击"开始录制"按钮。

③ 进入幻灯片播放的形式，在播放的同时可以对着麦克风讲话录音，为演示文稿录制旁白。

④ 若录制完毕，右击鼠标，在快捷菜单中选择"结束放映"命令，则结束放映返回。

⑤ 保存文件，旁白会同演示文稿一起保存。

3. 排练计时

通过设定每张幻灯片的放映时间来实现演示文稿的自动放映。设定步骤如下：

① 打开要创建自动放映的演示文稿。

② 选择菜单"幻灯片放映/排练计时"命令，激活排练方式，演示文稿自动进入放映方式。

③ 单击"下一项"来控制速度，放映到最后一张时，系统会显示这次放映的时间，若单

击"是"按钮,则接受此时间,若单击"否"按钮,则需要重新设置时间。

这样设置以后,在放映演示文稿时,单击菜单"幻灯片放映/观看放映"命令即可按设定时间自动放映。

习　题

1. 选择题

(1) 中文 Word 文字处理软件的运行环境是(　　)。

　　A. DOS　　　　　　B. WPS　　　　　　C. Windows　　　　　D. 高级语言

(2) 段落的标记是在输入(　　)之后产生的。

　　A. 句号　　　　　　B. Enter 键　　　　　C. Shift＋Enter　　　D. 分页符

(3) 在 Word 编辑状态下,若要设定左右边界,利用下列(　　)方法更直接、快捷。

　　A. 工具栏　　　　　B. 格式栏　　　　　　C. 菜单　　　　　　D. 标尺

(4) 在 Word 编辑状态下,当前输入的文字显示在(　　)位置。

　　A. 鼠标光标处　　　B. 插入点　　　　　　C. 文件尾部　　　　D. 当前行尾部

(5) 在 Word 编辑状态下,操作的对象经常是先选择内容,若鼠标在某行行首的左边选定区,下列(　　)操作可以仅选择光标所在的行。

　　A. 单击鼠标左键　　　　　　　　　B. 三击鼠标左键

　　C. 双击鼠标左键　　　　　　　　　D. 单击鼠标右键

(6) Word 文档文件的扩展名是(　　)。

　　A. TXT　　　　　　B. DOCX　　　　　　C. WPS　　　　　　D. BLP

(7) 在 Word 文档中,每个段落都有自己的段落标记,段落标记的位置在(　　)。

　　A. 段落的首部　　　　　　　　　　B. 段落的结尾处

　　C. 段落的中间位置　　　　　　　　D. 段落中,但用户找不到的位置

(8) Word 具有分栏功能,下列关于分栏的说法中正确的是(　　)。

　　A. 最多可以设 4 栏　　　　　　　　B. 各栏的宽度可以不同

　　C. 各栏的宽度必须相同　　　　　　D. 各栏之间的间距是固定的

(9) 在 Word 系统中,只有在(　　)中,分栏才在屏幕上显示出来。

　　A. 联机版视图　　　B. 大纲视图　　　　　C. 页面视图　　　　D. 普通视图

(10) 在 Word 编辑状态下,文档中有一行被选择,当按 Del 键后(　　)。

　　A. 删除了插入点所在行

　　B. 删除了被选择行及其之后的所有内容

　　C. 删除了被选择的行

　　D. 删除了插入点及其之后的所有内容

(11) 将修改的 Word 文档保存在别的盘上时,则应该用(　　)。

　　A. "文件"菜单中的"另存为"命令　　B. "文件"菜单中的"保存"命令

　　C. Ctrl＋S 组合键　　　　　　　　　D. 工具栏中的"保存"命令

（12）在 Word 中,编排完一个文件后,要想知道其打印效果,可以（　　　）。

    A. 选择"模拟显示"命令

    B. 选择菜单"文件/打印"命令,在预览区域观察

    C. 按 F8 键

    D. 选择"全屏幕显示"命令

（13）利用 Word 工具栏上的"显示比例"按钮,可以实现对文档中（　　　）。

    A. 字符的缩放　　　　　　　　　　B. 字符的缩小

    C. 字符的放大　　　　　　　　　　D. 以上均不正确

（14）如果要进行格式复制,在选定格式后,应单击或双击工具栏的（　　　）按钮。

    A. 格式刷　　　　　B. 复制　　　　　C. 剪切　　　　　D. 粘贴

（15）当对建立图表的引用数据进行修改时,下列叙述正确的是（　　　）。

    A.先修改工作表的数据,再对图表作相应的修改

    B. 先修改图表的数据,再对工作表中相关数据进行修改

    C. 工作表的数据和相应的图表是关联的,用户只要对工作表的数据修改,图表就会自动相应更改

    D. 当在图表中删除了某个数据点,则工作表中相关的数据也被删除

（16）输入（　　　）,使该单元格显示 0.3。

    A. 6/20　　　　　B."6/20"　　　　　C. ="6/20"　　　　　D. =06/20

（17）对数据表进行筛选操作后,关于筛选掉的记录行的叙述,下面（　　　）是不正确的。

    A. 不打印　　　　　B. 不显示　　　　　C. 永远丢失了　　　　　D. 可以恢复

（18）格式刷的作用描述正确的是（　　　）。

    A. 用来在表中插入图片　　　　　　B. 用来改变单元格的颜色

    C. 用来快速复制单元格的格式　　　D. 用来清除表格线

（19）下列对于单元格的描述不正确的是（　　　）。

    A. 当前处于编辑或选定状态的单元格称为"活动单元格"

    B. 用 Ctrl+C 复制单元格时,既复制了单元格的数据,又复制了单元格的格式

    C. 单元格可以进行合并或拆分

    D. 单元格中的文字可以纵向排列,也可以呈一定角度排列

（20）在 Excel 中,（　　　）是单元格的绝对引用。

    A. B10　　　　　B. \$B\$10　　　　　C. B\$10　　　　　D. 以上都不是

（21）保存 PowerPoint 演示文稿的磁盘文件扩展名一般是（　　　）。

    A. DOCX　　　　　B. XLSX　　　　　C. PPTX　　　　　D. TXT

（22）创建幻灯片时,PowerPoint 提供了多种（　　　）,它包含了相应的配色方案、母版和字体样式等,可供用户快速生成风格统一的演示文稿。

    A. 版式　　　　　B. 模板　　　　　C. 母版　　　　　D. 幻灯片

（23）（　　　）视图方式下,显示的是幻灯片的缩图,适用于对幻灯片进行组织和排序、插入、删除等功能。

A. 幻灯片放映　　　　B. 普通视图　　　　C. 幻灯片浏览　　　　D. 阅读视图

（24）如果要从第 3 张幻灯片跳转到第 8 张幻灯片，需要在第 3 张幻灯片上插入一个对象并设置其（　　　）。

A. 动作　　　　B. 预设动画　　　　C. 幻灯片切换　　　　D. 自定义动画

（25）演示文稿中的每张幻灯片都是基于某种（　　　）创建的，它预定义了新建幻灯片的布局情况。

A. 版式　　　　B. 模板　　　　C. 母版　　　　D. 幻灯片

2. 填空题

（1）Windows 平台的应用软件都遵循一条操作规则："先选定_____，后对其操作"。

（2）按 Del 键可以删除插入点_____边的字，按 Backspace 键可以删除插入点_____边的字。

（3）在 Word 的文档编辑中，用户每输入一个_____键符，表示一个段落输入完成，同时在屏幕上出现一个"↵"，也称为段落标记。

（4）使用 Word 对编辑的文档分栏时，必须切换到_____显示方式，才能显示分栏效果。

（5）段落对齐方式可以有_____、_____、_____、_____、_____ 5 种方式。

（6）和页面视图相比在普通视图中，只出现_____方向的标尺。

（7）水平标尺上的段落缩进有 4 个滑动快，其功能分别是_____、_____、_____、_____。

（8）要复制已选定的文档，可以按住_____键的同时用鼠标拖动选定的文本到指定的目标位置来完成复制。

（9）如果按 Del 键误删除了文档后，应执行_____命令恢复删除前的内容。

（10）Excel 的工作簿默认包含_____张工作表；单元格名称是由工作表的_____和_____命名的。

（11）当选定一个单元格后，其单元格名称显示在_____。

（12）Excel 的公式是以_____为开头。

（13）要引用工作表中 B1,B2,…,B10 单元格，其相对引用格式为_____，绝对引用格式为_____。

（14）Excel 工作簿文件名默认的扩展名为_____。

（15）当对某个单元格输入数据之后，可用 3 种方法确认输入，它们是_____、_____、_____。如果要放弃输入，可用_____方法。

（16）要复制单元格的格式，最快捷的方法是用工具栏上的_____按钮。

（17）当向一个单元格粘贴数据时，粘贴数据_____单元格中原有数据。

（18）可以对幻灯片进行移动、删除、复制、设置动画效果，但不能对单独的幻灯片的内容进行编辑的视图是_____。

（19）PowerPoint 允许在幻灯片上插入_____等多媒体信息。

（20）要创建自动放映演示文稿，可以通过_____来实现。

3. 简答题

(1) 简述 Excel 的主要功能和特点。

(2) 简述单元格、单元格区域、工作表、工作组及工作簿的含义。

(3) Excel 的单元格引用有相对引用和绝对引用,请简述两者的主要区别。

(4) Excel 中清除单元格和删除单元格有何区别?

4. 操作题

(1) 设计一个插有水印的文档

实验目的:掌握水印、首字下沉、艺术图案的应用。

实验任务:

① 建立文档(文字如图 5-45 所示)。设置标题为小三号、粗体、加红色双下画线、加底纹、居中。

② 将"新闻学"3 个字的颜色设为蓝色、加粗倾斜;

③ 将第 5 段分成 2 栏。

④ 将"我作为新时代的弄潮儿……"首字下沉 2 行、宋体。

⑤ 在页面四周插入艺术图案。

⑥ 分别插入图形"水印"和文字"自荐书""水印"(提示:文字以文本框建立水印)。

⑦ 将其保存到 d:\exam 文件夹内,文件名为"自荐书.docx"。样式如图 5-45 所示。

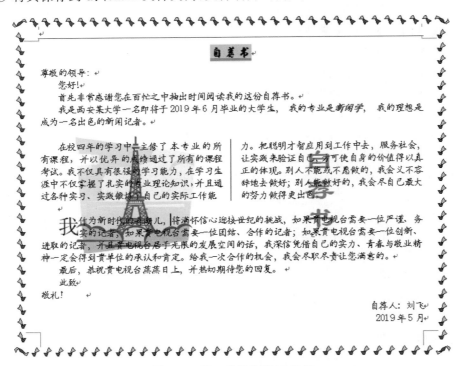

图 5-45 第 5 章操作题(1)结果

（2）标题为“猎人”的文本编辑与排版练习

实验目的：掌握页面设置、段落格式设置、边框与底纹的应用。

实验任务：

① 将文档的纸张大小设置为自定义（宽：17.6 厘米，高：24 厘米）。

② 将文档的页面边距设置为上下左右边距 2 厘米。

③ 将文档标题“猎人”设置为字体属性为：黑体、小三、加粗，对齐方式为居中对齐。

④ 将正文各段落设置为：左右缩进各 1 个字符，段前、段后间距各为 1 行，首行缩进 2 个字符，行距 14 磅。

⑤ 将第 2 段文字加波浪下划线，添加底纹（应用范围为文字）。

⑥ 将第 3 段文字加波浪下划线，添加底纹（应用范围为段落）。

⑦ 第 4 段加上方框边框，底纹（应用范围为段落）。

⑧ 将正文第 6 段分为等宽的两栏，栏间距 0.5 字符，加分隔线。

⑨ 设置正文第 6 段首字的下沉行数为 2、字体为楷体、距正文 0.2 厘米。

⑩ 在输入的文字后面插入日期，格式为“****年**月**日”，右对齐。

⑪ 在文档的页脚中插入居中页码，格式为（a，b，c ）。

⑫ 保存到 d:\exam 文件夹中，文件名为“猎人.docx”。样式如图 5-46 所示。

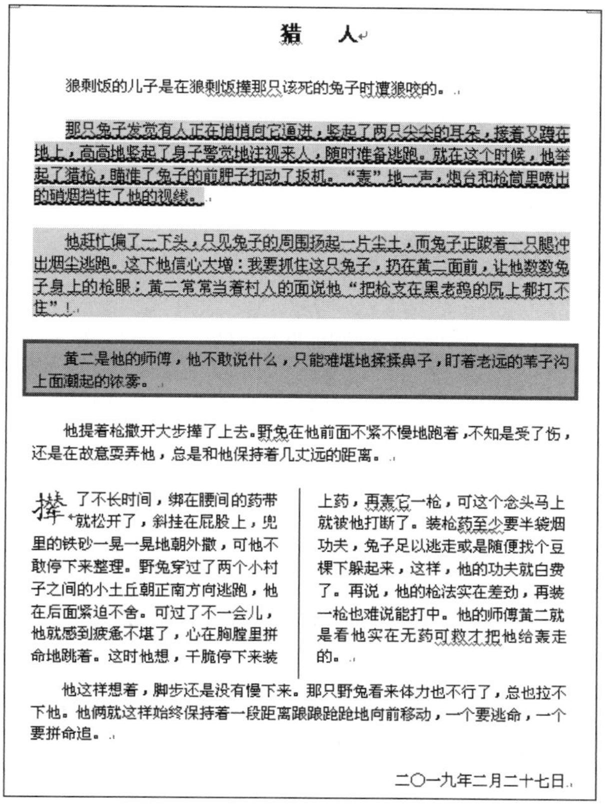

猎　人

狼剩饭的儿子是在狼剩饭撵那只该死的兔子时遭狼咬的。

那只兔子发觉有人正在悄悄向它逼进，竖起了两只尖尖的耳朵，接着又蹲在地上，高高地竖起了身子警觉地注视来人，随时准备逃跑。就在这个时候，他举起了猎枪，瞄准了兔子的前胛子扣动了扳机。“轰”地一声，炮台和枪筒里喷出的硝烟挡住了他的视线。

他赶忙偏了一下头，只见兔子的周围扬起一片尘土，而兔子正跛着一只腿冲出烟尘逃跑。这下他信心大增：我要抓住这只兔子，扔在黄二面前，让他数数兔子身上的枪眼；黄二常常当着村人的面说他“把枪支在黑老鸹的屁上都打不住”！

黄二是他的师傅，也不敢说什么，只能难堪地揉揉鼻子，盯着老远的苇子沟上面潮起的浓雾。

他提着枪撒开大步撵了上去。野兔在他前面不紧不慢地跑着，不知是受了伤，还是在故意耍弄他，总是和他保持着几丈远的距离。

撵了不长时间，绑在腰间的药带就松开了，斜挂在屁股上，兜里的铁砂一晃一晃地朝外撒，可他不敢停下来整理。野兔穿过了两个小村子之间的小土丘朝正南方向逃跑，他在后面紧追不舍。可过了不一会儿，他就感到疲惫不堪了，心在胸腔里拼命地跳着。这时他想，干脆停下来装上药，再轰它一枪，可这个念头马上就被他打断了。装枪药至少要半袋烟功夫，兔子足以逃走或是随便找个豆棵下躲起来，这样，他的功夫就白费了。再说，他的枪法实在差劲，再装一枪也难说能打中。他的师傅黄二就是看他实在无药可救才把他给轰走的。

他这样想着，脚步还是没有慢下来。那只野兔看来体力也不行了，总也拉不下他。他俩就这样始终保持着一段距离踉踉跄跄地向前移动，一个要逃命，一个要拼命追。

二〇一九年二月二十七日

图 5-46　第 5 章操作题(2)的结果

（3）个人简历表的设计。

实验目的：掌握表格的建立、编辑表格、设置表格格式、设置表格边框与底纹、拆分和合并单元格等。

实验任务：制作"个人简历"表格，原表格中字为五号宋体，用"隶书"字体填写个人情况。

<h1 align="center">个人简历</h1>

姓名		性别		出生日期		照片
身份证件号码						
高中毕业学校						
高中毕业时间		年　　月		现学专业		
通信地址						
小学学历		年　　月毕业于				学校
初中学历		年　　月毕业于				学校
个人简历	起止年月		在何地、任何职务（从小学开始填写）			

（4）西安古城墙

实验任务：

① 设置整篇文档的纸张为 22 厘米×14 厘米，纵向。

② 设置标题文字：楷体，小一号，加粗斜体，居中对齐，蓝色，阴文。

③ 设置标题以外的文字：宋体，四号，分栏，栏宽相等；有分隔线。

④ 为整篇文档设置 15 磅宽度的绿色的页面边框（艺术图案自选）。

⑤ 设置页脚中的页码，字号为四号，居中。

实验结果样式如图 5-47 所示。

（5）西安钟楼

实验任务：

① 设置整篇文档的纸张为 20 厘米×20 厘米。

② 将文档的页眉文字设置为"古城西安"。

③ 设置标题文字：楷体，二号，空心，斜体，居中对齐，绿色。

④ 设置标题以外的文字：楷体，四号，设置首字下沉，下沉行数为 2，距正文 0.3 厘米。

⑤ 设置整篇文档为 3 磅宽度的页面边框，页面边框距页边各 10 磅边距。

⑥ 在文中插入"钟楼"图片，其高度为 4.9 厘米、宽度为 6.4 厘米并调整图片位置。

⑦ 实验结果样式如图 5-48 所示。

（6）Excel 的基本操作

实验目的：通过本实验的练习，熟悉 Excel 的基本操作，掌握数据的输入和编辑方

西安古城墙

　　西安古城墙不仅是保存最完整的中国古代城垣建筑，也是世界上现存规模最大、最完整的古代军事城堡设施。西安城墙建于明洪武年间（1370-1378）年，以公元 6 世纪时隋皇城墙为基础扩展形成，周长 13912 米。墙体高 12 米，底宽 18 米，顶宽 15 米，厚度大于高度，建筑稳重坚固。自 1983 年开始的环城建设工程，逐步建成以古城墙为主线，辅以环城绿化、护城河环绕，风格古朴、粗犷、有野趣，具有浓郁地方特色的环城公园。以城墙为主体，包括护城河、吊桥、闸楼、箭楼、正楼、角楼、女儿墙垛口、城门等一系列军事设施，构成严密完整的冷兵器时代城市防御体系，为游客直观了解古代战争提供了珍贵的人文景观。

图 5-47　第 5 章操作题(4)的结果

图 5-48　第 5 章操作题(5)的结果

法，以及工作簿文件的保存。

　　实验任务：

① 启动 Excel 2013。

② 建立工作簿，其中有一个表名为"学生成绩"。

③ 输入工作表数据内容（如图 5-49 所示）。

	A	B	C	D	E	F	G	H	I
1	西北大学考试成绩登记表								
2	学　号	姓　名	性别	计算机	数学	英语	总分	平均分	总评
3	2005110002	陈侠	女	89	78	62			
4	2005180196	张晓峰	男	69	41	66			
5	2005180197	李晓霞	女	99	74	54			
6	2005180198	沈志翔	男	94	65	43			
7	2005180199	姚娟	女	68	54	81			
8	2005180200	华夏	男	42	46	67			

图 5-49　第 5 章操作题(6)的实验要求

④ 将姓名是"华夏"的计算机成绩 42 修改为 89。

⑤ 删除姓名为"沈志翔"的行。

⑥ 保存工作簿，文件名为：xscj.xlsx。

（7）函数的使用

实验目的：通过本实验的练习，掌握函数计算。

实验任务：

① 打开工作簿文件 xscj.xlsx。

② 在"学生成绩"工作表中插入"出生日期"列，并输入每个人的出生日期。

③ 利用函数求总分和平均分结果保留一位小数。

④ 利用函数在总评栏中填入内容，条件为：当总分≥180 时输入"及格"，否则不输入任何内容。

⑤ 设置工作表格式、边框、底色。

⑥ 利用函数在表格的下方求计算机、数学、英语的最高分。

⑦ 保存工作簿，文件名为 xscj1.xlsx，结果如图 5-50 所示。

	A	B	C	D	E	F	G	H	I	J
2	学　号	姓　名	性别	出生日期	计算机	数学	英语	总分	平均分	总评
3	2005110002	陈侠	女	1985-1-2	89	78	62	229	76.3	及格
4	2005180196	张晓峰	男	1986-3-8	69	41	66	176	58.7	
5	2005180197	李晓霞	女	1984-6-7	99	74	54	227	75.7	及格
6	2005180198	沈志翔	男	1987-6-9	94	65	43	202	67.3	及格
7	2005180199	姚娟	女	1986-2-4	68	54	81	203	67.7	及格
8	2005180200	华夏	男	1986-8-8	42	46	67	155	51.7	
9	最高分				99	78	81			

图 5-50　第 5 章操作题(7)的实验要求

（8）多张工作表的计算

实验目的：通过本实验的练习，掌握多张工作表单元格的引用。

实验任务：

① 在一个工作簿中建立两张工作表并输入数据，表名分别为期中、期末，它们的内容为每个同学期中和期末两次的考试成绩（期中成绩如图 5-51 所示，期末成绩如图 5-52 所示）。

② 建立"平均"工作表，并计算每个学生每门课的平均成绩（保留一位小数），如图 5-53

所示。

图 5-51 期中成绩

图 5-52 期末成绩

图 5-53 计算的平均成绩

③ 在"平均"工作表中,利用条件格式将计算机、数学和英语成绩在 60 分以下(不含 60)的单元格背景用红颜色显示。

④ 对工作表中数据排序,排序原则为:主要关键字"英语",升序;次要关键字"数学",降序;第三个关键字"计算机",升序。

⑤ 保存工作簿,文件名为 xscj2.xlsx。

(9) 图表的应用

实验目的:通过本实验练习插入图表的方法。

实验任务:

① 打开工作簿文件 xscj2.xlsx。

② 在"平均"工作表中,计算每个学生的总分和平均分(保留一位小数)。

③ 利用姓名、总分和平均分数据创建图表(柱状图)。

④ 输入图表标题、分类轴名称和数值轴名称分别为"学生成绩图表""姓名"和"分数",输入数据。

⑤ 为图表添加边框。

⑥ 保存工作簿文件名为 xscj3.xlsx，如图 5-54 所示。

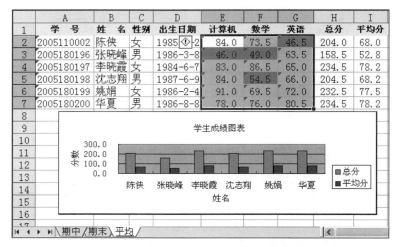

图 5-54　第 5 章操作题(9)的实验要求

(10) 综合例子

① 表格数据如图 5-55 所示。

	A	B	C	D	E	F
1	今日零售情况统计表--饮料销售					
2	日期：				利润率：	30%
3	名称	包装单位	零售单价	销售量	销售额	利润
4	可乐	听	3	120		
5	雪碧	听	2.8	98		
6	健力宝	听	2.9	80		
7	红牛	听	6	56		
8	橙汁	听	2.6	140		
9	汽水	瓶	1.5	136		
10	啤酒	瓶	2	110		
11	酸奶	瓶	1.2	97		
12	矿泉水	瓶	2.3	88		
13	合	计				

图 5-55　综合例子数据

② 计算销售额和利润，公式为：销售额＝零售单价×销售量；利润＝销售额×利润率。将利润值保留两位小数。

注意：利润率单元格采用绝对引用。

③ 计算销售额合计与利润合计。

④ 标题合并居中，"饮料销售"为下标，主标题设置为宋体 14 号加粗，副标题宋体 10 号。

⑤ 利润列按照 100 以上、60～100、60 以下进行条件格式设置，显示不同底色。

⑥ 销售量排序名次，在 G4 单元格中用 BANK 函数，公式为：＝RANK(D4,＄D＄4：＄D＄12)。

⑦以名称和销售量建立图表。

⑧ 按图示对表格进行美化,如图 5-56 所示。

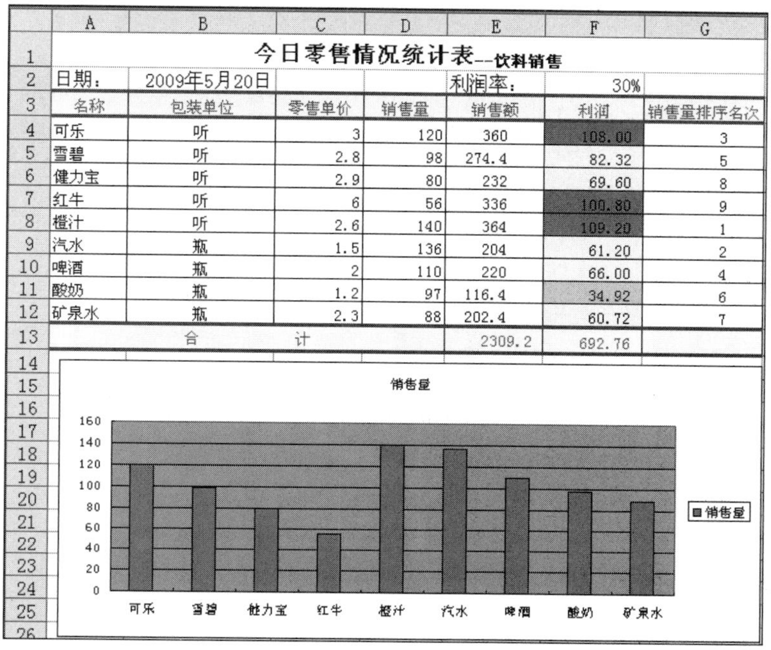

	A	B	C	D	E	F	G
1	今日零售情况统计表--饮料销售						
2	日期:	2009年5月20日		利润率:		30%	
3	名称	包装单位	零售单价	销售量	销售额	利润	销售量排序名次
4	可乐	听	3	120	360	108.00	3
5	雪碧	听	2.8	98	274.4	82.32	5
6	健力宝	听	2.9	80	232	69.60	8
7	红牛	听	6	56	336	100.80	9
8	橙汁	听	2.6	140	364	109.20	1
9	汽水	瓶	1.5	136	204	61.20	2
10	啤酒	瓶	2	110	220	66.00	4
11	酸奶	瓶	1.2	97	116.4	34.92	6
12	矿泉水	瓶	2.3	88	202.4	60.72	7
13	合 计				2309.2	692.76	

图 5-56 第 5 章操作题(10)综合例子样式

(11) 创建演示文稿,只设计一张幻灯片。

实验目的:学会创建演示文稿,设置背景,保存。

实验要求:

① 制作一个显示晚会主题的幻灯片,只需要一张幻灯片。

② 要求有一个跟主题相关的背景。

③ 要求有一个适合主题的背景音乐。

④ 保存文件。

(12) 个人简历演示文稿的制作。

实验目的:在演示文稿中设置多个动画。

实验任务:

① 制作一张个人简历幻灯片,包含标题、照片、个人情况说明。

② 各种内容都要以动画的形式出现。

③ 动画的出现顺序是"标题、照片、个人情况说明"的顺序。

(13) 在演示文稿中建立有选择的新歌欣赏。

实验目的:在演示文稿内设置超链接,实现幻灯片之间的跳转。

实验任务:查找 3 首歌曲文件和 3 幅与其对应的图片文件。

① 建立 4 张幻灯片。

② 第 1 张为导航幻灯片,标题为"新歌欣赏",在其上有 3 首歌的歌名,第 1 首歌名超

链接到第 2 张幻灯片；第 2 首歌名超链接到第 3 张幻灯片；第 3 首歌名超链接到第 4 张幻灯片。

③ 在第 2 张幻灯片上添加第 1 首背景歌曲及与歌曲有关的背景图片。

④ 在第 3 张幻灯片上添加第 2 首背景歌曲及与歌曲有关的背景图片。

⑤ 在第 4 张幻灯片上添加第 3 首背景歌曲及与歌曲有关的背景图片。

注意：在 2、3、4 张幻灯片上的标题为歌名，都有跳转到第 1 张幻灯片的超链接。

第6章

多媒体技术

    计算机以日益提高的计算速度、海量的存储空间、丰富的色彩表现为媒体在计算机上进行处理和应用提供了广阔的舞台。多媒体的开发与应用使人与计算机之间的信息交流变得生动活泼、丰富多彩。

    本章主要介绍多媒体技术相关的基本概念,常用媒体类型和基本应用,通过学习使读者掌握多媒体技术的基本内涵。

6.1   多媒体技术概述

    传统的视觉方式与表现方法是人类用自身的"生物眼"来观察世界,经过主观的艺术加工来展示现实世界。随着信息技术的发展,计算机已成为人类探索世界、表现世界的必备设备和帮手。现代艺术实现借助于"机械眼",即人们通过操纵使用创意机械(计算机)和实施机械(数码相机、数码摄像机、扫描仪、激光打印机等),再经过人们的艺术加工,丰富了摄取信息的途径与表现信息的能力,使所表现的世界更为丰富、具体且生动。因此学习多媒体技术的有关知识,掌握流行的多媒体信息创作工具,是未来社会发展必备的基础。

6.1.1   媒体

    媒体(Media)是指承载或传递信息的载体。日常生活中,大家熟悉的报纸、书本、杂志、广播、电影、电视均是媒体,都以它们各自的媒体形式进行着信息传播。同样的信息内容,在不同领域中采用的媒体形式是不同的,书刊领域采用的媒体形式为文字、表格和图片;绘画领域采用的媒体形式是图形、文字和色彩;摄影领域采用的媒体形式是静止图像和色彩;电影、电视领域采用的是图像或运动图像、声音和色彩。

6.1.2   多媒体

    多媒体一词译自英文 Multimedia,是多种媒体信息的载体,信息借助载体得以交流传播。在信息领域中,多媒体是指文本、图形、图像、声音、影像等这些"单"媒体和计算机程序融合在一起形成的信息媒体,是指运用存储与再现技术得到的计算机中的数字信息。

    图、文、声、像构成多媒体,采用如下几种媒体形式传递信息并呈现知识内容:

- 图——包括图形（Graphics）和静止图像（Images）。
- 文——文本（Text）。
- 声——声音（Audio）。
- 像——包括动画（Animation）和运动图像（Motion Video）。

多媒体技术融合了计算机硬件技术、计算机软件技术以及计算机美术、计算机音乐等多种计算机应用技术。多种媒体的集合体将信息的存储、传输和输出有机地结合起来，使人们获取信息的方式变得丰富，引领人们走进了一个多姿多彩的数字世界。

如图 6-1 所示给出了图、文、声、像综合动态表现的多媒体示例，从中可以感受到多媒体技术的艺术感染力。

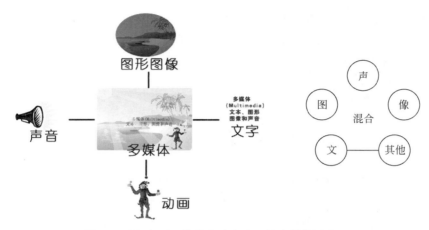

图 6-1　图、文、声、像综合动态表现的多媒体示意图

如果将其中的图像和动画合并为一类，则多媒体可看成图、文、声三大类型的媒体语言，前两者属于视觉语言，而声属于听觉语言，它们均属于感觉媒体的范畴。

6.1.3　多媒体技术的主要特点

（1）集成性

能够对信息进行多通道统一获取、存储、组织与合成。

（2）控制性

多媒体技术以计算机为中心，综合处理和控制多媒体信息，并按人的要求以多种媒体形式表现出来，同时作用于人的多种感官。

（3）交互性

交互性是多媒体应用有别于传统信息交流媒体的主要特点之一。传统信息交流媒体只能单向地、被动地传播信息，而多媒体技术则可以实现人对信息的主动选择和控制。

（4）非线性

多媒体技术的非线性特点将改变人们传统循序性的读写模式。以往人们读写方式大都采用章、节、页的框架，循序渐进地获取知识，而多媒体技术将借助超文本链接（Hyper Text Link）的方法，把内容以一种更灵活、更具变化的方式呈现给读者。

（5）实时性

当用户给出操作命令时，相应的多媒体信息都能够得到实时控制。

（6）信息使用的方便性

用户可以按照自己的需要、兴趣、任务要求、偏好和认知特点来使用信息，任选图、文、声等信息表现形式。

（7）信息结构的动态性

用户可以按照自己的目的和认知特征重新组织信息，增加、删除或修改节点，重新建立链。

6.1.4 多媒体数据的特点

多媒体信息处理是指计算机对文字、声音、图形、静态影像、活动影像等多媒体信息的综合处理。在传统媒体中，声、图、像等媒体几乎都以模拟信号的方式进行存储和传播，而在计算机多媒体系统中将以数字的形式对这些信息进行存储、处理和传播。

多媒体数据具有下述主要特点。

（1）数据量巨大

计算机要完成将多媒体信息数字化的过程，需要采用一定的频率对模拟信号进行采样，并将每次采样得到的信号采用数字方式进行存储，较高质量的采样通常会产生巨大的数据量，例如，构成一幅分辨率为 640×480 的 256 色的彩色照片的数据量是 0.3MB。

为此，需要专用于多媒体数据的压缩算法，对于声音信息，有 MP3、MP4 等；对于图像信息，有 JPEG 等；对于视频信息，有 MPEG、RM 等。采用这些压缩算法能够显著减小多媒体数据的体积，多数压缩算法的压缩率能达到 80% 以上。

（2）数据类型多

多媒体数据包括文字、图形、图像、声音、文本、动画等多种形式，数据类型丰富多彩。

（3）数据类型间差距大

媒体数据在内容和格式上的不同，使其处理方法、组织方式、管理形式上存在很大差别。

（4）多媒体数据的输入和输出复杂

由于信息输入与输出与多种设备相连，输出结果（如声音播放）与画面显示的配合等就是多种媒体数据的同步合成效果。

6.1.5 多媒体系统的组成

一般的多媒体系统主要由多媒体硬件系统、多媒体操作系统、媒体处理系统工具和用户应用软件 4 个部分组成。

（1）多媒体硬件系统

多媒体硬件系统包括计算机硬件、声音/视频处理器、多种媒体输入输出设备及信号转换装置、通信传输设备及接口装置等。其中，最重要的是根据多媒体技术标准研制生成的多媒体信息处理芯片和板卡、光盘驱动器等。

（2）多媒体操作系统

多媒体操作系统也称为多媒体核心系统（Multimedia Kernel System），具有实时任务调度、多媒体数据转换和同步控制对多媒体设备的驱动和控制，以及图形用户界面管理等。

（3）媒体处理系统工具

媒体处理系统工具也称为多媒体系统创作工具软件，是多媒体系统的重要组成部分。多媒体创作系统介于多媒体操作系统与应用软件之间，是支持应用开发人员进行多媒体应用软件创作的工具，它能够用来集成各种媒体，并可设计阅读信息内容方式的软件。借助这种软件，不用编程也能做出很优秀的多媒体软件产品，极大地方便了用户。

（4）用户应用软件

用户应用软件是指根据多媒体系统终端用户要求而定制的应用软件或面向某一领域的用户应用软件系统，它是面向大规模用户的系统产品。

6.1.6 多媒体数据的压缩与解压缩

多媒体（特别是连续媒体）信息源产生的实时数据量非常大，直接进行存储、传送是不现实的，甚至是不可能实现的，因此，大多数情况下，都是先对多媒体文件进行某一种压缩编码处理，形成容量比较小而品质也不错的多媒体文件，然后再存储、传送。当显示或播放时再进行解压缩将其还原。

压缩分为无损数据压缩和有损数据压缩两类。

无损数据压缩（如 WinZip、WinRAR 软件）是对文件本身的压缩，它是对文件的数据存储方式进行优化，采用某种算法表示重复的数据信息，文件可以完全还原，不会影响文件内容，对于数码图像而言，也就不会使图像细节有任何损失。由于无损压缩只是对数据本身进行优化，所以压缩比例有限。

有损数据压缩（如 JPEG、MP3、MP4、MPEG 等软件）是经过压缩、解压的数据与原始数据虽有不同但是非常接近的压缩方法。有损数据压缩又称破坏型压缩，即数据压缩将次要的信息数据压缩，牺牲一些品质来减少数据量，使压缩比提高。有损数据压缩方法的一个优点就是在有些情况下能够获得比任何已知无损方法小得多的文件大小，同时又能满足系统的需要。

多媒体数据一般都是在信息源对其进行压缩，而在目的地解压缩后播出。图 6-2 是多媒体数据处理的过程示意图。

图 6-2 多媒体数据的处理过程

6.1.7 流特征

随着网络的发展，人们对在线收听音乐、观看视频提出了要求，因此也要求这些多媒体文件能够一边读一边播放，而不需要把整个文件全部下载完成后再回放，也可以做到一边编码一边播放，正是这种特征，可以真正实现在线直播，使架设自己的数字广播电台、影视成为了现实。

6.1.8 多媒体技术发展趋势

多媒体技术是使用计算机交互式综合技术和数字通信网络技术处理多种媒体,使多种信息建立逻辑连接,集成为一个交互式系统,其涵盖的内容相当广泛。借助日益普及的高速信息网,多媒体技术被广泛应用在咨询服务、图书、教育、通信、军事、金融、医疗等诸多行业,正潜移默化地改变着人们生活的面貌。

多媒体技术正向两个方向发展:一是网络化,与宽带网络通信等技术相互结合,多媒体技术已进入科研设计、企业管理、办公自动化、远程教育、远程医疗、检索咨询、文化娱乐、自动测控等领域;二是多媒体终端的部件化、智能化和嵌入化,提高计算机系统本身的多媒体性能,开发智能化家电。

多媒体计算机不仅能采集、压缩、存储、播放信息,现在也能直接接收声音、图像、气味等信息,实现对它们进行识别、压缩、存储、播放的功能,即智能多媒体技术。智能多媒体技术主要包括以下几方面:

① 文字的识别与输入。
② 汉语语音的识别与输入。
③ 自然语音的理解和机器翻译。
④ 图形的识别和理解。
⑤ 机器人视觉和计算机触觉。
⑥ 知识工程和人工智能。

虚拟现实是一项与多媒体密切相关的边缘技术,它通过综合应用计算机图像处理、模拟与仿真、传感、显示系统等技术和设备,以模拟仿真的方式,给用户提供一个真实反映操作对象变化与相互作用的三维图像环境,从而构成一个虚拟世界,并通过特殊的输入输出设备(如数据手套、头盔式三维显示装置等)提供给用户一个与该虚拟世界相互作用的三维交互式用户界面。虚拟现实技术的应用包括模拟训练、军事演习、航天仿真、娱乐、设计与规划、教育与培训、商业等领域,发展潜力不可估量。

6.2 数字媒体——声音

6.2.1 声音的数字化

声音通过空气的震动发出,通常用模拟波的方式表示它。振幅反映声音的音量,频率反映音调。音频是连续变化的模拟信号,而计算机只能处理数字信号,要使计算机能处理音频信号,必须把模拟音频信号转换成用 0、1 表示的数字信号,这就是音频的数字化,将模拟信号通过音频设备(如声卡)数字化,会涉及采样、量化及编码等多种技术。图 6-3 是采样、量化及编码示意图。

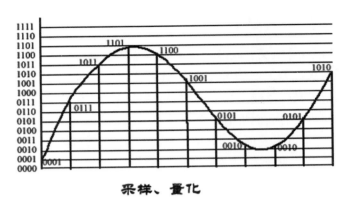

图 6-3　采样、量化及编码

6.2.2　音频文件格式

常用的数字化声音文件类型有 WAV、MP3、MIDI 和 MP4 等。

1. WAV 文件

WAV(Waveform Extension,波形扩展)被称为"无损的音乐",是微软公司开发的一种声音文件格式,用于保存 Windows 平台的音频信息资源,被 Windows 平台及其应用程序所支持。WAV 格式支持多种压缩算法,支持多种音频位数、采样频率和声道,标准格式的 WAV 文件和 CD 格式一样,也是 44.1kHz 的采样频率,16 位量化位数,WAV 格式的声音文件质量和 CD 相差无几,是目前 PC 上广为流行的声音文件格式,几乎所有的音频编辑软件都能读取 WAV 文件。

2. AIF 文件

AIF(Audio Interchange File Format,音频交换文件格式)是苹果公司开发的一种声音文件格式,支持 16 位 44.1kHz 立体声,与 WAV 格式一样,拥有好的音质,可由大多数浏览器播放且不需插件,不过文件尺寸比较大。

3. MIDI 文件

MIDI(Musical Instrument Digital Interface,乐器数字化接口)被称为作曲家的最爱,允许数字合成器和其他设备交换数据。MIDI 文件并不是一段录制好的声音,而是记录声音的信息,然后告诉声卡如何再现音乐的一组指令。这样一个 MIDI 文件每存 1 分钟的音乐只用大约 5～10KB。今天,MIDI 文件主要用于原始乐器作品、游戏音轨以及电子贺卡等。MIDI 文件重放的效果完全依赖声卡的档次,它的最大用处是在计算机作曲领域。MIDI 文件可以用作曲软件写出,也可以通过声卡的 MIDI 接口把外接音序器演奏的乐曲输入计算机,制成 MIDI 文件。MIDI 文件不能被录制,必须用具有特殊软、硬件的计算机合成。

4. MP3 文件

MP3(Motion Picture Experts Group Audio,运动图像专家组音频)是当前使用最广泛的数字化声音格式。MP3 是指 MPEG 标准中的音频部分,也就是 MPEG 音频层。根据压缩质量和编码处理的不同分为 3 层,分别对应 *.MP1、*.MP2 和 *.MP3 这 3 种声音文件。MPEG 音频文件的压缩是一种有损压缩,MPEG 音频编码具有 10:1~12:1 的高压缩率,相同长度的音乐文件,用 MP3 格式来储存,一般只有 WAV 文件的 1/10,而音质要次于 WAV 格式的声音文件。由于其文件尺寸小,音质好,所以 MP3 仍是当前主流的数字化声音保存格式。

5. MP4 文件

MP3 和 MP4 之间其实并没有必然的联系,MP3 是一种音频压缩的国际技术标准,而 MP4 是一个商标的名称,它采用的音频压缩技术与 MP3 也迥然不同。MP4 采用的是美国电话电报公司所研发的,以"知觉编码"为关键技术的音乐压缩技术,压缩比成功提高到 15:1,最大可达到 20:1,同时不影响音乐的实际听感。MP4 在加密和授权方面也进行了特别设计,具有如下特点。

① 每首 MP4 乐曲就是一个扩展名为 exe 的可执行文件。在 Windows 里直接双击就可以运行播放,十分方便。MP4 的这个优点同时又是它的先天缺陷——容易感染计算机病毒。

② 更小的体积,更好的音质,对先进的音频压缩技术的采用,使 MP4 文件的大小仅为 MP3 的四分之三左右,从这个角度来看,MP4 更适合在 internet 上传播。

③ 独特的数字水印。MP4 采用了名为 SOLANA 技术的数字水印,可方便地追踪和发现盗版发行行为。而且,任何针对 MP4 的非法解压行为都可能导致 MP4 原文件的损毁。

④ 支持版权保护。MP4 乐曲还内置了包括与作品版权持有者相关的文字、图像等版权说明,即可说明版权,这表示了对作者和演唱者的尊重。

⑤ 比较完善的功能。MP4 可调节左右声道音量控制,内置波形/分频动态音频显示和音乐管理器,可支持多种彩色图像、网站连接及无限制滚动显示文本。

6.2.3 声音文件的录制和播放

声音文件的制作要使用相应的创作工具软件。如果是创作音乐,则可能还需要相应外接音序器演奏设备,如果是声音的录制,则需要外接麦克风。这类创作工具软件有很多种,读者可以从网上下载适合自己要求的相应软件,然后按使用说明进行声音文件的创建。本书配套的实验教材中也介绍了建立声音文件的具体方法,读者可按教材中的指导学习建立声音文件。

大多数创作工具软件都可以播放声音文件,另外还有一些专门播放音乐的播放器软件，读者可以从网上下载相应软件，然后按使用说明播放音乐。

6.3　数字媒体——图像

6.3.1　有关色彩的基本常识

彩色可用亮度、色调和饱和度来描述，人眼看到的任何一种彩色光都是这 3 个特征的综合效果。

- 亮度：是光作用于人眼时所引起的明亮程度的感觉，它与被观察物体的发光强度有关。
- 色调：是当人眼看到一种或多种波长的光时所产生的彩色感觉，它反映颜色的种类，是决定颜色的基本特性，如红色、棕色就是指色调。

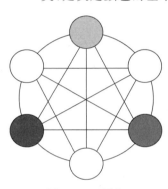

图 6-4　三原色

- 饱和度：是指颜色的纯度，即掺入白光的程度，或者说是指颜色的深浅程度，对于同一色调的彩色光，饱和度越深，颜色越鲜明（或说越纯）。通常把色调和饱和度通称为色度。

亮度是用来表示某彩色光的明亮程度，而色度则表示颜色的类别与深浅程度。自然界常见的各种颜色光，都可由红（R）、绿（G）、蓝（B）这 3 种颜色光按不同比例相配而成，同样，绝大多数颜色光也可以分解成红、绿、蓝这 3 种色光，这就形成了色度学中最基本的原理——三原色原理（RGB），如图 6-4 所示。三原色是能够按照一些数量规定合成其他任何一种颜色的基色。

6.3.2　图像的数字化

传统的绘画可以复制成照片、录像带或印制成印刷品，这样的转化结果称为模拟图像（Image）。它们不能直接用计算机进行处理，还需要进一步转化成用一系列的数据所表示的数字图像。这个进一步转化的过程也就是模拟图像的数字化，通常采用采样的方法来解决。

采样就是计算机按照一定的规律，对模拟图像的每个点所呈现出的表象特性，用数据的方式记录下来的过程。这个过程有两个核心要点：一是采样要决定在一定的面积内取多少个点（像素），称为图像的分辨率（dpi）。另一个核心要点是记录每个点的特征的数据位数，也就是数据深度。例如，记录某个点的亮度用 1B 来表示，那么这个亮度可以有 256 个灰度级差，这 256 个灰度级差分别均匀地分布在由全黑（0）到全白（255）的整个明暗带中，当然每个一定的灰度级将由一定的数值（0～255）来表示。亮度因素是这样记录，色相及其彩度等因素也是如此。显然，无论从平面的取点还是记录数据的深度来讲，采样形成的图像与模拟图像必然有一定的差距，必然丢掉了一些数据，但这个差距通常控制在相当小的范围，人的肉眼难以分辨。

6.3.3　位图与矢量图

计算机绘图分为位图（又称点阵图或栅格图像）和矢量图形两大类，认识它们的特色和差异，有助于创建、输入、输出、编辑和应用数字图像。

图 6-5 显示了位图和矢量图形的区别。左边的图形是位图，它是用有限的像素画出，将其放大可以看到一个个的像素。右边的图形是矢量图，它是用矢量程序制作的，即使将其放大 10 倍，图像的质量也丝毫不受影响。

位图　　　　矢量图

图 6-5　位图与矢量图

1. 位图

位图图像是与分辨率有关的，即在一定面积的图像上包含有固定数量的像素。因此，如果在屏幕上以较大的倍数放大显示图像，或以过低的分辨率打印，位图图像会出现锯齿边缘。在图 6-5 中，可以清楚地看到将左边位图图像放大的效果对比。

当处理位图图像时，可以优化微小细节，进行显著改动，以及增强效果。当放大位图时，可以看见赖以构成整个图像的无数的单个方块。扩大位图尺寸的效果是增多单个像素，从而使线条和形状显得参差不齐。由于每一个像素都是单独染色的，可以通过以每次一个像素的频率操作选择区域而产生近似照片的逼真效果，例如加深阴影和加重颜色。由于位图图像是以排列的像素集合体形式创建的，所以不能单独操作（如移动）局部位图。

位图文件存储的方式有很多种，因此文件类型也很多，如 *.bmp、*.jpg、*.gif、*.pcx、*.tif 等。同样的图形，存储成以上几种文件时，文件的字节数会有一些差别，尤其是 jpg 格式，它的大小只有同样的 bmp 格式的 $1/20\sim1/35$，这是因为它们的点矩阵经过了复杂的压缩算法的缘故。Windows 中的画图、Photoshop、Fireworks 等图形软件都可编辑位图。

2. 矢量图

矢量图使用直线和曲线来描述图形，这些图形的元素是一些点、线、矩形、多边形、圆和弧线等，它们都是通过数学公式计算获得的，例如，图 6-5 中右边圆的矢量图，只须在制图程序中设置"生成直径为 100 像素的圆"，就可以画出所要的圆。

矢量图像也称为面向对象的图像或绘图图像，在数学上定义为一系列由线连接的点。矢量文件中的图形元素称为对象，每个对象都是一个自成一体的实体，它具有颜色、形状、轮廓、大小和屏幕位置等属性。既然每个对象都是一个自成一体的实体，就可以在维持其原有清晰度和弯曲度的同时，多次移动和改变其属性，而不会影响图像中的其他对象。基于矢量的绘图同分辨率无关，这意味着它们可以按最高分辨率显示到输出设备上。

由于矢量图形可通过公式计算获得，所以矢量图形文件的体积一般较小。由于矢量图不受分辨率的影响，所以矢量图形无论放大、缩小或旋转等都不会失真。

矢量图文件的大小与图形中元素的个数和每个元素的复杂程度成正比，而与图形面积和色彩的丰富程度无关,元素的复杂程度指的是这个元素的结构复杂度,如五角星就比矩形复杂,一个任意曲线就比一个直线段复杂。

矢量图文件存储的格式也很多,如 Adobe Illustrator 的 *.AI、*.EPS 和 SVG、AutoCAD 的 *.dwg 和 dxf、Corel DRAW 的 *.cdr、Windows 标准图元文件 *.wmf 和增强型图元文件 *.emf 等等。编辑这样的图形的软件也叫矢量图形编辑器,如 AutoCAD、CorelDraw、Illustrator、Freehand 等。插入 Office 软件中的图片大都转换为 Windows 标准图元文件 wmf,所以当放大、缩小或旋转时都不会失真。

3. 位图与矢量图的特点

位图图像和矢量图形没有好坏之分,只是用途不同而已。掌握位图图像和矢量图形的特点,是进行数字图像创作的基础。

矢量图只能表示有规律的线条组成的图形,如工程图、三维造型或艺术字等,可适合建立几何类型等的图形,特别适用于文字设计、图案设计、版式设计、标志设计、计算机辅助设计(CAD)、工艺美术设计、插图等。

位图可以表现的色彩比较多,而且表现力强、细腻、层次多、细节多,能够制作出颜色和色调变化丰富的图像,可以逼真地表现出自然界的景观,特别适合于制作由无规律的像素点组成的图像(如风景、人物、山水等)。

位图更多地应用在作图中(例如 Photoshop),而矢量图更多地用于工程作图中(比如 AutoCAD)。

位图图像在缩放和旋转时会产生失真现象,同时文件较大,对内存和硬盘空间容量的需求也较高。矢量图不易制作色调丰富或色彩变化太多的图像。

通过软件,矢量图可以轻松地转化为位图,而位图转化为矢量图就需要经过复杂而庞大的数据处理,而且生成的矢量图的质量绝对不能和原来的图形比拟。

6.3.4　数字化图像的保存

图像可以通过数字相机、图形输入板、扫描或 PhotoCD 获得,也可以通过其他设计软件生成。常用的数字化图像保存格式包括 BMP、JPEG 和 GIF。

1. BMP 格式

BMP(Bitmap)是 Windows 操作系统中的标准图像文件格式,能够被多种 Windows 应用程序所支持。这种格式的特点是包含的图像信息较丰富,几乎不进行压缩,但文件占用了较大的存储空间。BMP 格式支持 RGB、索引颜色、灰度和位图颜色模式,但不支持 Alpha 通道。基本上绝大多数图像处理软件都支持此格式。

2. JPEG 格式

JPEG 是由联合照片专家组(Joint Photographic Experts Group)开发的。它既是一种文件格式,又是一种压缩技术。JPEG 作为一种很灵活的格式,具有调节图像质量的功能,允许用不同的压缩比例对这种文件压缩。作为先进的压缩技术,它用有损压缩方式去除冗余的图像和彩色数据,在获取极高的压缩率的同时能展现十分丰富生动的图像。JPEG 应用非常广泛,大多数图像处理软件均支持此格式。

3. GIF 格式

GIF(Graphics Interchange Format)是 CompuServe 公司开发的图像文件格式。采用了压缩存储技术。GIF 格式同时支持线图、灰度和索引图像,但最多支持 256 种色彩的图像。GIF 格式的特点是压缩比高,存储空间占用较少,下载速度快,可以存储简单的动画。GIF 图像格式采用了渐显方式,即在图像传输过程中,用户先看到图像的大致轮廓,然后随着传输过程的继续逐步看清图像中的细节。

6.3.5 图像文件的查看和制作

Windows 10 自带的"画图"工具和"照片处理"工具可以方便地实现对图像文件的制作、编辑和查看。

1. 画图工具

画图工具可以创建、查看、编辑和打印图片。可以通过画图工具建立简单、精美的图画,将图画作为桌面背景。这些绘图可以是黑白或彩色的,可以打印输出,以位图文件存放,图 6-6 是 Windows 10 附件提供的画图工具。

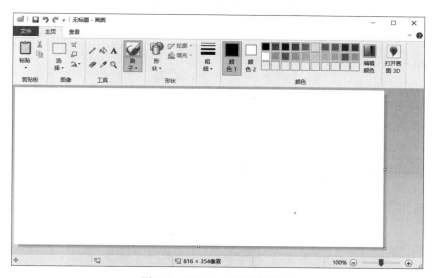

图 6-6 Windows 的画图界面

下面通过截取打开的一个网页上的图片内容,编辑后作为插图使用,来简单说明 Windows 10 附件中画图工具的使用。

① 打开要截取图片的网页(如图 6-7 所示),按住键盘上的 Alt 键,再按 Print Screen 键,则打开的浏览器及要截取图片的网页在内的整个窗口,就会被作为一幅图像截取、保存到剪贴板中。

图 6-7　保存到剪贴板中的图像

打开"画图"程序，选择"粘贴"命令，可将剪贴板中的图像粘贴到画图中，如图 6-8 所示。

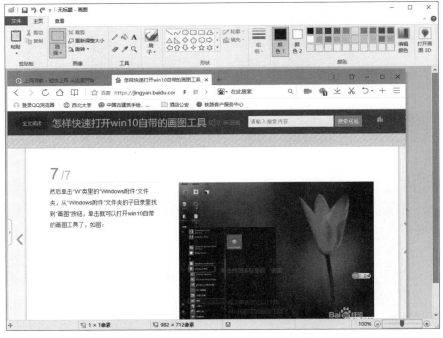

图 6-8　粘贴复制的浏览器及网页界面

② 打开"画图"窗口的选择形状下拉菜单,选择"自由图形选择"项,选择上面的郁金花花朵,然后依次单击画图工具栏的"主页"选项卡中"图像"工具组中的"剪裁"按钮,选择的郁金花花朵图像部分就会保留下来,其他部分则被裁剪掉,如图 6-9 所示。

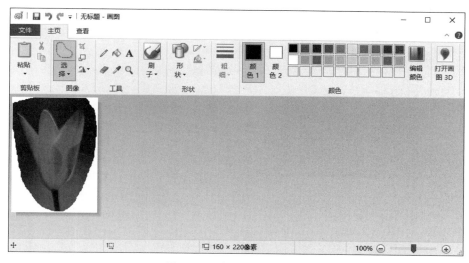

图 6-9　选择的郁金花花朵

③ 用"颜色填充工具"在花朵的空白处填上一种颜色。

④ 选择"文本"按钮,然后设置字体、大小和颜色,之后在右下角输入"郁金香"文字,完成后如图 6-10 所示。

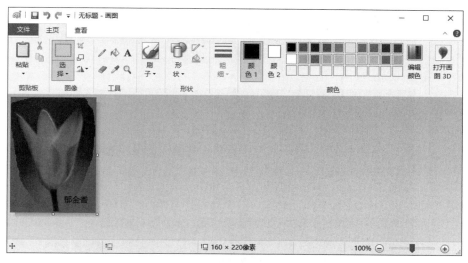

图 6-10　添加郁金香文字后的图形

⑤ 选择"文件"选项卡中的"另存为"命令,将编辑后的图像选择一种图像类型(如.jpg)保存到某一个外存储器内。

2. 照片处理

在 Windows 10 之前的版本中，系统自带的图片查看器只具备图片的简单查看、打印、发送邮件、刻录等功能。而利用 Windows 10 自带的照片处理功能，可以打开不同类型的图像文档，或者直接将扫描仪或数字相机扫描的图像发送到"照片处理"中进行编辑。可以查看图像，也可以编辑美化图像甚至编辑视频。

下面通过打开一个照片，然后对其进行一些编辑处理来简单说明 Windows 10 自带的照片处理工具的使用。

① 通过开始菜单启动照片处理工具，"照片"工具窗口如图 6-11 所示，然后从"集锦"中选择要编辑处理的照片（如果"集锦"里没有要编辑的照片，则可先通过"导入"命令将要编辑的照片所在文件夹添加到"集锦"中，然后再打开），图 6-12 是打开的一张待编辑的照片。

图 6-11　"照片"工具窗口

图 6-12　打开的待编辑照片

② 选择"编辑 & 创建"下的"编辑"命令,单击"裁剪和旋转",打开"裁剪和旋转"图像处理界面,调整纵横比,选择要裁剪的区域并做旋转等处理,如图 6-13 所示,最后单击"完成"按钮。

图 6-13　裁剪设定的照片

③ 通过"增强照片"值的改变,调整照片的品质,如图 6-14 所示。

图 6-14　调整照片的品质

④ 选择 Sauna 滤镜并调整筛选强度值为 70,结果如图 6-15 所示。

图 6-15　设置滤镜的照片

⑤ 通过"调整"项，对照片进行光线、颜色的调整，效果如图 6-16 所示。

图 6-16　调整光线和颜色后的照片

⑥ 调整清晰度、晕影，然后用"斑点祛除"功能祛除花朵上的斑点，效果如图 6-17 所示。

最后选择"保存副本"命令保存。

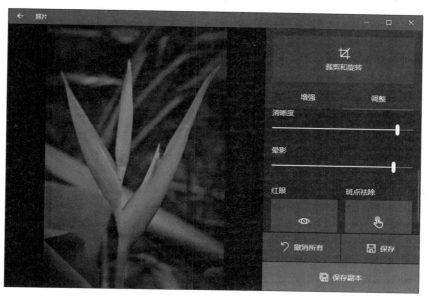

图 6-17　调整清晰度、晕影和斑点祛除后的照片

6.4　数字媒体——视频

6.4.1　视频的数字化

模拟视频的数字化过程首先需要通过采样,将模拟视频的内容进行分解,得到每个像素点的色彩组成,然后采用固定采样率进行采样,生成数字化视频。数字化视频与传统视频相同,由帧(Frame)的连续播放产生视频连续的效果,在大多数数字化视频格式中,播放速度为 24 帧/秒。

- 帧:一个完整且独立的窗口视图,作为要播放的视图序列的一个组成部分。它可能占据整个屏幕,也可能只占据屏幕的一部分。
- 帧速率:每秒播放的帧数。两幅连续帧之间的播放时间间隔即延时通常是恒定的。在什么样的帧速率下会开始产生平稳运动的印象取决于个体与被播放事物的性质。通常,平稳运动印象大约开始于 16 帧/秒的帧速率。
- 视频(运动图像):以位图形式存储,因此缺乏语义描述,需要较大的存储能力,分为捕捉运动视频与合成运动视频。前者是通过普通摄像机与模数转换装置、数字摄像机等在现实世界中捕捉;后者是由计算机辅助创建或生成,即通过程序、屏幕截取等生成。
- 动画(运动图形):存储对象及其时空关系,因此带有语义信息,但是在播放时需要通过计算才能生成相应的视图,通常通过动画制作工具或程序生成。

6.4.2　数字化视频的保存

数字化视频的数据量巨大，通常采用特定的压缩算法对数据进行压缩，根据压缩算法的不同，保存数字化视频的常用格式包括 MPEG、AVI 和 RM。

- MPEG：MPEG(Moving Picture Experts Group)是 1988 年成立的一个专家组。这个专家组在 1991 年制定了一个 MPEG-1 国际标准。MPEG 采用的编码算法简称为 MPEG 算法，最大压缩比可达约 200∶1，用该算法压缩的数据称为 MPEG 数据，由该数据产生的文件称为 MPEG 文件，以 MPG 为后缀。在本章最后的示例中所使用的视频素材以及生成的多媒体视频都是采用 MPEG 格式进行压缩的。

- AVI：AVI(Audio Video Interleave)是一种音频视像交叉记录的数字视频文件格式。1992 年初，微软公司推出了 AVI 技术及其应用软件 VFW（Video for Windows）。在 AVI 文件中，运动图像和伴音数据以交替的方式存储，并独立于硬件设备。这种按交替方式组织音频和视像数据的方式可使得读取视频数据流时能更有效地从存储媒介得到连续的信息。构成一个 AVI 文件的主要参数包括视像参数、伴音参数和压缩参数等。

- QuickTime：QuickTime 是苹果公司采用的面向最终用户桌面系统的低成本、全运动视频的方式，现在软件压缩和解压缩也开始采用这种方式了。向量化是 QuickTime 软件的压缩技术之一，它在最高为 30 帧/秒下提供的视频分辨率是 320×240，压缩率达 25～200。

- RM：RM 格式是 Real Networks 公司开发的一种新型流式视频文件格式，又称 Real Media，是目前 Internet 上流行的跨平台的客户/服务器结构多媒体应用标准，它采用音频/视频流和同步回放技术，实现了网上全带宽的多媒体回放。RealPlayer 就是在网上收听/收看这些实时音频、视频和动画的最佳工具。只要用户的线路允许，使用 RealPlayer 可以不必下载完音频/视频内容就能实现网络在线播放，更容易上网查找和收听、收看各种广播、电视。

6.4.3　视频文件的播放

Windows 系列附带提供了 Windows Media Player 播放器，它是微软公司基于 DirectShow 基础之上开发的媒体播放软件。使用它可以收听或查看新闻报道，还可以回顾 Web 站点上的演唱会、音乐会或研讨会，或提前预览新片剪辑。媒体播放器的界面如图 6-18 所示。

Media Player 可以播放很多的文件类型，包括 Windows Media、ASF、MPEG-1、MPEG-2、WAV、AVI、MIDI、VOD、AU、MP4、QuickTime 等文件。Media Player 播放器左边是媒体分类列表项，选择某类媒体后，右边是其具体文件的列表，双击要播放的文件

图 6-18　Windows Media Player 播放器

即可播放。

如果媒体库里没有要播放编辑的文件,可选择"组织"→"管理媒体库",然后在级联菜单中选择要添加的媒体类型(如视频),则弹出如图 6-19 所示的"视频库位置"对话框,在对话框中将添加要播放的文件所在文件夹添加到媒体库中,然后再打开。

图 6-19　Media Player"视频库位置"对话框

6.5　多媒体工具综述

6.5.1　多媒体创作工具

多媒体创作系统介于多媒体操作系统与应用软件之间，是支持应用开发人员进行多媒体应用软件创作的工具，故又称为多媒体创作工具。它能够用来集成各种媒体，并可设计阅读信息内容方式的软件。借助这种工具可以不用编程也能做出很优秀的多媒体软件产品，极大地方便了用户。与之对应，多媒体创作工具必须担当起可视化编程的责任，它必须具有概念清晰、界面简洁、操作简单、功能伸缩性强等特点。

从系统工具的功能角度划分，多媒体创作工具大致可以分为 4 类：媒体创作软件工具、多媒体节目写作工具、媒体播放工具以及其他各类媒体处理工具。

1. 媒体创作软件工具

媒体创作软件工具用于建立媒体模型、产生媒体数据。应用较广泛的有三维图形视觉空间的设计和创作软件，如 Macromedia 公司的 Extreme 3D，它能提供包括建模、动画、渲染以及后期制作等诸多功能，直至专业级视频制作。另外，Autodesk 公司的 2D Animation 和 3D Studio（包括 3D Max）等也是很受欢迎的媒体创作工具。用于 MIDI 文件（数字化音乐接口标准）处理的音序器软件非常多，比较有名的有 Music Time、Recording Session、Master Track Pro 和 Studio for Windows 等；至于波形声音工具，在 MDK（多媒体开放平台）中的 Wave Edit、Wave Studio 等就相当不错。

2. 多媒体节目写作工具

多媒体节目写作工具提供不同的编辑、写作方式。

第一种是基于脚本语言的写作工具，典型的如 Toolbook，它能帮助创作者控制各种媒体数据的播放，其中，OpenScript 语言允许对 Windows 的 MCI（媒体控制接口）进行调用，控制各类媒体设备的播放或录制。第二种是基于流程图的写作工具，典型的如 Authorware 和 IconAuther，它们使用流程图来安排节目，每个流程图由许多图标组成，这些图标扮演脚本命令的角色，并与一个对话框对应，在对话框输入相应内容即可。第三种写作工具是基于时序的，典型的如 Action，它是通过将元素和检验时间轴线安排来达到使多媒体内容演示的同步控制。

3. 媒体播放工具

媒体播放工具可以在计算机上播出，有的甚至能在消费类电子产品中播出。这一类软件非常多，例如，Video for Windows 就可以对视频序列（包括伴音）进行一系列处理，实现软件播放功能。Intel 公司推出的 Indeo 在技术上更进了一步，还提供了功能先进的视频制作工具。

4. 其他各类媒体处理工具

除了三大类媒体开发工具外，还有其他几类软件，如多媒体数据库管理系统、Video-CD制作节目工具、基于多媒体板卡（如 MPEG 卡）的工具软件、多媒体出版系统工具软件、多媒体 CAI 制作工具和各式 MDK（多媒体开放平台）等，它们在各领域中都受到很大欢迎。

6.5.2 多媒体应用工具

上面介绍的大多数都是大型的多媒体系统开发工具软件，下面介绍几款在微型计算机较为流行的多媒体应用软件。

1. 图形制作和图像浏览工具

在图形（图像）领域里，最出色的工具软件要算 Adobe PhotoShop 和 3DS MAX 了，它们可以算是真正的设计大师。除此之外，还有专业级的图形（图像）处理软件 CorelDraw 和 Freehand。如果用户需要"傻瓜"一点的工具，则可能友立公司出品的 PhotoImpact 和 Cool3D 会更适合，前者内建了神奇的百宝箱，能让使用者编辑出相当具水准的各种效果图片，后者可以制作出很酷的立体字和 GIF 动画图，甚至是各种效果的标题、对象、标志等。另外，微软的 Office 套件 Photo Edit 和 FrontPage 伴侣 Image 等也能为众多多媒体用户分忧。至于图片（图像）浏览软件，Windows 环境下有 ACDSee。另外，CompuPic 和 PicView 也是值得考虑的高性能看图软件。这几种软件除了有浏览功能外，还可进行图形（图像）格式、分辨率、色彩数的转换，使用起来也特别方便。

2. 媒体播放和音频工具

除了上面介绍的 Video for Windows 外，还有 Multimedia Xplorer 等也是不错的软件。对 MP3 的播放，使用最多的是 Winamp，这个著名的高保真音乐播放软件最优秀之处在于其强大的功能和出色的音质，而且它还可以定制界面 skins，并能支持增强音频视觉和音频效果的 Plug-ins。Soritong 和 Sonique 也是较好的 MP3 播放软件。如果用户要从网上收听（收看）实时 Audio、Video 和 Flash，RealPlayer 是个绝好的工具。

3. 视频播放工具

视频播放在家用领域中，主要是看 VCD 或 DVD。这类视频播放软件有豪杰超级解霸、WinDVD 和 Power DVD，用它们可以播放 MPEG、VCD、DVD 或其他视频文档，而且控制功能也很完善，播放速度一流。著名的 QuickTime 是可以用来在线浏览 MOV 电影档和 QuickTime VR 的虚拟实境网页的视频播放工具，当然也可播放 MOV 文件和 AVI

等文件。

6.6　多媒体制作实例

在实际应用中,与应用主题相关的文本、图形、图像、声音、影像等各种"单"媒体资源经过设计者和计算机程序的融合,形成能够携带大量信息的多媒体,能够通过多种渠道加强信息的传播。

本节以漓江冠岩风景介绍的制作过程为实例,综合本章学习的多种媒体形式,以Video Studio X9为工具,介绍典型多媒体的制作工具、技术和基本过程,便于从应用角度掌握多媒体技术的内涵和作用。

6.6.1　多媒体制作工具——Video Studio X9

多媒体制作的工具软件种类较多,本书选用了功能全面且容易上手的 Video Studio X9 作为实例的制作工具。Video Studio X9 也称会声会影,是 Corel 公司出品的以视频编辑和制作为主的多媒体制作工具,采用"逐步式"的工作流程,提供了一百多个转场效果、标题制作功能和音轨制作工具,使用简单,便于使用者将注意力集中在多媒体的制作技术上。

会声会影的多媒体制作以项目为基础,制作的相关材料全部保存在当前项目的项目文件(＊.VSP)里,项目文件包含素材的路径位置及合并影片方法的信息。在完成影片作品后,可以将它刻录到 DVD 或 VCD,或将影片录回到摄像机,还可以将影片输出为视频文件,直接在计算机上播放。完成多媒体制作后,会声会影会使用视频项目文件中的信息,将影片中的所有元素合并成一个视频文件,此过程称为渲染。

6.6.2　Video Studio X9 的用户界面

会声会影的安装过程和普通的 Windows 应用程序相同,只需要填写和光盘对应的注册码并且选定适当的安装位置就能够很快完成。安装完成后,双击 Windows 桌面上的Video Studio 图标能够启动 Video Studio X9,启动后程序的用户界面如图 6-20 所示。

Video Studio X9 的界面由 8 部分组成,其中:①为步骤面板,包含视频编辑中不同步骤所对应的按钮;②为菜单栏,包含提供了不同命令集的菜单;③为预览窗口,主要显示当前的素材、视频滤镜、效果或标题;④为导览面板,提供用于回放和对素材进行精确修整的按钮,在"捕获"步骤中,它也可以用于对 DV 摄像机进行设备控制。⑤为工具面板,包含一些按钮,这些按钮用于在两个项目视图和其他快速设置之间进行切换;⑥为时间轴,显示项目中包含的所有素材、标题和效果;⑦为素材库,主要保存和管理所有的媒体素材;最后一部分为选项面板,包含用于对所选素材定义设置的控件、按钮和其他信息,此面板的内容会根据制作者所在的步骤而有所变化(单击⑦中的"选项 ∧"按钮即会

图 6-20　Video Studio X9 的界面

出现)。

Video Studio 设置了步骤面板,将多媒体的创作过程简化为捕获、编辑和共享 3 个步骤,单击步骤面板中的 3 个按钮就可以在不同步骤间进行切换。

- 捕获:在会声会影中打开项目后,在捕获步骤中可以直接将视频录制到计算机的外存储盘上。来自磁带上的节目可以被捕获成单独的文件或自动分割成多个文件。此步骤允许捕获视频和静态图像。
- 编辑:编辑步骤和时间轴是会声会影的核心,在此可以编辑和修整视频素材,还可以将视频滤镜应用到视频素材上。
- 共享:在多媒体编辑完成后,制作者可以在分享步骤中创建用于在网络上分享的视频文件或将影片输出到磁带、DVD 或 CD 上。

6.6.3　漓江冠岩风景介绍的制作过程

下面通过使用 Corel Video Studio X9 制作一个"漓江冠岩风景介绍"的视频,介绍将图像、文字、视频和声音等多种媒体进行拼接和融合,最后构成一个统一的、大信息量的独立媒体的基本制作流程。

在开始多媒体制作前,首先单击菜单栏"文件"/"新建项目"创建新的多媒体项目,然后单击菜单栏"设置"/"项目属性",打开"项目属性"对话框,如图 6-21 所示,在"主题"文本框中输入"漓江冠岩风景介绍",然后在"描述"文本框中输入制作者的个人信息,还可以单击"编辑"按钮设置当前项目的视频格式,设置完毕单击"确定"按钮,完成项目的创建,在后面的制作过程中,可随时单击菜单栏"文件"/"保存"命令保存项目制作进度。

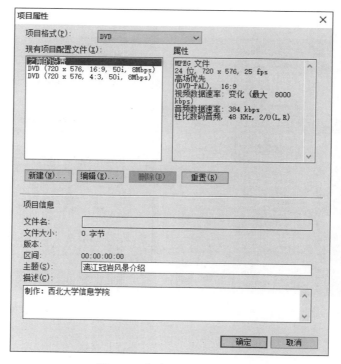

图 6-21 "项目属性"对话框

1. 素材的捕获与导入

各种"单媒体"素材是多媒体制作的基础，多媒体制作的第一步就是捕获与导入媒体素材。

单击"捕获"按钮，进入捕获步骤，如果素材保存在磁带、DV 或者 DVD 中，可以通过选择选项面板中相应的项目来进行视频的捕获，在本例中将使用本书第 6 章附带素材进行制作，因此需要将本书附带的各种素材按照分类导入会声会影中。

会声会影安装过程中会添加一些基本素材，在导入新素材之前，首先需要为各种素材创建分类。单击素材库左边上方的"媒体"，再单击"添加"按钮，建立一个"漓江风景"新文件夹，然后单击"导入媒体文件"按钮将准备的漓江冠岩风景照片导入，如图 6-19 所示。采用相同的方法，可导入"音频""视频"等文件。经过简短的导入过程，就可以在素材库中看到添加进来的照片、音乐和视频文件的缩略图。

注意，会声会影支持本章前面介绍的常用的视频、音频和图像格式，但是流媒体格式 RealMedia 在编辑的过程中可能会造成无法编辑的问题，因此在选择素材的时候尽量少使用 rm 格式的媒体文件。

2. 素材的编辑和剧情的编排

完成素材的捕获和导入后，就可以进入编辑步骤了。在编辑步骤中，制作者可以利用会声会影的视频轨将多种媒体素材按照时间和类型的顺序组织起来,构成多媒体的基本剧情。

视频轨是编辑阶段的核心,也是捕获步骤之后其他步骤所围绕的核心,单击步骤面板编辑按钮,在窗口的下半部分就能够看到视频轨,如图6-22所示。

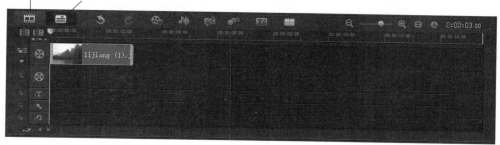

图6-22 视频轨

视频轨主要由故事板视图和时间轴视图两种视图组成,单击相应按钮,可以在不同的视图间切换。

故事板视图是将视频添加到影片的最快捷方法。故事板中的每个略图代表影片中的一个事件,事件可以是素材或转场。略图可以按时间顺序显示事件的一些画面。每个素材的长度显示在每个略图的底部。可以通过拖放的方式,来插入或排列素材的顺序。转场效果可以插入到两个视频素材之间。

时间轴视图可以最清楚地显示影片项目中的元素。它根据视频、覆叠、标题、声音和音乐将项目分割成不同的轨。时间轴视图允许制作者对素材执行精确到帧的编辑。

在漓江冠岩风景介绍的制作过程中将综合使用视频、图像素材来构建主要情节。

在素材库的素材类型列表中选择"漓江风景"文件夹,能够在素材库中看到本书附带的图像素材,按照素材编号的顺序,右击每个素材的缩略图,选择"插入到"/"视频轨",将图像素材依次插入视频轨,完成基本剧情的设计,完成结果如图6-23所示。在添加素材的过程中如果顺序出现错误,可以通过在视频轨中右击素材缩略图,拖动素材调整素材在视频中的顺序。

图6-23 插入素材后的视频轨

添加素材后每个素材的默认播放长度可能不合适,需要对每个素材进行播放时间等属性的设置。选中视频轨中的第一个照片,可以在选项面板中看到并调整照片素材的相关属性,如图 6-24 所示。

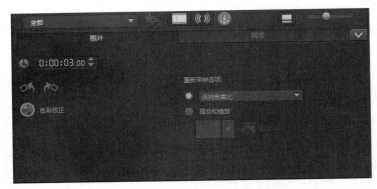

图 6-24　视频素材属性

　　选中视频轨中添加的图像素材,在"选项"面板中的图像区间设置中,将图像的播放长度修改为 3 秒。使用相同的方法将所有图像素材的播放长度都修改为 3 秒,完成漓江冠岩风景介绍的素材编辑和剧情编排,单击导览面板中的"播放"按钮,就可以看到视频素材和图像素材连贯播放的效果。

3. 转场效果的添加

　　单纯的素材连续播放在切换的时候会比较生硬,转场效果为场景的切换提供了创意的方式。它们可以应用到视频轨中的素材之间,有效地使用会声会影提供的转场效果,可以为影片添加专业化的效果。

　　单击素材库左面的"转场"按钮,就可以进入转场效果编辑视图,如图 6-25 所示。

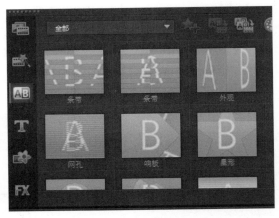

图 6-25　转场效果编辑视图

　　在视频轨的每个素材之间会出现用来插入转场效果的方格,制作者只需要选择适当的转场效果,使用拖动的方式将代表转场效果的缩略图拖入适当的方格就可以了,添加转场效果前后的视频轨如图 6-26 所示。

图 6-26 转场效果的添加位置

首先在"素材库"面板中单击"转场"按钮,在"素材库"面板中看到该类转场效果的缩略图,缩略图同时以 A、B 两张图像的形式演示对应转场的效果。单击其中的"方块",并拖动到素材 1 和素材 2 之间的小方格中,完成转场效果"方块"的添加。选中添加好的转场效果,在"选项"面板中可以看到该转场效果的相关属性(如图 6-27 所示),不同的转场效果拥有不同的属性,可以根据自己的需要设置相关的属性。采用相同的方法为所有的素材之间添加适当的转场效果,单击"导览"面板中的"播放"按钮,可预览添加的转场效果。

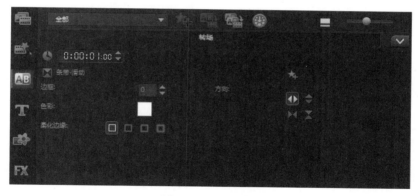

图 6-27 转场属性

4. 使用覆叠效果

画中画是视频编辑中常用的一项技巧,它可以在原有的视频中加入一小块区域播放其他视频内容,可以定义这块区域的位置和大小,但通常它的形状为矩形。会声会影的覆叠效果能够很轻松地实现"画中画"效果。

下面将一个小鸟作为画中画加入到示例中,这些画中画片段依次以淡入淡出的方式显示在画面的不同位置。

(1)切换到时间轴视图,在照片素材中,找到名为"小鸟"的照片,将其拖动到覆叠轨上,与视频轨上的某个照片对齐,如图 6-28 所示。

(2)在中央区域调整刚刚加入照片的大小和位置,如图 6-29 所示。

图 6-28　添加照片到覆叠轨

（3）选中左侧照片属性的"高级动作"（如图 6-30 所示），在打开的"自定义动作"界面中设置小鸟飞翔的轨迹，如图 6-31 所示。

图 6-29　调整照片

图 6-30　小鸟方向/样式设置属性

图 6-31　小鸟飞翔轨迹设置界面

（4）按照上面的方法，依次将其他素材加入到覆叠轨上的适当位置并设置其属性。

5．标题

下面为影片加入一个标题。

（1）切换到时间轴视图，定位到第一个画面。

（2）单击素材库左面的标题（T）按钮（如图 6-20 所示），出现如图 6-32 所示的画面。

图 6-32　标题画面

（3）双击画面后，添加标题，在左侧调整字体、文字大小、颜色等属性，如图 6-33 所示。

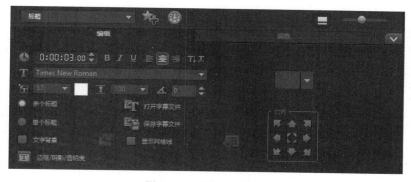

图 6-33　调整文字样式

（4）选择左侧的"属性"标签，为标题文字设置一种动画效果，如图 6-34 所示。

图 6-34　调整文字动画

6. 音频

最后为影片设置一个背景音乐，由于整个影片使用一个统一的背景音乐，因而加入音频就比较简单，直接把音频素材中的背景音乐拖动到时间轴视图上的声音轨或者音乐轨即可。

7. 分享

多媒体制作完成后，需要经过合成的步骤将制作好的多媒体以视频文件的形式发布。单击顶部的"共享"标签，出现如图 6-35 所示的发布视频文件类型和品质设置项，在此选择创建所需格式的视频文件及品质。最后设定保存位置和文件名，并单击"开始"按钮，即可完成视频的制作。

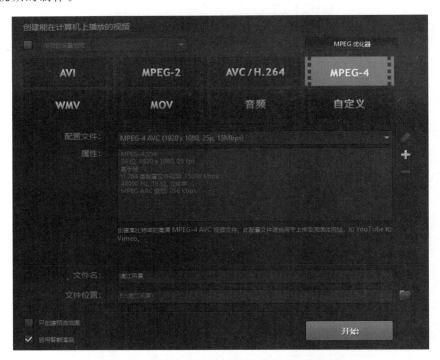

图 6-35　发布视频文件类型及品质设置项界面

习　　题

1. 选择题

(1) 多媒体数据具有(　　)的特点。

A. 数据量大和数据类型多

B. 数据类型间区别大和数据类型少

C. 数据量大、数据类型多、数据类型间区别小、输入和输出不复杂

D. 数据量大、数据类型多、数据类型间区别大、输入和输出复杂

(2) 下述声音分类中质量最好的是(　　)。

A. CD　　　　　　　　　　　　B. 调频无线电广播

C. 调幅无线电广播　　　　　　D. 电话

（3）CD-ROM（　　）。

    A. 仅能存储文字　　　　　　　　　　B. 仅能存储图像

    C. 仅能存储声音　　　　　　　　　　D. 能存储文字、声音和图像

（4）下列论述正确的是（　　）。

    A. 音频卡的分类主要是根据采样的频率来分，频率越高，音质越好

    B. 音频卡的分类主要是根据采样信息的压缩比来分，压缩比越大，音质越好

    C. 音频卡的分类主要是根据接口功能来分，接口功能越多，音质越好

    D. 音频卡的分类主要是根据采样量化的位数来分，位数越高，量化精度越高，音质越好

（5）下列配置中 MPC 必不可少的是（　　）。

    ① CD-ROM 驱动器　　　　　　　　② 高质量的音频卡

    ③ 高分分辨率的图形、图像显示　　　④ 高质量的视频采集卡

    A. ①　　　　　　B. ①②　　　　　　C. ①②③　　　　　D. 全部

（6）关于 MIDI，下列叙述不正确的是（　　）。

    A. MIDI 是合成声音

    B. MIDI 的回放依赖设备

    C. MIDI 文件是一系列指令的集合

    D. 使用 MIDI，不需要许多的乐理知识

（7）下列采样的波形声音质量最好的是（　　）。

    A. 单声道、8 位量化、44.1kHz 采样频率

    B. 双声道、8 位量化、22.05kHz 采样频

    C. 双声道、16 位量化、44.1kHz 采样频率

    D. 单声道、16 位量化、22.05kHz 采样频率

（8）下列不属于多媒体技术中的媒体的范围的是（　　）。

    A. 存储信息的实体　　　　　　　　　B. 信息的载体

    C. 文本　　　　　　　　　　　　　　D. 图像

（9）以下不属于多媒体动态图像文件格式的是（　　）。

    A. AVI　　　　　　B. MP3　　　　　　C. JPG　　　　　D. MID

2．填空题

（1）媒体（Media）是指承载或传递_____的载体。

（2）多媒体具有_____、数据类型多、_____、_____的特点。

（3）目前常见的媒体元素主要有文本、_____、_____、_____、_____和_____等。

（4）在 Windows 中，声音文件的常见存储格式有_____、_____和_____。

（5）图像文件的数字化图像保存格式包括_____、_____和_____。

（6）数字化视频的数据量巨大，根据_____的不同，保存数字化视频的常用格式包括 MPEG、_____和_____。

3. 简答题

(1) 试举出几种常见的图像格式,并简述其特点。

(2) 衡量数字化声音质量的标准是什么? 试列举出几种常见的声音格式。

(3) 请简述图像采样的方法,请举例说明。

(4) 请简述颜色模式的定义,常用的颜色模式有哪些?

4. 操作题

(1) 音效处理

录制一段音乐并进行播放、处理。写出实验步骤。

(2) 图像处理

使用 Windows 自带的画图工具进行简单图像制作种处理,最终完成的效果如图 6-36 所示。

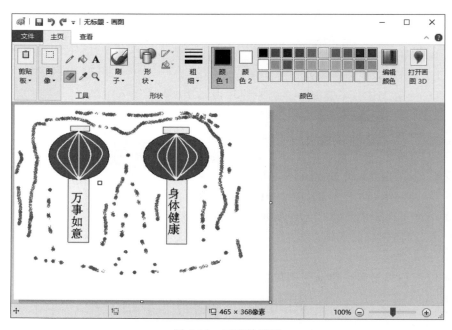

图 6-36 画图结果图

(3) 视频播放

播放一张 VCD 光盘。

(4) 多媒体制作

参考本章 6.6 节漓江冠岩风景多媒体示例的制作方法,使用本书附带的素材完成制作。

第7章

网络技术

计算机网络在当今的信息时代对信息的收集、传输、存储和处理起着非常重要的作用,在大数据时代,计算机网络和云计算的发展,对处理大数据计算等问题提供了可能,对整个信息社会有着极其深刻的影响。

7.1 网络基础知识

计算机应用已进入更高层次,计算机网络成为计算机行业的一部分,今天的计算机应用系统实际上是网络环境下的计算系统。

7.1.1 计算机网络的产生与发展

1. 计算机网络的产生

早期的计算机是大型计算机,包含很多个终端,不同终端之间可以共享主机资源,可以相互通信,但不同计算机之间相互独立,不能实现资源共享和数据通信。为了解决这个问题,美国国防部高级研究计划署(ARPA)于 1968 年提出了一个计算机互连计划,并于 1969 年建成世界上第一个计算机网络 ARPAnet。

ARPAnet 通过租用电话线路将分布在美国不同地区的 4 所大学的主机连成一个网络。作为 Internet 的早期骨干网,ARPAnet 试验并奠定了 Internet 存在和发展的基础。到了 1984 年,美国国家科学基金会(NSF)决定组建 NSFnet。NSFnet 采取三级层次结构,整个网络由主干网、地区网和校园网组成。地区网一般由一批在地理上局限于某一地域、在管理上隶属于某一机构的用户的计算机互连而成。连接各地区网上主通信节点计算机的高速数据专线构成了 NSFnet 的主干网。这样,当一个用户的计算机与某一地区相连以后,它除了可以使用任一超级计算中心的设施,可以同网上任一用户通信,还可以获得网络提供的大量信息和数据。这一成功使得 NSFnet 于 1990 年彻底取代了 ARPAnet 而成为 Internet 的主干网。

2. 计算机网络的发展

计算机网络从产生到现在,总体来说可以分成 4 个阶段。

① 远程终端阶段。该阶段是计算机网络发展的萌芽阶段。早期计算机系统主要为

分时系统,分时系统允许用户通过只含显示器和键盘的终端来使用主机。为了解决大量用户同时访问主机的问题,系统采用分时策略。它将主机时间分成片,每个用户轮流使用自己的时间片,由于时间片很短,会使用户以为主机完全为自己所用。远程终端计算机系统在分时计算机系统的基础上,通过调制解调器（Modem）和公用电话网（PSTN）向分布在不同地理位置上的许多远程终端用户提供共享资源服务。这虽然还不能算是真正的计算机网络系统,但它是计算机与通信系统结合的最初尝试。

② 计算机网络阶段。在远程终端计算机系统的基础上,人们开始研究通过 PSTN 等已有的通信系统把计算机与计算机互连起来,于是以资源共享为主要目的的计算机网络便产生了,ARPAnet 是这一阶段的典型代表。网络中计算机之间具有数据交换的能力,提供了更大范围内计算机之间协同工作、分布式处理的能力。

③ 体系结构标准化阶段。计算机网络系统非常复杂,计算机之间相互通信涉及许多技术问题,为实现计算机网络通信,计算机网络采用分层策略解决网络技术问题。但是,不同的组织制定了不同的分层网络系统体系结构,它们的产品很难实现互连。为此,国际标准化组织（ISO）在 1984 年正式颁布了"开放系统互连参考模型 ISO/OSI"国际标准,使计算机网络体系结构实现了标准化。20 世纪 80 年代是计算机局域网和网络互连技术迅速发展的时期,局域网完全从硬件上实现了 ISO 的开放系统互连通信模式协议,局域网与局域网互连、局域网与各类主机互连及局域网与广域网互连的技术也日趋成熟。

④ Internet 阶段。进入 20 世纪 90 年代,计算机技术、通信技术及计算机网络技术得到了迅猛发展。特别是 1993 年美国宣布建立国家信息基础设施（NII）后,全世界许多国家纷纷制定和建立本国的 NII,极大地推动了计算机网络技术的发展,使计算机网络进入了一个崭新的阶段,即 Internet 阶段。

7.1.2 计算机网络的基本概念

1. 网络的概念

计算机网络是指将地理位置不同的具有独立功能的多台计算机及其外部设备,通过通信线路及通信设备连接起来,在网络操作系统、网络管理软件及网络通信协议的管理和协调下,实现资源共享和信息传递的计算机系统。

从宏观角度看,计算机网络一般由资源子网和通信子网两部分构成。

资源子网主要由网络中所有的主计算机、I/O 设备和终端、各种网络协议、网络软件和数据库等组成,负责全网的信息处理,为网络用户提供网络服务和资源共享功能等。通信子网主要由通信线路、网络连接设备（如网络接口设备、通信控制处理机、网桥、路由器、交换机、网关、调制解调器和卫星地面接收站等）、网络通信协议和通信控制软件等组成,主要负责全网的数据通信,为网络用户提供数据传输、转接、加工和转换等通信处理工作。计算机网络的构成如图 7-1 所示。

图 7-2 为某气象预报系统计算机网络组成,不同部门之间可以共享信息,进行数据通信。

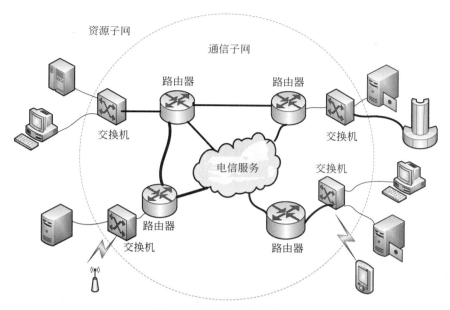

图 7-1 计算机网络的构成

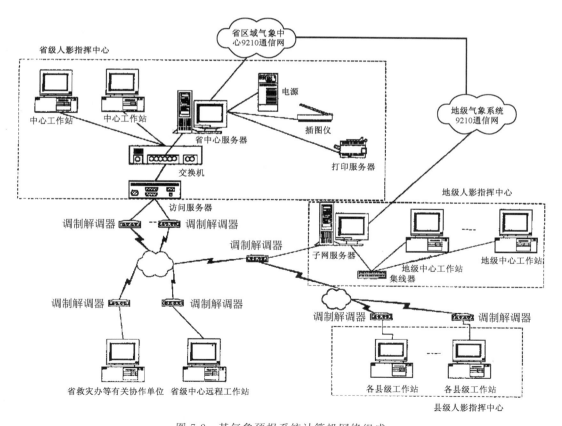

图 7-2 某气象预报系统计算机网络组成

2. 基本特征

网络的定义从不同的方面描述了计算机网络的 3 个特征。

① 连网的目的在于资源共享。可共享的资源包括硬件、软件和数据。

② 互连的计算机应该是独立计算机。连网的计算机可以连网工作，也可以单机工作。如果只是一台计算机带多台终端和打印机，这种系统通常被称为多用户系统，而不是计算机网络。由一台主控机和多台从控机构成的系统是主从式系统，也不是计算机网络。

③ 通信设备与通信线路是连接计算机并构成计算机网络的主要组成部分。通信子网的功能和结构决定了计算机网络的功能和结构，通信子网的质量代表着计算机网络的质量。

7.1.3　计算机网络的基本组成

计算机网络一般由三部分组成：计算机、通信线路和设备、网络软件。

1. 计算机

组网计算机根据其作用和功能不同，可分为服务器和客户机两类。

① 服务器。服务器是整个网络系统的核心，它为网络用户提供服务并管理整个网络，在其上运行的操作系统是网络操作系统。随着局域网络功能的不断增强，根据服务器在网络中所承担的任务和所提供的功能，可把服务器分为文件服务器、邮件服务器、打印服务器和通信服务器等。

② 客户机。客户机又称工作站，客户机与服务器不同，服务器为网络上许多用户提供服务和共享资源。客户机是用户和网络的接口设备，用户通过它可以与网络交换信息、共享网络资源。

2. 通信线路和设备

（1）通信线路

通信线路也称传输介质，是数据信息在通信系统中传输的物理载体，是影响通信系统性能的重要因素。传输介质通常分为有线介质和无线介质。有线介质有双绞线、同轴电缆和光纤等。而无线介质利用自由空间进行信号传播，如卫星、红外线、激光、微波等。带宽决定了信号在传输介质中的传输速率，衰减损耗决定了信号在传输介质中能够传输的最大距离，传输介质的抗干扰特性决定了传输系统的传输质量。

① 双绞线。双绞线是最常用的传输介质，可以传输模拟信号或数字信号。双绞线是由两根相同的绝缘导线相互缠绕而形成的一对信号线，一根是信号线，另一根是地线，两根线缠绕的目的是减少相互之间的信号干扰。如果把多对双绞线放在一根导管中，便形成了由多根双绞线组成的电缆。

局域网中的双绞线分为两类：屏蔽双绞线（STP）与非屏蔽双绞线（UTP），如图 7-3 所示。屏蔽双绞线由外部保护层、屏蔽层与多对双绞线组成；非屏蔽双绞线由外部保护层与多对双绞线组成。屏蔽双绞线对电磁干扰具有较强的抵抗能力，适用于网络流量较高的高速网络,而非屏蔽双绞线适用于网络流量较低的低速网络。

(a) 非屏蔽双绞线　　　　　　　(b) 屏蔽双绞线

图 7-3　双绞线

　　双绞线的衰减损耗较高,因此不适合远距离的数据传输。普通双绞线传输距离限定在 100m 之内,一般速率为 100Mb/s,高速率可到 1Gb/s。

　　② 同轴电缆。同轴电缆由中心铜线、绝缘层、网状屏蔽层及塑料封套组成,如图 7-4 所示。它按直径不同可分为粗缆和细缆,一般来说粗缆的损耗小,传输距离比较远,单根传输距离可达 500m;细缆由于功率损耗比较大,传输距离比较短,单根传输距离为 185m。

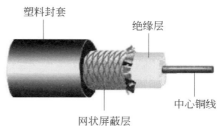

图 7-4　同轴电缆的基本组成

　　同轴电缆的最大特点是可以在相对长的无中继器的线路上支持高带宽通信,屏蔽性能好,抗干扰能力强,数据传输稳定。目前主要应用于有线电视网、长途电话系统及局域网之间的数据连接。缺点是成本高,体积大,不能承受缠结、压力和严重的弯曲,而这些缺点正是双绞线能克服的。因此,现在的局域网环境中,同轴电缆基本已被双绞线所取代。

　　③ 光纤。光纤是光导纤维的简称,是一种利用光在玻璃或塑料制成的纤维中按照全反射原理进行信号传递的光传导工具。光纤由纤芯、包层、涂覆层和套塑四部分组成,如图 7-5(a)所示。纤芯在中心,是由高折射率的高纯度二氧化硅材料组成的,主要用于传送光信号。包层是由掺有杂质的二氧化硅组成的,其光的折射率要比纤芯的折射率低,使光信号能在纤芯中产生全反射传输。涂覆层及套塑的主要作用是加强光纤的机械强度。

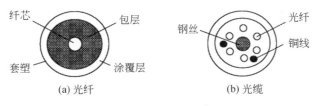

图 7-5　光纤与光缆

　　在实际工程应用中,光纤要制作成光缆,光缆一般由多根纤芯绞制而成,纤芯数量可根据实际工程要求绞制,如图 7-5(b)所示。光缆要有足够的机械强度,所以在光缆中用多股钢丝来充当加固件。有时还在光缆中绞制一对或多对铜线,用于电信号传送。

④ 无线通信与卫星通信。无线通信系统中，按照工作频率的不同可以分为微波通信、卫星通信、无线通信等。

- 微波通信：微波的电磁波频率在 100MHz 以上，用于电话和电视信号的传播。微波只能沿着直线传播，具有很强的方向性，因此，发射天线和接收天线必须精确地对准。由于微波只能沿直线传播，所以只能进行视距离传播。微波长距离传送会发生衰减，因此每隔一段距离就需要一个中继站。

- 卫星通信：微波在长距离传输中受地理环境的影响，卫星通信就能很好地解决这个问题。卫星收到地面上的信号，经过放大后再传送到地面，卫星起到信号中转站的作用。卫星通信可以分为两种方式：一种是点对点方式，通过卫星将地面上的两个点连接起来；另一种是多点对多点的方式，一颗卫星可以接收几个地面站发来的数据信号，然后以广播的方式将所收到的信号发送到多个地面站。多点对多点方式主要应用于电视广播系统、远距离电话及数据通信系统。

- 无线通信：多个通信设备之间以无线电波为介质遵照某种协议实现信息的交换。比较流行的有无线局域网、蓝牙技术、蜂窝移动通信技术等。无线局域网和蓝牙技术只能用于较小范围（10～100m）的数据通信。无线局域网主要采用 2.4GHz 频段，目前应用广泛的无线局域网是 IEEE 802.11b、IEEE 802.11g、IEEE 802.11a 标准。蓝牙是无线数据和语音传输的开放式标准，也使用 2.4GHz 射频无线电，它将各种通信设备、计算机及其终端设备、各种数字数据系统及家用电器采用无线方式连接起来，从而实现各类设备之间随时随地进行通信，传输范围为 10m 左右，最大数据速率可达 721kb/s。蓝牙技术的应用范围越来越广泛。

（2）网络连接设备

网络连接设备包括用于网内连接的网络适配器、交换机、路由器、网桥、网关等。

① 网络适配器。网络适配器（Network Interface Card，NIC）简称网卡，用于实现连网计算机和网络电缆之间的物理连接，为计算机之间的通信提供一条物理通道，完成计算机信号格式和网络信号格式的转换。通常，网络适配器就是一块插件板，插在 PC 的扩展槽中并通过这条通道进行高速数据传输。在局域网中，每一台连网计算机都需要安装一块或多块网卡，通过网卡将计算机接入网络电缆系统。常见的网卡如图 7-6 所示。

(a) 无线网卡　　　　　(b) 普通网卡　　　　　(c) USB无线网卡

图 7-6　网卡

② 交换机。交换机（Switch）是一种用于电信号转发的网络设备，如图 7-7 所示。它可以为接入交换机的任意两个网络节点提供独享的电信号通路。最常见的交换机是以太网交换机。在计算机网络系统中，交换概念的提出改进了共享工作模式。交换机拥有一

条很高带宽的背部总线和内部交换矩阵。交换机的所有的端口都挂接在这条背部总线上,控制电路收到数据包以后,会查找地址映射表以确定目的计算机挂接在哪个端口上,通过内部交换矩阵迅速在数据帧的始发者和目标接收者之间建立临时的交换路径,使数据帧直接由源地址到达目的地址。如图7-8所示,园区网先接入接入层交换机,再通过汇聚层交换机接入网络。

图 7-7 交换机

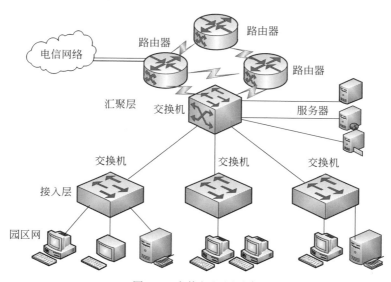

图 7-8 交换机组网示意

③ 路由器。路由器(Router)是互联网的主要节点设备,作为不同网络之间互相连接的枢纽,路由器系统构成了基于 TCP/IP 的 Internet 的骨架。路由器互连网络如图 7-9 所示。

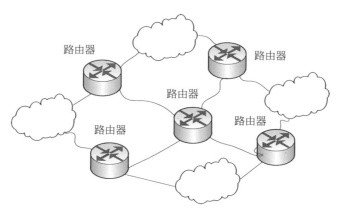

图 7-9 路由器互连网络

路由器通过路由选择决定数据的转发,它的处理速度是网络通信的主要瓶颈之一,它的可靠性则直接影响着网络互连的质量。因此，在园区网、地区网，乃至整个 Internet 研究领域中，路由器技术始终处于核心地位。

路由器的主要工作就是为经过路由器的每个数据包寻找一条最佳传输路径，并将该数据有效地传送到目的站点。选择最佳路径的策略是路由器的关键所在，为了完成这项工作，在路由器中保存着各种传输路径的相关数据（即路由表）。路由表保存着子网的标志信息、网上路由器的个数和下一个路由器的名字等内容。路由表可以由系统管理员固定设置好（静态路由表），也可以由系统动态修改（动态路由表）。

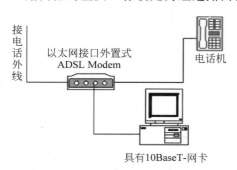

图 7-10   ADSL 接入方式

④ ADSL 调制解调器。ADSL（非对称数字用户线路）的一般接入方式如图 7-10 所示。

计算机内的信息是数字信号，而电话线上传递的是模拟信号。所以，当两台计算机要通过电话线进行数据传输时，就需要一个设备负责数据的数模转换。这个数模转换器就是调制解调器。计算机在发送数据时，先由调制解调器把数字信号转换为相应的模拟信号，这个过程称为调制。经过调制的信号通过电话载波在电话线上传送，到达接收方后，要由接收方的调制解调器负责把模拟信号还原为数字信号，这个过程称为解调。

ADSL 调制解调器是为 ADSL 提供数据调制和数据解调的机器，其上有一个 RJ-11 电话线端口和一个或多个 RJ-45 网线端口，支持最高下行 8Mb/s 速率和最高上行 1Mb/s 速率，抗干扰能力强，适合普通家庭用户使用。某些型号的产品还带有路由和无线功能。传统的调制解调器使用铜线的低频部分（4kHz 以下频段）传送网络信号。而 ADSL 采用离散多音频（DMT）技术，将原先电话线路 0Hz～1.1MHz 频段以 4.3kHz 为单位划分成 256 个子频带，其中，4kHz 以下频段仍用于传送传统电话业务（POTS），20～138kHz 频段传送上行信号，138kHz～1.1MHz 频段用来传送下行信号。DMT 技术可根据线路的情况调整在每个信道上所调制的比特数，更充分地利用线路。

⑤ 网关。网关（Gateway）又称网间连接器、协议转换器。网关在高层（传输层以上）实现网络互连，是最复杂的网络互连设备，用于两个高层协议不同的网络互连。网关既可以用于广域网互连，又可以用于局域网互连。

对于使用不同的通信协议、数据格式或语言，甚至体系结构完全不同的两种系统，网关可以说是一个翻译器。网关对收到的信息要重新打包，以适应目的系统的需求。同时，网关也可以提供过滤和安全功能，大多数网关运行在应用层。

3. 网络软件

网络软件在网络通信中扮演了极为重要的角色。大致有以下分类。

（1）网络系统软件

网络系统软件主要控制和管理网络运行，提供网络通信、网络资源分配与共享功能，它为用户提供了访问网络和操作网络的友好界面。它主要包括网络操作系统（NOS）和网络协议软件。

一个计算机网络拥有丰富的软、硬件资源，为了能使网络用户共享网络资源、实现通信，需要对网络资源和用户通信过程进行有效管理，实现这一功能的软件系统称为网络操作系统。常见的网络操作系统有 Novell 公司的 Netware，Microsoft 公司的 LAN Manager、Windows 2003 和 Sun 公司的 UNIX 等。

网络中的计算机之间交换数据必须遵守一些事先约定好的规则，这些为网络数据交换而制定的关于信息顺序、信息格式和信息内容的规则、约定与标准被称为网络协议（Protocol）。目前常见的网络通信协议有 TCP/IP、SPX/IPX、OSI 和 IEEE 802，其中，TCP/IP 是任何要连接到 Internet 上的计算机必须遵守的协议。

（2）网络应用软件

网络应用软件是指为某一个应用目的而开发的网络软件，它为用户提供一些实际的应用。网络应用软件既可用于管理和维护网络本身，又可用于某一个业务领域，如网络管理监控程序、网络安全软件、数字图书馆、Internet 信息服务、远程教学、远程医疗、视频点播等。网络应用的领域极为广泛，网络应用软件也极为丰富。

7.1.4 计算机网络的分类

1. 拓扑结构

为描述网络中节点间的连接关系，将节点抽象为点，将线路抽象为线，进而得到一个几何图形，称为该网络的拓扑结构。常见的拓扑结构有总线型、星状、环状、树状、网状等，如图 7-11 所示。不同的拓扑结构对网络性能、系统可靠性和通信费用的影响不同。

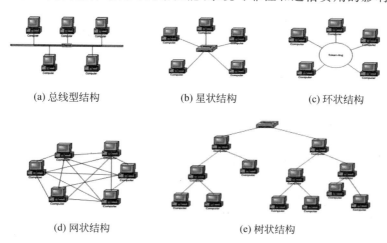

(a) 总线型结构　　(b) 星状结构　　(c) 环状结构

(d) 网状结构　　　(e) 树状结构

图 7-11　网络拓扑结构

总线型、环状、星状拓扑结构常用于局域网，网状拓扑结构常用于广域网连接。

① 总线型拓扑结构。总线型拓扑结构通过一根传输线路将网络中的所有节点连接起来，这根线路称为总线。网络中的各节点都通过总线进行通信，在同一时刻只能允许一对节点占用总线通信。

② 星状拓扑结构。星状拓扑结构中各节点都与中心节点连接，呈辐射状排列在中心节点周围。网络中任意两个节点的通信都要通过中心节点转接。单个节点的故障不会影响到网络的其他部分，但中心节点的故障会导致整个网络的瘫痪。

③ 环状拓扑结构。环状拓扑结构中各节点首尾相连形成一个闭合的环，环中的数据沿环单向逐站传输。环状拓扑结构中的任意一个节点或一条传输介质出现故障都将导致整个网络的故障。

④ 树状拓扑结构。树状拓扑结构由星状拓扑结构演变而来，其结构图看上去像一棵倒立的树。树状网络是分层结构，具有根节点和分支节点，适用于分级管理和控制系统。

⑤ 网状拓扑结构。网状拓扑结构的每一个节点都有多条路径与网络相连，如果一条线路出故障，通过路由选择可找到替换线路，网络仍然能正常工作。这种结构可靠性强，但网络控制和路由选择较复杂。广域网采用的是网状拓扑结构。

2. 基本分类

虽然网络类型的划分标准各种各样，但是根据地理范围划分是一种大家都认可的通用网络划分标准。按这种标准可以把网络类分为局域网、城域网、广域网和互联网四种。要说明的一点是，网络划分并没有严格意义上地理范围的区分，只是一个定性的概念。

（1）局域网

局域网（LAN）是最常见、应用最广的一种网络。局域网覆盖的地区范围较小，所涉及的地理距离一般来说可以是几米至10km。这种网络的特点是：连接范围窄、用户数少、配置容易、连接速率高。目前局域网最快的速率是10Gb/s。IEEE 802标准委员会定义了多种主要的LAN：以太网（Ethernet）、令牌环网（Token Ring）、光纤分布式接口网络（FDDI）、异步传输模式网（ATM）及最新的无线局域网（WLAN），其中，使用最广泛的是以太网。

（2）城域网

城域网（MAN）是在一个城市范围内所建立的计算机通信网。这种网络的连接距离为几十千米，它采用的是IEEE 802.6标准。MAN的一个重要用途是用作骨干网，MAN以IP技术和ATM技术为基础，以光纤作为传输媒介，将位于不同地点的主机、数据库及LAN等连接起来，实现集数据、语音、视频服务于一体的多媒体数据通信，满足城市范围内政府机构、金融保险、大中小学校、公司企业等单位对高速率、高质量数据通信业务日益旺盛的需求。

（3）广域网

广域网（WAN）也称远程网，所覆盖的范围比城域网更广，可从几百千米到几千千米，用于不同城市间的LAN或MAN互连。因为距离较远，信号衰减比较严重，所以WAN一般要租用专线，通过IMP（接口信息处理）协议和线路连接起来，构成网状结构。因为所连接的用户多，总出口带宽有限，所以用户的终端连接速率一般较低，通常为9.6kb/s～45Mb/s，如原邮电部的CHINANET、CHINAPAC和CHINADDN等。

（4）互联网

互联网无论从地理范围，还是从网络规模来讲都是最大的一种网络。这种网络的最大的特点就是不定性,整个网络的计算机每时每刻随着网络的接入和撤出在不停地变化。但它信息量大,传播广,无论身处何地,只要连上互联网就可以共享网上资源。

7.2 Internet 基础

任何网络只有与其他网络相互连接,才能使不同网络上的用户相互通信,以实现更大范围的资源共享和信息交流。通过相关设备,将全世界范围内的计算机网络互连起来形成一个范围涵盖全球的大网,这就是 Internet。

7.2.1 Internet 体系结构

Internet 的核心协议是 TCP/IP,也是实现全球性网络互连的基础。TCP/IP 也采用了分层化的体系结构,共分为 5 个层次,分别是物理层、数据链路层、网络层、传输层、应用层,每一层都有数据传输单位和不同的协议。Internet 体系结构如图 7-12 所示。

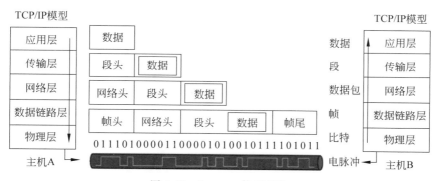

图 7-12 Internet 体系结构

TCP/IP 的名称来源于 Internet 层次模型中的两个重要协议:工作于传输层的 TCP(Transmission Control Protocol)和工作于网络层的 IP(Internet Protocol)。网络层的功能是不同网络之间以统一的数据分组格式(IP 数据报)传递数据信息和控制信息,从而实现网络互连。传输层的主要功能是对网络中传输的数据分组提供必要的传输质量保障。应用层可以实现多种网络应用,如 Web 服务、文件传输、电子邮件服务等。

Internet 数据传输的基本过程如下。

① 发送端 A:应用层负责将要传递的信息转换为数据流,传输层将应用层提供的数据流分段,称为数据段(段头＋数据),段头主要包含该数据由哪个应用程序发出、使用什么协议传输等控制信息。传输层将数据段传给网络层。网络层将传输层提供的数据段封装成数据包(网络头＋数据段),网络头包含源 IP 地址、目标 IP 地址、使用什么协议等控制信息,网络层将数据包传输给数据链路层。数据链路层将数据封装成数据帧(帧头＋数据包),帧头包含源 MAC 地址、目标 MAC 地址、使用什么协议封装等信息,数据链路层将帧传输给物理层形成比特流,并将比特流转换成电脉冲通过传输介质发送出去。

② 接收端 B:物理层将电信号转换为比特流,提交给数据链路层,数据链路层读取该

帧的帧头信息，如果是发给自己的，就去掉帧头，并交给网络层处理；如果不是发给自己的，则丢弃该帧。网络层读取数据包头的信息，检查目标地址，如果是自己的，去掉数据包头交给传输层处理；如果不是，则丢弃该包。传输层根据段头中的端口号传输给应用层某个应用程序。应用层读取数据段报文头信息，决定是否做数据转换、加密等，最后 B 端获得了 A 端发送的信息。

1. IP

IP 工作于网络层，是建造大规模异构网络的关键协议，各种不同的物理网络（如各种局域网和广域网）通过 IP 能够互连起来。Internet 上的所有节点（主机和路由器）都必须运行 IP。为了能够统一不同网络技术数据传输所用的数据分组格式，Internet 采用统一 IP 分组（称为 IP 数据报）在网络之间进行数据传输，通常情况下这些数据分组并不是直接从源节点传输到目的节点的，而是穿过由 Internet 路由器连接的不同的网络和链路。

IP 以 IP 数据报的分组形式从发送端穿过不同的物理网络，经路由器选路和转发最终到达目的端。IP 工作过程如图 7-13 所示，源主机发送一个到达目的主机的 IP 数据包，IP 查路由表，找到下一个地址应该发往路由器 135.25.8.22(R1)，IP 将 IP 数据包转发到路由器 R1，路由器 R1 收到 IP 数据包，提取 IP 包中的目的地址的网络号，在路由表中查找目的网络应该发往路由器 210.30.6.33(路由器 R2)，IP 将 IP 数据包转发到路由器 R2，路由器 R2 收到 IP 数据包，提取 IP 包中的目的地址的网络号，在路由表中查找目的网络应该发往路由器 202.117.98.8(路由器 R3)，IP 将 IP 数据包转发到路由器 R3，路由器 R3 收到 IP 数据包后将数据包转发到目的主机。

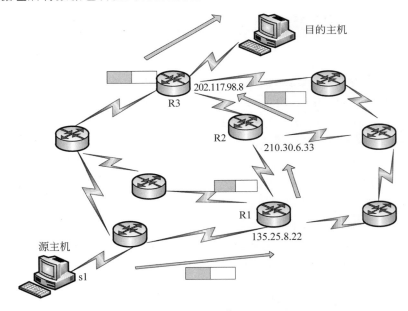

图 7-13　IP 工作过程

2. UDP 和 TCP

IP 数据报在传输过程中可能出现分组丢失、传输差错等错误。要保证网络中数据传送的正确,应该设置另一种协议,这个协议应该准确地将从网络中接收的数据递交给不同的应用程序,并能够在必要时为网络应用提供可靠的数据传输服务质量,这就是工作于传输层的 TCP 和 UDP(用户数据报协议)。这两个协议的区别在于 TCP 对所接收的 IP 数据报通过差错校验、确认重传及流量控制等控制机制实现端系统之间可靠的数据传输;而 UDP 并不能为端系统提供这种可靠的数据传输服务,其唯一的功能就是在接收端将从网络中接收到的数据交付到不同的网络应用中,提供一种最基本的服务。

3. 应用层协议

应用层的协议提供不同的服务,常见的有以下几个。

① DNS 协议。DNS 用来将域名映射成 IP 地址。

② SMTP 与 POP3。SMTP 与 POP3 用来收发邮件。

③ HTTP。HTTP 用于传输浏览器使用的普通文本、超文本、音频和视频等数据。

④ TELNET 协议。TELNET 协议为用户提供了在本地计算机上完成远程主机工作的能力。

⑤ FTP。FTP 用于网上计算机间的双向文件传输。

7.2.2　IP 地址

Internet 中的主机之间要正确地传送信息,每台主机就必须有唯一的区分标志。IP 地址就是给每台连接在 Internet 上的主机分配的一个区分标志。

1. IPv4 地址

IPv4 的地址是 32 位,该地址包含网络号和主机号两部分。IP 地址中网络号的位数、主机号的位数取决于 IP 地址的类别。为了便于书写,经常用点分十进制数表示 IP 地址,即每 8 位写成一个十进制数,中间用"."作为分隔符,如 11001010 01110101 01100010 00001010 可以写成 202.117.98.10。

IP 地址分为 A、B、C、D、E 共 5 类,如图 7-14 所示。

① A 类 IP 地址。一个 A 类 IP 地址以 0 开头,后面跟 7 位网络号,最后是 24 位主机号。如果用点分十进制数表示,A 类 IP 地址就由 1 字节网络地址和 3 字节主机地址组成。A 类网络地址适用于大规模网络,全世界 A 类网只有 126 个(全 0、全 1 不分),每个网络能容纳的计算机为 16 777 214 台(全 0、全 1 不分)。

② B 类 IP 地址。一个 B 类 IP 地址以 10 开头,后面跟 14 位网络号,最后是 16 位主机号。如果用点分十进制数表示,B 类 IP 地址就由 2 字节网络地址和 2 字节主机地址组成。B 类网络地址适用于中等规模的网络,每个网络能容纳的计算机数为 65 534 台(全 0、全 1 不分)。

③ C 类 IP 地址。一个 C 类 IP 地址以 110 开头,后面跟 21 位网络号,最后是 8 位主

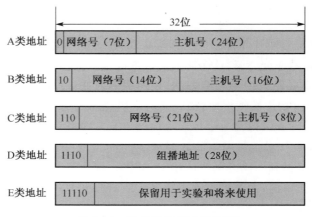

图 7-14　IP 地址的构成及类别

机号。如果用点分十进制数表示，C 类 IP 地址就由 3 字节的网络地址和 1 字节主机地址组成的。C 类网络地址数量较多，适用于小规模的局域网络，每个网络能容纳的计算机数为 254 台（全 0、全 1 不分）。

④ D 类 IP 地址。D 类 IP 地址以 1110 开始，它是一类专门保留的地址。它并不指向特定的网络，目前这一类地址被用于多点广播。多点广播地址用来一次寻址一组计算机，它标识共享同一协议的一组计算机。

⑤ E 类 IP 地址。E 类 IP 地址以 11110 开始，专门保留用于将来和实验使用。

除了以上几种类型的 IP 地址外，还有几种特殊类型的 IP 地址：IP 地址中的每一字节都为 0 的地址 0.0.0.0 对应于当前主机；IP 地址中的每一字节都为 1 的 IP 地址 255.255.255.255 是当前子网的广播地址；IP 地址中不能以十进制数 127 作为开头，该类地址中的 127.0.0.1～127.1.1.1 用于回路测试，如 127.0.0.1 可以代表本机 IP 地址，用 http://127.0.0.1 就可以测试本机中配置的 Web 服务器。

所有的 IP 地址都由国际组织 NIC（Network Information Center）负责统一分配，目前全世界共有 3 个这样的网络信息中心。ENIC 负责欧洲地区；APNIC 负责亚太地区；InterNIC 负责美国及其他地区。我国申请 IP 地址要通过 APNIC，APNIC 的总部设在澳大利亚布里斯班。申请时要考虑申请哪一类 IP 地址，然后向国内的代理机构提出申请。

2. IPv6 地址

IPv4 地址最大的问题在于网络地址资源有限，制约了互联网的应用和发展。IPv6 的使用不仅能解决网络地址资源数量的问题，而且也清除了多种接入设备连入互联网的障碍。IPv6 是 Internet Protocol Version 6（互联网协议第 6 版）的缩写，是互联网工程任务组（IETF）设计的用于替代 IPv4 的下一代 IP。

IPv6 的 128 位地址通常写成 8 组，每组为 4 个十六进制数的形式。例如，AD80:0000:0000:0000:ABAA:0000:00C2:0002 是一个合法的 IPv6 地址。这个地址比较长，看起来不方便，也不易于书写。零压缩法可以用来缩减其长度。如果几个连续段位的值

都是 0,那么这些 0 就可以简单地以"::"来表示,上述地址就可写成 AD80::ABAA:
0000:00C2:0002。这里要注意的是只能简化连续的段位的 0,其前后的 0 都要保留,比如
AD80 的最后的这个 0,不能被简化。还有,这个"::"只能用一次,在上例中的 ABAA 后
面的 0000 就不能再次简化。当然也可以选择在 ABAA 后面使用"::",这样的话前面的
12 个 0 就不能压缩了。这个限制的目的是为了能准确还原被压缩的 0,不然就无法确定
每个"::"代表了多少个 0。例如,下面是一些合法的 IPv6 地址:

```
CDCD:910A:2222:5498:8475:1111:3900:2020
1030::C9B4:FF12:48AA:1A2B
2000:0:0:0:0:0:0:1
```

7.2.3 域名系统

通过 TCP/IP 进行数据通信的主机或网络设备都要拥有一个 IP 地址,但 IP 地址不
便记忆。为了便于使用,常常赋予某些主机(特别是提供服务的服务器)能够体现其特征
和含义的名称,即主机的域名。

1. 域的层次结构

域名系统(Domain Name System,DNS)提供一种分布式的层次结构,位于顶层的域
名称为顶级域名,顶级域名有两种划分方法:按地理区域划分和按组织结构划分。域名
层次结构如图 7-15 所示。

地理域是为国家或地区设置的,如中国是 cn,美国是 us,日本是 jp 等。机构域定义
了不同的机构分类,主要包括:com(商业组织)、edu(教育机构)、gov(政府机构)、ac(学术
机构)等。顶级域名下又定义了二级域名,如中国的顶级域名 cn 下又设立了 com、net、
org、gov、edu 等组织结构二级域名,以及按照各个行政区域划分的地理域名如 bj(北京)、
sh(上海)等。采用同样思想可以继续定义三级或四级域名。域名的层次结构可看成一个
树形结构,一个完整的域名中,由树叶到树根的路径点用"."分隔,如 www.nwu.edu.cn 就
是一个完整的域名。

2. 域名解析

网络数据传送时需要 IP 地址进行路由选择,域名无法识别,因此必须有一种翻译机
制,能将用户要访问的服务器的域名翻译成对应的 IP 地址。为此 Internet 提供了域名系
统(DNS),DNS 的主要任务是为客户提供域名解析服务。

域名服务系统将整个 Internet 的域名分成许多可以独立管理的子域,每个子域由自
己的域名服务器负责管理。这就意味着域名服务器维护其管辖子域的所有主机域名与
IP 地址的映射信息,并且负责向整个 Internet 用户提供包含在该子域中的域名解析服
务。基于这种思想,Internet DNS 有许多分布在全世界不同地理区域、由不同管理机构负
责管理的域名服务器。全球共有十几台根域名服务器,其中大部分位于北美洲,这些根域
名服务器的 IP 地址向所有 Internet 用户公开,是实现整个域名解析服务的基础。

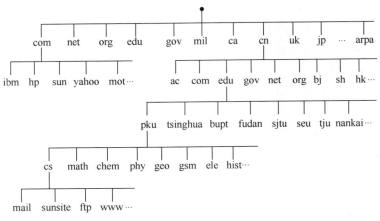

图 7-15　域名层次结构

7.3　Internet 服务

Internet 服务是指为用户提供的互联网服务，通过 Internet 服务可以进行互联网访问，获取需要的信息。

7.3.1　WWW 服务

万维网（World Wide Web，WWW）是一个以 Internet 为基础的庞大的信息网络，它将 Internet 上提供各种信息资源的万维网服务器（也称 Web 服务器）连接起来，使得所有连接在 Internet 上的计算机用户能够方便、快捷地访问自己喜好的内容。Web 服务的组成部分包括：提供 Web 信息服务的 Web 服务器、从 Web 服务器获取各种 Web 信息的浏览器、定义服务器和浏览器之间交换数据信息规范的 HTTP 及 Web 服务器所提供的网页文件。

1. Web 服务器与浏览器

服务器指管理资源并为用户提供服务的计算机软件，通常分为文件服务器、数据库服务器和应用程序服务器等。运行以上软件的计算机或计算机系统也被称为服务器，相对于普通 PC 来说，服务器（计算机系统）在稳定性、安全性、性能等方面都要求更高，因此，其 CPU、芯片组、内存、磁盘系统、网络等硬件和普通 PC 有所不同。

这里所说的 Web 服务器是一个应用软件，运行在服务器计算机中，主要任务是管理和存储各种信息资源，并负责接收来自不同客户端的服务请求。针对客户端提出的各种信息服务请求，Web 服务器通过相应的处理返回信息，使得客户端通过浏览器能够看到相应的结果。

Web 客户端可以通过各种 Web 浏览器程序实现，浏览器是可以显示 Web 服务器或文件系统的 HTML 文件内容，并让用户与这些文件交互。浏览器的主要任务是接收用户计算机的 Web 请求,并将这个请求发送给相应的 Web 服务器,当接收到 Web 服务器返回的 Web 信息时,负责显示这些信息。大部分浏览器本身除了支持 HTML 之外,还支持 JPEG、PNG、GIF 等图像格式,并且能够扩展支持众多的插件。常用的 Web 浏览器有 Microsoft Internet Explorer、Netscape Navigator 和 Firefox 等。

2. URL

浏览器中的服务请求通过在浏览器的地址栏定位一个统一资源定位(Uniform Resource Locator,URL)链接提出。统一资源定位符是用于完整地描述 Internet 上网页和其他资源的地址的一种标识方法。Internet 上的每一个网页都具有一个唯一的名称标识,通常称之为 URL 地址,简单地说,URL 就是 Web 地址,俗称网址。

URL 由三部分组成:协议类型、主机名和路径及文件名,基本格式如下:

协议类型:// 主机名/路径及文件名

* 协议指所使用的传输协议,最常用的是 HTTP,它也是目前 WWW 中应用最广的协议,还可以指定的协议有 FTP、GOPHER、TELNET、FILE 等。
* 主机名是指存放资源的服务器的域名或 IP 地址,有时,在主机名前可以包含连接到服务器所需的用户名和密码。
* 路径是由零个或多个"/"符号隔开的字符串,用来表示主机上的一个目录或文件地址。文件名则是所要访问的资源的名字。

3. 超文本传输协议

万维网的另一个重要组成部分是超文本传输协议(HTTP),HTTP 定义了 Web 服务器和浏览器之间信息交换的格式规范。运行在不同操作系统上的客户浏览器程序和 Web 服务器程序通过 HTTP 实现彼此之间的信息交流和理解。HTTP 是一种非常简单而直观的网络应用协议,主要定义了两种报文格式:一种是 HTTP 请求报文,定义了浏览器向 Web 服务器请求 Web 服务时所使用的报文格式;另一种是 HTTP 响应报文,定义了 Web 服务器将相应的信息文件返回给用户浏览器所使用的报文格式。

4. Web 网页

网页是构成网站的基本元素,是承载各种网站应用的平台。Web 网页采用超文本标记语言(HTML)格式书写,由多个对象构成,如 HTML 文件、JPG 图像、GIF 图像、Java 程序、语音片段等,不同网页之间通过超链接发生联系。网页有多种分类,通常可分为静态网页和动态网页。静态网页的文件扩展名多为 htm 或 html,动态网页的文件扩展名多为 php 或 asp。

静态网页由标准的 HTML 构成,不需要通过服务器或用户浏览器运算或处理生成。这就意味着用户对一个静态网页发出访问请求后,服务器只是简单地将该文件传输到客户端。所以,静态页面多通过网站设计软件进行设计和更改,相对比较滞后。动态网页是在用户请求 Web 服务的同时由两种方式及时产生:一种方式是由 Web 服务器解读来自用户的 Web 服务请求,并通过运行相应的处理程序,生成相应的 HTML 响应文档,并返回给用户;另一种方式是服务器将生成动态 HTML 网页的任务留给用户浏览器,在响应给用户的 HTML 文档中嵌入应用程序,由用户端浏览器解释并运行这部分程序以生成相应的动态页面。

静态网页是网站建设的基础,静态网页和动态网页之间并不矛盾,各有特点。网站采用动态网页还是静态网页主要取决于网站的功能需求和网站内容的多少,如果网站功能比较简单,内容更新量不是很大,采用纯静态网页的方式会更简单,反之则要采用动态网页技术实现。在同一个网站上,动态网页和静态网页可同时存在。

7.3.2 电子邮件服务

电子邮件(E-mail)也是 Internet 最常用的服务之一,利用 E-mail 可以传输各种格式的文本信息及图像、声音、视频等多种信息。

1. E-mail 系统的构成

E-mail 服务采用客户机/服务器的工作模式,一个电子邮件系统包含 3 部分:用户主机、邮件服务器和电子邮件协议。

用户主机运行用户代理 UA,通过它来撰写信件、处理来信(使用 SMTP 将用户的邮件传送到它的邮件服务器,用 POP 从邮件服务器读取邮件到用户的主机)和显示来信。

邮件服务器运行传送代理 MTA,邮件服务器设有邮件缓存和用户邮箱。主要作用:一是接收本地用户发送的邮件,并存于邮件缓存中待发,由 MTA 定期扫描发送;二是接收发给本地用户的邮件,并将邮件存放在收信人的邮箱中。

2. 邮件地址

很多站点提供免费的电子邮箱,只要能访问这些站点的免费电子邮箱服务网页,用户就可以免费建立并使用自己的电子邮箱。每个电子邮箱都有唯一的地址,电子邮箱的地址格式如下:

收信人用户名@邮箱所在的主机域名

例如:zhang8808@126.com 表示用户 zhang8808 在主机名为"126.com"的邮件服务器上申请了邮箱。

3. 邮件的收发

发送与接收电子邮件有两种方式:基于 Web 方式的邮件访问协议和客户端软件方式。基于 Web 方式的邮件访问协议,如 126 和 Yahoo,用户使用超文本传输协议(HTTP)访问电子邮件服务器的邮箱,在该电子邮件系统网址上输入用户的用户名和密码,进入用户的电子邮件信箱,然后处理用户的电子邮件。这种方式使用方便,但速度比较慢。客户端软件方是指用户通过一些安装在个人计算机上的支持电子邮件基本协议的软件使用和管理电子邮件。这些软件(如 Microsoft Outlook 和 FoxMail)往往融合了先进、全面的电子邮件功能,利用这些客户端软件可以进行远程电子邮件操作,还可以同时处理多个账号的电子邮件,而且速度比较快。

邮件的收发过程如图 7-16 所示。发送方将邮件发送到发送邮件服务器,发送邮件服务器将邮件转发到对方的接收邮件服务器,接收方从接收邮件服务器中读取信件。

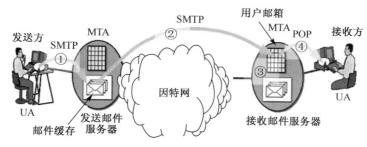

图 7-16　邮件发送过程

① 发送主机调用 UA 撰写邮件,并通过 SMTP 将客户的邮件交付发送邮件服务器,发送邮件服务器将其用户的邮件存储于邮件缓存,等待发送。

② 发送邮件服务器每隔一段时间对邮件缓存进行扫描,如果发现有待发邮件就通过 SMTP 发向接收邮件服务器。

③ 接收邮件服务器接收到邮件后,将它们放入收信人的邮箱中,等待收信随时读取。

④ 接收用户主机通过 POP 从接收方服务器上检索邮件,下载邮件后可以阅读、处理邮件。

7.3.3　文件传输服务

1. FTP 工作模式

与大多数 Internet 服务一样,FTP 也是一个客户机/服务器系统。用户通过一个支持 FTP 的客户机程序连接到远程主机上的 FTP 服务器程序。用户通过客户机程序向服务器程序发出命令,服务器程序执行用户所发出的命令,并将执行的结果返回客户机。FTP 主要用于下载共享软件。在 FTP 的使用当中,用户经常遇到两个概念:下载(Download)和上传(Upload)。下载文件就是从远程主机复制文件至自己的计算机上;上传文件就是将文件从自己的计算机中复制至远程主机上。

用户在访问 FTP 服务器之前必须登录,登录时需要用户给出其在 FTP 服务器上的合法账号和口令。但很多用户没有获得合法账号和口令,这就限制了共享资源的使用。所以,许多 FTP 服务器支持匿名 FTP 服务,匿名 FTP 服务不再验证用户的合法性,为了安全,大多数匿名 FTP 服务器只准下载、不准上传。

2. FTP 客户程序

需要进行远程文件传输的计算机必须安装和运行 FTP 客户程序。常见的 FTP 客户程序有 3 种类型:FTP 命令行、浏览器和下载客户软件。

（1）FTP命令行

在安装 Windows 操作系统时，通常都安装了 TCP/IP，其中就包含了 FTP 命令。但是该程序是字符界面而不是图形界面，必须以命令提示符的方式进行操作。FTP 命令是 Internet 用户使用最频繁的命令之一，无论在 DOS 还在 UNIX 操作系统下使用 FTP 都会遇到大量的 FTP 内部命令。熟悉并灵活应用 FTP 的内部命令，可以收到事半功倍之效。但其命令众多，格式复杂，对于普通用户来说，比较难掌握。所以，一般用户在下载文件时常通过浏览器或专门的下载软件来实现。

（2）浏览器

启动 FTP 客户程序的另一途径是使用浏览器，用户只须在地址栏中输入如下格式的 URL 地址：FTP：//［用户名：口令@］ftp 服务器域名：［端口号］，即可登录对应的 FTP 服务器。同样，在命令行下也可以用上述方法连接，通过 put 命令和 get 命令达到上传和下载的目的，通过 ls 命令列出目录。除了上述方法外，还可以在命令行下输入 ftp 并按 Enter 键，然后输入 open 来建立一个连接。

通过浏览器启动 FTP 的方法尽管可以使用，但是速度较慢，还会因将密码暴露在浏览器中而不安全，因此一般都安装并运行专门的 FTP 下载软件。

（3）通过客户软件下载

为了实现高效文件传输，用户可以使用专门的文件传输程序，这些程序不但简单易用，而且支持断点续传。所谓断点续传，是指在下载或上传时，将下载或上传任务（一个文件或一个压缩包）划分为几个部分，每一个部分采用一个线程进行上传或下载，如果碰到网络故障而终止，等到故障消除后可以继续上传或下载余下的部分，而没有必要从头开始，可以节省时间，提高速度。迅雷、快车、Web 迅雷、BitComet、优酷、百度视频、新浪视频、腾讯视频等都支持断点续传。

7.3.4　物联网应用

物联网是新一代信息技术的产物，物联网的英文名称是 The Internet of things，即"物物相连的互联网"，这里含有两层意义，一是物联网的核心基础是互联网，是在互联网上的延伸和扩展的计算机网络；二是用户端延伸到了物体到物体之间进行信息交换和通信，通过射频识别、红外感应器、全球定位系统、激光扫描器等信息传感设备，按照约定的协议把任何物体与互联网连接，进行信息交换和通信，以实现对物体的智能化识别、跟踪、定位、监控和管理的一种网络。

7.3.5　云计算

云计算（Cloud Computing）指的是通过网络"云"将巨大的数据计算处理程序分解成无数个小程序，通过多部服务器组成的系统处理和分析这些小程序，得到结果并返回给用户。如图 7-17 所示，云计算是继互联网、计算机后在信息时代又一种新的革新，云计算的核心是可以将很多的计算机资源协调在一起，使用户通过网络就可以获取到无限的资源，同时获取的资源不受时间和空间的限制，具有很强的扩展性和需要性，可以为用户提供一种全新的体验，是并行计算、网格计算、分布式计算的发展及应用。

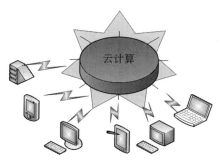

图 7-17 云计算图示

习 题

1. 选择题

(1) 最先出现的计算机网络是( )。

    A. ARPAnet   B. Ethernet   C. BITNET   D. Internet

(2) 域名 www.hzu.edu.cn,其中 hzu 是( )。

    A. 顶级域名   B. 二级域名   C. 三级域名   D. 四级域名

(3) 电子邮件能传送的信息( )。

    A. 是压缩的文字和图像信息   B. 只能是文本格式的文件

    C. 是标准 ASCII 字符   D. 是文字、声音和图形图像信息

(4) FTP 是 Internet 中用于( )。

    A. 发送电子邮件的软件   B. 浏览网页的工具

    C. 传送文件的一种服务   D. 聊天的工具

(5) 以太网的拓扑结构是( )结构。

    A. 星状   B. 总线形   C. 环状   D. 网状

(6) 云计算实际是( )技术的发展和应用。

    A. 分布式计算   B. 网格计算   C. 并行计算   D. 以上都对

(7) 调制解调器的功能是实现( )。

    A. 数字信号的编码   B. 数字信号的整形

    C. 模拟信号的放大   D. 模拟信号与数字信号的转换

(8) HTTP 是一种( )。

    A. 网址   B. 超文本传输协议

    C. 高级程序设计语言   D. 域名

(9) 中国教育科研计算机网是( )。

    A. NCFC   B. CERNET   C. ISDN   D. Internet

(10) IP 地址是( )。

　　A. 接入 Internet 的计算机地址编号

　　B. Internet 中网络资源的地理位置

　　C. Internet 中的子网地址

　　D. 接入 Internet 的局域网编号

(11) 网络中各个节点相互连接的形式叫做网络的(　　)。

　　A. 拓扑结构　　　　B. 协议　　　　　C. 分层结构　　　　D. 分组结构

(12) TCP/IP 是一组(　　)。

　　A. 局域网技术

　　B. 广域技术

　　C. 支持同一种计算机(网络)互连的通信协议

　　D. 支持异种计算机(网络)互连的通信协议

(13) 下列 4 项中,合法的 IP 地址是(　　)。

　　A. 210.45.233　　　　　　　　　　B. 202.38.64.4

　　C. 101.3.305.77　　　　　　　　　D. 127.0.0.1

(14) 用户要想在网上查询 WWW 信息,必须安装并运行的软件是(　　)。

　　A. HTTP　　　　　B. Yahoo　　　　　C. 浏览器　　　　　D. 万维网

(15) 在局域网中的各个节点,计算机都应在主机扩展槽中插网卡,网卡的正式名称是(　　)。

　　A. 集线器　　　　B. T 形接头　　　　C. 终端匹配器　　　　D. 网络适配器

(16) 局域网传输介质一般采用(　　)。

　　A. 光纤　　　　　　　　　　　　B. 同轴电缆或双绞线

　　C. 电话线　　　　　　　　　　　D. 普通电线

(17) 网络协议是(　　)。

　　A. 用户使用网络资源时必须遵守的规定

　　B. 网络计算机之间进行通信的规则

　　C. 网络操作系统

　　D. 编写通信软件的程序设计语言

(18) 域名是(　　)。

　　A. IP 地址的 ASCII 码表示形式

　　B. 按接入 Internet 的局域网所规定的名称

　　C. 按接入 Internet 的局域网的大小所规定的名称

　　D. 按分层的方法为 Internet 中的计算机所取的直观的名字

(19) 一座大楼内的一个计算机网络系统属于(　　)。

　　A. PAN　　　　　B. LAN　　　　　C. MAN　　　　　D. WAN

(20) 将域名地址转换为 IP 地址的协议是(　　)。

　　A. DNS　　　　　B. ARP　　　　　C. RARP　　　　　D. ICMP

(21) 下面协议中,用于 WWW 传输控制的是(　　)。

　　A. URL　　　　　B. SMTP　　　　　C. HTTP　　　　　D. HTML

（22）某公司申请到一个 C 类网络，由于有地理位置上的考虑，必须划分成 5 个子网，请问子网掩码要设为（　　　）。

  A. 55.255.255.224   B. 255.255.255.192

  C. 255.255.255.254   D. 255.285.255.240

（23）下面协议中，用于电子邮件 E-mail 传输控制的是（　　　）。

  A. SNMP   B. SMTP   C. HTTP   D. HTML

2. 填空题

（1）计算机网络一般由 3 部分组成：组网计算机、_____、网络软件。

（2）组网计算机根据其作用和功能不同，可分为_____和客户机两类。

（3）_____是一种利用光在玻璃或塑料制成的纤维中的全反射原理而制成的光传导工具。

（4）_____是互联网的主要节点设备，通过路由选择决定数据的转发。

（5）计算机网络按网络的作用范围可分为_____、_____和_____。

（6）计算机网络中常用的 3 种有线通信介质是_____、_____、_____。

（7）局域网的英文缩写为_____，城域网的英文缩写为_____，广域网的英文缩写为_____。

（8）双绞线有_____、_____两种。

（9）计算机网络的功能主要表现在硬件资源共享、_____和_____。

（10）_____连网设备从根本上改变了局域网共享介质的结构，大大提升了局域网的性能。

（11）IP 地址由_____和_____两部分组成。

（12）WWW 上的每一个网页都有一个独立的地址，这些地址称为_____。

（13）E-mail 服务采用客户机/服务器的模式工作，一个电子邮件系统包含 3 个部分：用户主机、_____和电子邮件协议。

3. 简答题

（1）什么是计算机网络？计算机网络由哪几部分组成？

（2）计算机网络中数据是如何转发的？

（3）常用计算机网络的拓扑结构有几种？

（4）UTP 是什么？STP 是什么？

（5）简述 Internet 的体系结构。

（6）计算机网络如何保证数据传输的正确性？如果出现了错误该怎么办？

（7）简述邮件的收发过程。

第8章

网络安全

8.1 网络安全概述

8.1.1 网络安全的含义与特征

1. 网络安全的含义

网络安全是指网络系统的硬件、软件及系统中的数据受到保护,不因偶然或恶意的原因而遭受到破坏、更改、泄露,系统连续、可靠、正常地运行,网络服务不中断。从广义来说,凡是涉及网络上信息的保密性、完整性、可用性、真实性和可控性的相关技术和理论都是网络安全的研究领域。目前网络面临很多不安全因素,例如:木马僵尸病毒、恶意勒索软件、分布式拒绝服务攻击、窃取用户敏感信息等各类网络攻击事件。

2. 基本特征

网络安全具有以下 4 个方面的特征。

① 保密性:信息不泄露给非授权用户、实体或过程。

② 完整性:数据未经授权不能进行改变,即信息在存储或传输过程中保持不被修改、不被破坏和丢失。

③ 可用性:在任意时刻满足合法用户的合法需求。

④ 可控性:对信息的传播及内容具有控制能力。

3. 网络安全层次

网络安全主要包括 3 个层次:物理安全、安全控制和安全服务,其结构如图 8-1 所示。

(1) 物理安全

物理安全是指在物理介质层次上的安全保护,它是网络信息安全的基本保障。建立物理安全体系结构应从 4 个方面考虑。

① 防止自然灾害,诸如地震、火灾、洪水等。

② 防止物理损坏,诸如硬盘损坏、设备使用到期、外力损坏等。

③ 防止设备故障,诸如停电断电、电磁干扰等。

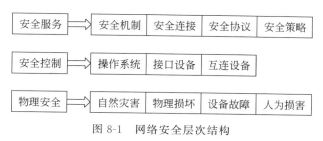

图 8-1　网络安全层次结构

④ 防止用户误操作,诸如格式化硬盘、线路拆除、意外疏漏等。

为了保证网络系统的物理安全,除了在网络规划和场地、环境方面有要求之外,还要防止系统信息在空间的扩散。为此,通常在物理上采取一定的防护措施,来减少或干扰扩散出去的空间信号,这是核心部门、军队、金融机构在建设信息中心时要遵守的首要条件。

（2）安全控制

安全控制是指在网络信息系统中对存储和传输信息的操作和进程进行控制和管理,其核心是在信息处理层次上对信息进行初步的安全保护,安全控制可以分为 3 个层次。

① 操作系统的安全控制。通过操作系统进行初步的安全控制,主要包括对用户的合法身份进行核实,对文件存取的控制。

② 网络接口设备的安全控制。在网络环境下对来自其他机器的网络通信进程进行安全控制,主要包括身份认证、客户权限设置与判别、审计日志等。

③ 网络互连设备的安全控制。对整个子网内所有主机的传输信息和运行状态进行安全监测和控制,此类控制主要通过网管软件或路由器配置实现。

（3）安全服务

安全服务是指在应用程序层对网络信息的保密性、完整性和信源的真实性进行保护和鉴别,满足用户的安全需求,防止和抵御各种安全威胁和攻击手段。安全服务可以在一定程度上弥补和完善现有操作系统和网络系统的安全漏洞。安全服务的主要内容包括:安全机制、安全连接、安全协议、安全策略等。

① 安全机制。

安全机制主要利用加密算法对重要、敏感的数据进行加密处理。安全机制是安全服务乃至整个网络信息安全系统的核心和关键,现代密码学在安全机制的设计中扮演着重要的角色。常见的安全机制有:

* 以保护网络信息保密性为目标的数据加密。
* 以保证网络信息来源真实性和合法性为目标的数字签名。
* 保护网络信息完整性,防止和检测数据被修改、插入、删除和改变的信息认证等。

② 安全连接。

安全连接是为保证系统安全而在网络通信方之间进行的连接过程。安全连接主要包括会话密钥的分配和生成及身份验证。

③ 安全协议。

安全协议使网络环境下互不信任的通信方能够相互配合,并通过安全连接和安全机制的来保证通信过程的安全性、可靠性和公平性。

④ 安全策略。

安全策略是安全机制、安全连接和安全协议的有机组合，是网络信息系统安全性的完整解决方案。安全策略决定了网络信息安全系统的整体安全性和实用性。不同的网络信息系统和不同的应用环境需要不同的安全策略。

8.1.2 影响网络安全性的因素

网络存在一些安全隐患，影响网络安全性的因素主要有以下几个方面。

1. 网络技术缺陷

任何一种技术都不可能完美无缺，网络技术也不例外。在网络技术研发初期，由于其应用范围、规模和重要性所限，主要注重网络功能和性能指标，而安全性并未获得足够重视，因此难免存在（安全）设计缺陷。

2. 安全漏洞与网络攻击

网络技术缺陷和安全漏洞一直存在，但 30 年前的网络并没有严重的安全问题，因为早期的网络不像今天的网络这么重要，所以没有多少人去琢磨如何利用技术缺陷和安全漏洞。今天，网络已经成为国家和社会的基础设施，人们工作和生活已经无法离开网络，所以黑客和出于不良动机的人，就会想方设法利用网络漏洞，达到非法获利、破坏或其他目的。因此，漏洞是网络安全威胁的潜在隐患，网络攻击才是网络安全问题的根本原因。绝大多数网络攻击（非法入侵、木马、病毒等）都是通过漏洞来突破网络安全防线的。当前的漏洞问题主要包括两个方面：一是软件系统的漏洞，如操作系统漏洞、网络协议的漏洞、IE 漏洞、Office 漏洞等；二是硬件方面的漏洞，如防火墙、路由器等网络产品的漏洞。

3. 用户因素

影响网络安全的第 3 个因素在于网络应用，不当的网络使用将会使网络安全问题更加严重。一方面，一个单位在建设自己的网络时，可能因为成本等原因，在网络技术选择、结构设计和软硬件设备与系统选型等方面往往会牺牲一些安全机制；另一方面，用户在使用网络系统过程中，在用户口令与权限管理、系统补丁管理、重要数据保护等方面缺乏安全意识和有效技术手段，这是目前造成严重网络安全问题的主要原因。

8.2 网络安全攻击

对网络安全构成的威胁称为网络威胁，网络威胁付诸行动就称为网络安全攻击，根据攻击的形式不同，网络安全攻击可分为主动攻击和被动攻击。

8.2.1 主动攻击

主动攻击时，攻击者主动地做一些不利于系统的事情，所以很容易被发现。主动攻击包含对数据流的某些修改,或者生成一个假的数据流,它可分为以下 4 类。

1. 伪装

伪装是一个实体假装成另外一个实体。伪装攻击经常和其他主动攻击一起进行。

2. 重放

重放攻击包含数据单元的被动捕获,随之再重传这些数据,从而产生一个非授权的效果。

3. 修改

修改报文攻击意味着合法报文的某些部分已被修改,或者报文的延迟和重新排序,从而产生非授权的效果。

4. 拒绝服务

拒绝服务攻击就是阻止或禁止通信设施的正常使用和管理。这种攻击可能针对专门的目标,也可能破坏整个网络,使网络拥塞或超负荷,从而降低性能。

很难绝对阻止主动攻击,因为要防止主动攻击就要对所有通信设施、通路在任何时间都进行完全保护,这显然是不可能的。因此,应对主动攻击的方法是检测并从破坏中恢复。

8.2.2 被动攻击

被动攻击主要是收集信息而不是进行访问,数据的合法用户对这种活动很难觉察。被动攻击包括窃听、通信流量分析等。

1. 窃听

窃听、监听都具有被动攻击的本性,攻击者的目的是获取正在传输的信息。窃听会使报文内容泄露,一次电话通信、一份电子邮件报文、正在传送的文件都可能包含敏感信息或秘密信息,因此要防止非法用户获悉这些传输的内容。

2. 通信流量分析

通过加密技术可以防止窃听,因为即使这些内容被截获,也无法从这些报文中获得信息。即使通过加密保护内容,攻击者仍有可能观察到传输的报文形式。攻击者可能确定通信主机的位置和标识,也可能观察到正在交换的报文频度和长度,而这些信息对于猜测正在发生的通信特性是有用的。

对被动攻击的检测十分困难,因为被动攻击并不涉及数据的任何改变。因此,对于被动攻击,强调的是阻止而不是检测。

8.3　基本网络安全技术

网络安全技术致力于解决如何有效进行介入控制，以及如何保证数据传输的安全性，主要包括数据加密技术、数字签名技术和认证技术等。

8.3.1　数据加密技术

数据加密是指将原始的信息进行重新编码，将原始信息称为明文，经过加密的数据称为无法识别的密文。密文即便在传输中被第三方获取，也很难从得到的密文破译出原始的信息，接收端通过解密得到原始数据信息。加密技术不仅能保障数据信息在公共网络传输过程中的安全性，同时也是实现用户身份鉴别和数据完整性保障等安全机制的基础。

加密技术涉及算法和密钥。算法是将普通的文本（或可以理解的信息）与一串数字（密钥）运算，产生不可理解的密文的步骤。在安全保密中，可通过适当的密钥加密技术和管理机制来保证网络的信息通信安全。加密技术的基本原理如图 8-2 所示。

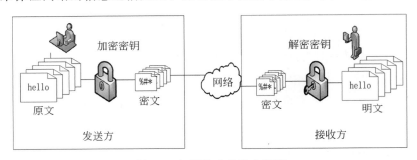

图 8-2　加密技术的基本原理

根据加密和解密的密钥是否相同，加密算法可分为对称密码体制和非对称密码体制。

1. 对称加密

对称加密采用了对称密码编码技术，它的特点是文件加密和解密使用相同的密钥。除了数据加密标准算法（DES）外，另一个常见的对称密钥加密系统是国际数据加密算法（IDEA），它比 DES 的加密性好，而且对计算机功能要求也不高。对称加密又称常规加密，其基本原理如图 8-3 所示。

数据发送方将明文（原始数据）和加密密钥（密钥）一起经过特殊加密算法处理后，使其变成复杂的加密密文发送出去。接收方收到密文后，需要使用加密用过的密钥及相同算法的逆算法对密文进行解密，才能使其恢复成可读明文。在对称加密算法中，使用的密钥只有一个，发收信双方都使用这个密钥对数据进行加密和解密，这就要求解密方事先必须知道加密密钥。对称加密速度快，适合于大量数据的加密传输。但是，对称加密必须首先解决对称密钥的发送问题，而且对加密有两个安全要求：

① 需要强大的加密算法。

② 发送方和接收方必须使用安全的方式来获得密钥的副本，必须保证密钥的安全。如果有人发现了密钥，并知道了算法，则使用此密钥的所有通信便都是可读取的。

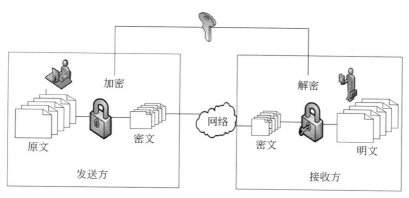

图 8-3　对称加密的基本原理

2. 非对称加密

与对称加密算法不同,非对称加密算法需要两个密钥:公开密钥(Publickey)和私有密钥(Privatekey)。两个密钥成对出现,互相不可推导。如果用公开密钥对数据进行加密,只能用对应的私有密钥才能解密。如果用私有密钥对数据进行加密,那么只能用对应的公开密钥才能解密。因为加密和解密使用的是两个不同的密钥,所以这种算法称为非对称加密算法。

非对称密码体制有两种基本的模型:一种是加密模型,如图 8-4 所示;另一种是认证模型,如图 8-5 所示。

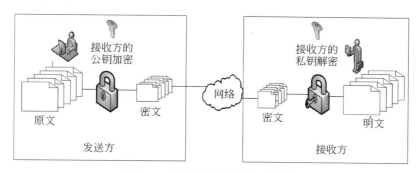

图 8-4　非对称密码体制加密模型

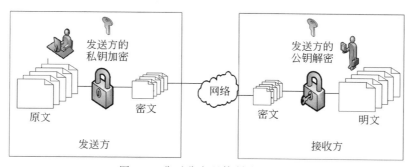

图 8-5　非对称密码体制认证模型

在加密模型中,发送方在发送数据时,用接收方的公开密钥加密(公钥大家都知道),而信息在接收方只能用接收方的私有密钥解密,由于解密用的密钥只有接收方自己知道,从而保证了信息的机密性。

认证主要解决网络通信过程中通信双方的身份认可。通过认证模型可以验证发送者的身份,保证发送者不可否认。在认证模型中,发送者必须用自己的私有密钥加密,而解密者则必须用发送者的公开密钥解密,也就是说,任何一个人,只要能用发送者的公开密钥解密,就能证明信息是谁发送的。

8.3.2 数字签名技术

网络通信中,希望能有效防止通信双方的欺骗和抵赖行为,简单的报文鉴别技术只能使通信免受来自第三方的攻击,无法防止通信双方之间的互相攻击。例如,Y 伪造一个消息,声称是从 X 收到的;或者 X 向 Z 发了消息,但 X 否认发过该消息。为此,需要有一种新的技术来解决这种问题。

数字签名技术为此提供了一种解决方案。数字签名类似于写在纸上的物理签名,但是使用了公开密钥加密领域的技术实现,用于鉴别数字信息。一套数字签名通常定义两种互补的运算,一个用于签名,另一个用于验证。数字签名就是只有信息的发送者才能产生的别人无法伪造的一段数字串,这段数字串同时也是对信息的发送者发送信息真实性的一个有效证明。

1. 直接数字签名

数字签名技术可分为两类:直接数字签名和基于仲裁的数字签名。其中,直接数字签名方案具有以下特点:

① 实现比较简单,在技术上仅涉及通信的源点 X 和终点 Y 双方。

② 终点 Y 需要了解源点 X 的公开密钥。

③ 源点 X 可以使用其私钥对整个消息报文进行加密来生成数字签名。

④ 更好的方法是使用发送方私钥对消息报文的散列码进行加密来形成数字签名。

2. 直接数字签名的工作流程

直接数字签名的基本过程是:数据源发送方通过散列函数对原文产生一个消息摘要,用自己的私有密钥对消息摘要进行加密处理,产生数字签名,数字签名与原文一起传送给接收者。数字签名过程如图 8-6 所示。

接收者使用发送方的公开密钥解密数字签名得到消息摘要,若能解密,则证明信息不是伪造的,实现了发送者认证。然后用散列函数对收到的原文产生一个摘要信息,与解密的摘要信息对比,如果相同,则说明收到的信息是完整的,在传输过程中没有被修改,否则说明信息被修改过,因此数字签名能够验证信息的完整性。接收方解密过程如图 8-7 所示。

数字签名技术是网络中确认身份的重要技术,完全可以代替现实中的亲笔签字,在技术和法律上有保证。在数字签名应用中,发送者的公开密钥可以很方便地得到,但其私有

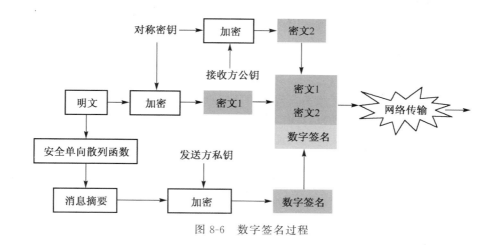

图 8-6 数字签名过程

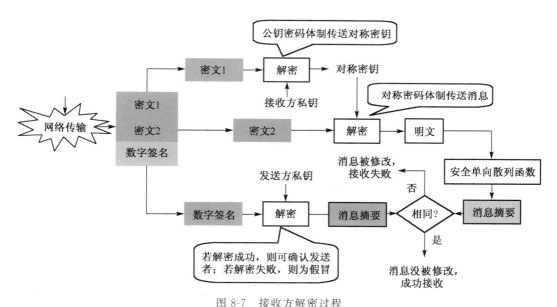

图 8-7 接收方解密过程

密钥则需要严格保密。

数据内容的完整性保障是网络安全的另一个重要方面,利用数字签名技术可以实现数据的完整性,但由于文件内容太大,加密和解密速度慢,目前主要采用消息摘要技术,通过消息摘要技术可以将较大的报文生成较短的、长度固定的消息摘要,然后仅对消息摘要进行数字签名,而接收方对接收的报文进行处理产生消息摘要,与经过签名的消息摘要比较,便可以确定数据在传输中的完整性。

8.3.3 认证技术

所谓认证,是指证实被认证对象是否属实和是否有效的过程。其基本思想是通过验证被认证对象的属性来确认被认证对象是否真实有效。认证常常被用于通信双方相互确认身份，以保证通信的安全。一般可以分为两种：身份认证和消息认证，身份认证用于鉴别用户身份；消息认证用于保证信息的完整性。

1. 身份认证技术

当服务器提供服务时，需要确认来访者的身份，访问者有时也需要确认服务提供者的身份。身份认证是指计算机及网络系统确认操作者身份的过程。身份认证技术的发展经历了从软件认证到硬件认证、从静态认证到动态认证的过程。

（1）基于口令的认证

传统的认证技术主要采用基于口令的认证。当被认证对象要求访问提供服务的系统时，认证方要求被认证对象提交口令，认证方收到口令后，将其与系统中存储的用户口令进行比较，以确认被认证对象是否为合法访问者。基于口令的认证实现简单，不需要额外的硬件设备，但易被猜测。

（2）一次口令机制

一次口令机制采用动态口令技术，是一种让用户的密码按照时间或使用次数不断动态变化，且每个密码只使用一次的技术。它采用一种称为动态令牌的专用硬件来产生密码，因为只有合法用户才持有该硬件，所以只要密码验证通过就可以认为该用户的身份是可靠的。用户每次使用的密码都不相同，即使黑客截获了一次密码，也无法利用这个密码来仿冒。

（3）生物特征认证

生物特征认证是指采用每个人独一无二的生物特征来验证用户身份的技术，常见的有指纹识别、虹膜识别等。从理论上说，生物特征认证是最可靠的身份认证方式，因为它直接使用人的物理特征来表示每一个人的数字身份。

2. 消息认证技术

消息认证就是接收者能够检查收到的消息是否真实的方法。消息认证又称为完整性校验，它在银行业称为消息认证。消息认证的内容主要包括：

① 证实消息的信源和信宿。
② 消息内容是否受到偶然或有意的篡改。
③ 消息的序号和时间性是否正确。

消息认证实际上是对消息本身产生一个冗余的消息认证码，它对于要保护的信息来说是唯一的，因此可以有效地保护消息的完整性，以及实现发送方消息的不可抵赖和不能伪造。消息认证技术可以防止数据的伪造和被篡改，以及证实消息来源的有效性。

8.3.4 防火墙技术

防火墙是在网络之间执行安全控制策略的系统，用于保证本地网络资源的安全，通常是包含软件部分和硬件部分的一个系统或多个系统的组合。设置防火墙的目的是保护内部网络资源不被外部非授权用户使用，防止内部网络受到外部非法用户的攻击。

1. 防火墙的一般形式

　　防火墙通过检查所有进出内部网络的数据包的合法性,判断是否会对网络安全构成威胁,为内部网络建立安全边界。一般而言,防火墙系统有两种基本形式:包过滤路由器和应用级网关。最简单的防火墙由一个包过滤路由器组成,而复杂的防火墙系统由包过滤路由器和应用级网关组合而成。在实际应用中,由于组合方式有多种,防火墙系统的结构也有多种形式。图 8-8 是一种包过滤路由器和应用级网关所形成的防火墙示意图。

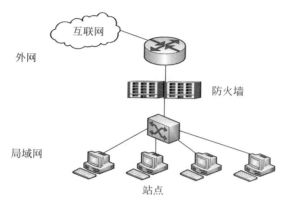

图 8-8　防火墙示意图

2. 防火墙的作用

　　防火墙技术是通过结合各类用于安全管理与筛选的软件和硬件设备,帮助计算机网络在其内、外网之间构建一道相对隔绝的保护屏障,以保护用户资料与信息安全性的一种技术,防火墙能增强机构内部网络的安全性,是安全策略的一个部分。

　　防火墙技术的功能主要在于及时发现并处理计算机网络运行时可能存在的安全风险、数据传输等问题,其中处理措施包括隔离与保护,同时可对计算机网络安全当中的各项操作实施记录与检测,如防止黑客、网络破坏者等进入内部网络,禁止存在安全脆弱性的服务进出网络,并抗击来自各种路线的攻击,监视网络的安全性,并产生报警。防火墙技术也是审计和记录网络使用量的一个方法。网络管理员可以在此向管理部门提供连接的费用情况,查出潜在的带宽瓶颈的位置,并根据机构的核算模式提供部门级计费。

3. 防火墙的不足

　　对于防火墙而言,能通过监控所通过的数据包及时发现并阻止外部对内部网络系统的攻击行为。但是防火墙技术是一种静态防御技术,也有不足之处:
　① 防火墙无法理解数据内容,不能提供数据安全。
　② 防火墙无法阻止来自内部的威胁。
　③ 防火墙无法阻止绕过防火墙的攻击。
　④ 防火墙无法防止病毒感染程序或文件的传输。

8.3.5　入侵检测系统

防火墙和操作系统加固技术都是静态安全防御技术，对网络环境下的攻击手段缺乏主动的响应，不能提供足够的安全性。入侵检测（Intrusion Detection）是对入侵行为的检测，它通过收集和分析网络行为、安全日志、审计数据、其他网络上可以获得的信息以及计算机系统中若干关键点的信息，检查网络或系统中是否存在违反安全策略的行为和被攻击的迹象。

入侵检测系统集入侵检测、网络管理和网络监视功能于一身，能实时捕获内外网之间传输的所有数据，利用内置的攻击特征库，使用模式匹配和智能分析的方法，检测网络上发生的入侵行为和异常现象，并在数据库中记录有关事件，作为网络管理员事后分析的依据，目的是监测和发现可能存在的攻击行为。如果情况严重，系统可以发出实时报警，使管理员能够及时采取应对措施，因此被认为是防火墙之后的第二道安全闸门。入侵检测系统示意图见图 8-9。

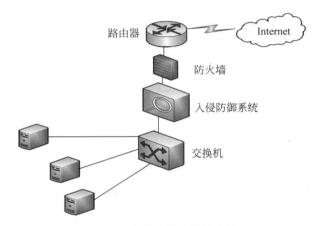

图 8-9　入侵检测系统示意图

8.3.6　隐患扫描技术

隐患扫描技术是一类重要的网络安全技术，它和防火墙、入侵检测系统互相配合，能够有效提高网络的安全性。通过对网络的扫描，网络管理员能了解网络的安全设置和运行的应用服务，及时发现安全漏洞，客观评估网络风险等级，图 8-10 是扫描控制台对目标网络进行扫描的示意图。

网络管理员能根据扫描的结果更正网络安全漏洞和系统中的错误设置，在黑客攻击前进行防范。如果说防火墙和网络监视系统是被动的防御手段，那么安全扫描就是一种主动的防范措施，隐患扫描能有效避免黑客攻击行为，做到防患于未然。

隐患扫描能够对常见的网络设备、操作系统、应用程序及数据库实时定时扫描，指出有关的网络安全漏洞及被检测系统的脆弱环节给出详细的检测报告，并根据检测到的网络安全隐患给出相应的修补措施和安全建议。

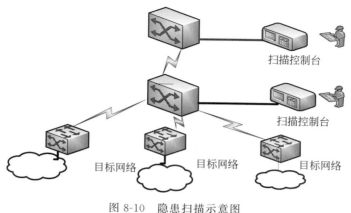

图 8-10 隐患扫描示意图

习 题

1. 选择题

(1) 以下( )属于系统的物理故障。

　A. 硬件故障与软件故障　　　　　　B. 计算机病毒

　C. 人为的失误　　　　　　　　　　D. 网络故障和设备环境故障

(2) 计算机网络按威胁对象大体可分为两种:一是对网络中信息的威胁;二是( )。

　A. 人为破坏　　　　　　　　　　　B. 对网络中设备的威胁

　C. 病毒威胁　　　　　　　　　　　D. 对网络人员的威胁

(3) 为了防御网络监听,最常用的方法是( )。

　A. 采用物理传输　　　　　　　　　B. 信息加密

　C. 无线网　　　　　　　　　　　　D. 使用专线传输

(4) 在以下认证方式中,最常用的认证方式是( )。

　A. 基于账户名/口令认证　　　　　　B. 基于摘要算法认证

　C. 基于 PKI 认证　　　　　　　　　D. 基于数据库认证

(5) 以下( )技术不属于预防病毒技术的范畴。

　A. 加密可执行程序　　　　　　　　B. 系统监控与读写控制

　C. 引导区保护　　　　　　　　　　D. 校验文件

(6) 防火墙是一种( )网络安全措施。

　A. 被动的　　　　　　　　　　　　B. 主动的

　C. 能够防止内部犯罪的　　　　　　D. 能够解决所有问题的

(7) 网络的以下基本安全服务功能的论述中,( )是有关数据完整性的论述。

　A. 对网络传输数据的保护　　　　　B. 确定信息传送用户身份真实性

　C. 保证发送、接收数据的一致性　　D. 控制网络用户的访问类型

(8) 公钥加密体制中,没有公开的是(　　　)。

    A. 明文　　　　　　B. 密钥　　　　　　C. 公钥　　　　　　D. 算法

(9) 防止他人对传输的文件进行破坏需要(　　　)。

    A. 数字签字及验证　　　　　　　　B. 对文件进行加密

    C. 身份认证　　　　　　　　　　　D. 时间戳

(10) 以下关于数字签名的说法正确的是(　　　)。

    A. 数字签名是在所传输的数据后附加上一段和传输数据毫无关系的数字信息

    B. 数字签名能够解决数据的加密传输,即安全传输问题

    C. 数字签名一般采用对称加密机制

    D. 数字签名能够解决篡改、伪造等安全性问题

(11) 以下不属于防火墙作用的是(　　　)。

    A. 过滤信息　　　B. 管理进程　　　　C. 清除病毒　　　　D. 审计监测

2. 填空题

(1) 网络安全具有以下4个方面的特征:＿＿＿＿、＿＿＿＿、＿＿＿＿、＿＿＿＿。

(2) 网络安全主要包括3个层次:＿＿＿＿、＿＿＿＿、＿＿＿＿。

(3) 网络安全攻击,根据攻击的形式不同可分为＿＿＿＿、＿＿＿＿。

(4) ＿＿＿＿主要是收集信息而不是进行访问,数据的合法用户对这种活动无法觉察。

(5) 数据加密的基本过程就是将可读信息译成＿＿＿＿的代码形式。

(6) 密码体制可分为＿＿＿＿和＿＿＿＿两种类型。

(7) ＿＿＿＿采用了对称密码编码技术,它的特点是文件加密和解密使用相同的密钥。

(8) 在公开密钥体制中,每个用户保存一对密钥,是＿＿＿＿和＿＿＿＿。

(9) 在网络环境中,通常使用＿＿＿＿来模拟日常生活中的亲笔签名。

(10) ＿＿＿＿指的是证实被认证对象是否属实和是否有效的一个过程。

(11) 设置＿＿＿＿的目的是保护内部网络资源不被外部非授权用户使用,防止内部受到外部非法用户的攻击。

(12) ＿＿＿＿是一种主动检测系统,是用于检测计算机网络违反安全策略行为的技术。

(13) ＿＿＿＿采用模拟黑客攻击的形式对目标可能存在的已知安全漏洞和弱点进行逐项扫描和检查,根据扫描结果向系统管理员提供周密可靠的安全性分析报告。

3. 简答题

(1) 计算机网络安全主要包括哪几个方面的问题?

(2) 从层次上分析,网络安全可以分成哪几层?每层有什么特点?

(3) 简述对称加密算法加密和解密的过程。

(4) 简述数字签名的过程。

(5) 网络安全技术的"认证技术"的作用是什么?有哪些认证技术?

第9章

信息管理基础

Access 是一个多功能的数据库管理系统，通过 Access 可以将所要管理的信息以数据库形式存储，并能对其进行有效的管理。Access 使用方便、功能强大，在实际中有着广泛的应用，不管是客户订单数据的处理，还是科研数据的记录和处理，都可以利用它完成。

9.1　Access 简介

Access 是微软公司推出的基于 Windows 的桌面关系数据库管理系统（Relational Database Management System，RDBMS），是 Office 组件之一。它提供了表、查询、窗体、报表、宏、模块等 6 种数据库对象，同时通过向导、生成器和模板实现数据存储、数据查询、界面设计、报表生成的规范化操作，为建立功能完善的数据库管理系统提供了方便，使得普通用户不必编写代码，就可以完成大部分的数据管理任务。

对于数据库来说，最重要的功能就是存取数据库中的数据，所以数据在数据库各个对象间的流动就成为人们最关心的事情。为了以后建立数据库时能清楚地安排各种结构，应该先了解一下 Access 数据库中对象的作用和联系。

1. Access 数据库

Access 数据库是一个默认扩展名为 accdb 的文件，该文件由若干个对象构成，包括用来存储数据的"表"，用于查找数据的"查询"，提供友好用户界面的"窗体""报表"，以及用于开发系统的"宏""模块"等。

2. 数据库对象

一个 Access 数据库包含多个对象（可以是表、窗体、报表、查询等的组合），并且只要有充足的资源可用，可以同时打开多个表。可以从其他数据库（如 Foxpro）、客户/服务器数据库（如 Microsoft SQL Server）以及电子数据表应用（如 Microsoft Excel 和 Lotus 1-2-3）中导入数据。也可以将其他类型的数据库表、格式化文件（Excel 工作表和 ASCII 文本）以及其他 Access 数据库链接到 Access 数据库。

（1）表

表是关于特定数据的集合，是数据库的核心。

数据库中的全部信息都放在一个或多个表中。表是由行和列组成的二维表格，表中的每一行称为一条记录，反映了某一事物的全部信息；每一列称为一个字段，反映了某一事物的某种属性。能够唯一标识各个记录的字段或字段集称为主关键字。系统提供两种视图方式，可以通过 Access 状态栏的"视图切换"按钮切换。

当信息存储到表中以后，就可以将它们显示在界面更加美观的窗体上。这个过程就是将表中的数据和窗体上的控件建立连接，在 Access 中把这个过程称为"绑定"，"绑定"之后就可以通过屏幕上的各种各样的窗体界面来获得存储在表中的数据。

（2）查询

在数据库的实际应用中，并不是简单地使用单个表中的数据，而是常常将有关系的多个表中的数据调出使用，有时还要对这些数据进行一定的计算以后才使用，对此问题最好的解决办法是使用查询。

查询并不存储任何的数据，查询的数据可以来自很多相互之间有关系的表，这些字段组合成一个新的数据表视图。当表中数据改变时，查询中的数据也会随之改变，而且也可以通过查询完成复杂的计算工作。如果将查询保存为一个数据库对象，就可以在任何时候运行查询进行数据库的操作。查询有 3 种基本视图方式：数据表视图、SQL 视图和设计视图。

（3）窗体

窗体是数据库和用户联系的界面，用于显示包含在表中或者查询中的数据。它通过计算机屏幕将表或查询中的数据告诉操作者，建立一个友好的使用界面会给操作带来很大的便利，这是建立窗体的基本目标。一个好的窗体非常有用，不管数据库中表或查询设计得有多好，如果窗体设计得十分杂乱，而且没有任何提示，操作将变得很不方便。

通过窗体不仅可以显示包含在表或者查询中的数据，还可以向表中添加新的数据，更新或者删除现有的数据，在窗体中加入图片和图形，在窗体中包含音乐和活动视频，也可以包含子窗体（子窗体是包含在主窗体中的窗体）。Access 窗体还可以在类模块中包含 VBA 代码，为窗体和窗体上的控件提供事件处理子过程。

窗体有 3 种基本视图：窗体视图、布局视图和设计视图。

（4）报表

用窗体显示数据虽然很好，但却无法满足打印要求。Access 中的报表对象可以很好地解决这个问题，该对象的作用就是实现数据的打印。

报表为查看和打印概括性的信息提供了最灵活的方法，可以在报表中控制每个对象的大小和显示方式，并可以按照所需的方式来显示相应的内容，还可以在报表中添加多级汇总、统计比较，甚至加上图片和图表。运用报表，还可以创建标签。将标签报表打印出来以后，就可以将报表裁成一个个小的标签，贴在货物或者物品上，用于对该物品进行标识。

（5）宏

宏是一种操作命令，它和菜单操作命令是一样，只是它们对数据库施加作用的时间有所不同,作用时的条件有所不同。菜单命令一般用在数据库的设计过程中,而宏命令则用在数据库的执行过程中。菜单命令必须由使用者来施加这个操作,而宏命令则可以在数据库中自动执行。

宏的设计一般都是在"宏生成器"中完成的。单击"创建"选项卡下的"宏"按钮,并进入"宏生成器",即可新建一个宏。

Access 一共有几十种基本宏操作。在使用中,很少单独使用单个基本宏命令,常常是将这些命令排成一组,形成很多"宏组"操作,按顺序执行"宏组"中的宏,从而完成特定任务。这些命令既可以通过窗体中控件的某个事件操作来实现,也可以在数据库的运行过程中自动实现。

(6) 模块

宏运行的速度比较慢,不能直接运行 Windows 程序,也不能自定义函数。这样,当要对某些数据进行一些特殊分析时,它就无能为力了。所以在设计一些特殊功能时,需要用到模块对象,这些模块都是由 VBA 来实现的。

Visual Basic 是微软公司推出的可视化 BASIC 语言,用它来编程非常简单。因为简单且功能强大,所以微软公司将它的一部分代码结合到 Office 中,形成今天所说的 VBA。可以像编写 Visual Basic 程序那样来编写 VBA 程序,来实现某个功能。当这段程序编译通过以后,将这段程序保存在 Access 的一个模块里,并通过类似在窗体中激发宏的方法来启动模块,从而实现相应的功能。

在 Access 数据库管理系统中,数据库用于存储数据库应用系统的其他对象,也就是说,数据库应用系统的信息对象都集中存储在数据库中。本章介绍创建 Access 数据库的方法。

9.2　创建和管理数据库和表

Access 数据库表、查询、窗体、报表、宏、模块等对象的集合,每个对象都是数据库的一个组成部分,而表是数据库的核心,它记录全部数据内容。因此,设计一个数据库的关键,首先就是建立表。Access 是一种关系数据库,关系数据库由一系列表组成,表与表有一定的关系。每个表又由一系列行和列组成,每一行是一条记录,每一列是一个字段,每个字段有一个字段名,字段名在一个表中不能重复。

9.2.1　创建数据库

Access 有两种创建新数据库的基本方法:一种是使用数据库向导来完成创建任务,用户只要做一些简单的选择操作,就可以建立相应的表、窗体、查询、报表等对象,从而建立一个完整的数据库;另一种是先创建一个空数据库,然后再添加表、查询、报表、窗体及其他对象。无论哪一种方法,在数据库创建之后,都可以在任何时候修改或扩展数据库。

先建立一个空数据库,然后根据需要向空数据库中添加表、查询、窗体、宏等对象,这样能够灵活地创建更加符合实际需要的数据库系统。

在 Access 中,新建一个空数据库的具体步骤如下:

① 启动 Access 2013，进入 Access 启动界面，如图 9-1 所示，然后在右边窗格中选择"空白桌面数据库"选项。

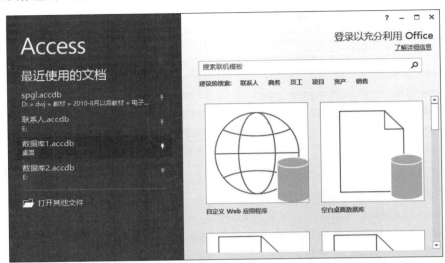

图 9-1　Access 启动界面

② 系统弹出"空白桌面数据库"对话框，如图 9-2 所示。

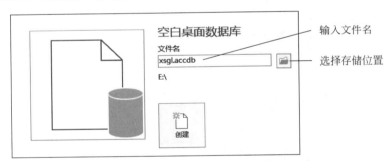

图 9-2　"空白桌面数据库"对话框

在对话框中，选择保存位置，指定数据库文件名，单击"创建"按钮，例中给数据库取名为 xsgl.accdb。

一个创建好的空数据库如图 9-3 所示，这时系统会自动创建一个名为"表1"的表。对于该数据库，可以根据需时添加"表""查询""窗体""报表""宏"和"模块"等对象。

9.2.2　创建表

Access 中创建表有多种方法，诸如用表模板建立表，通过字段模板创建表，通过设计器创建表等，在这里主要介绍如何通过表设计器创建表。

1. 表结构

通过表设计器设计表时，要对表中的每一字段数据的属性进行设置，比如将表中的某

图 9-3　空白数据库

个字段定义为数字类型,那么这个字段就只能输入数字。在表设计器中可以方便而直观地进行表结构的设计,在使用表设计器之前,需要先了解与表结构关系密切的几个基本概念:字段名、数据类型和字段属性。

(1) 字段名

字段名是表中某一列的名称,用来标识字段,由英文、中文、数字构成。命名规则如下:

- 字段名长度 1~64 个字符。
- 不能以空格开头。
- 字段名不能含有"."""!"""[""]"等字符。

(2) 数据类型

字段取值的类型称为数据类型。Access 中基本数据类型有:短文本、长文本、数字、日期/时间、货币、自动编号、是/否、OLE 对象、超级链接、计算字段、附件、查询向导等。

- 短文本:用于文字或文字和数字的组合,如住址;或是不需要计算的数字,如电话号码。最大允许 255 个字符或数字,默认大小是 50 个字符,系统只保存输入到字段中的字符,而不保存文本字段中未用位置上的空字符。设置"字段大小"属性可以控制输入的最大字符长度。
- 长文本:保存长度较长的文本及数字,允许字段能够存储长达 65 535 个字符的内容。Access 能在长文本字段中搜索文本,但不能对长文本字段进行排序或索引。
- 数字:用来存储进行数值计算的数据,设置"字段大小"属性可以定义一个特定的数字类型(整数、长整数、单精度数、双精度数和小数 5 种类型),在 Access 中通常默认为"双精度数"。
- 日期/时间:用来存储日期、时间或日期时间,可以存放 100~9999 年的日期与时间值。每个日期/时间字段需要 8 字节的存储空间。
- 货币:一种等价于双精度数的特殊数字类型,占 8 字节。向货币字段输入数据时,不必输入人民币符号和千位处的逗号,Access 会自动显示人民币符号和逗号,并添加两位小数到货币字段。当小数部分多于两位时,Access 会对数据进行四舍五入,精确度为小数点左方 15 位数和右方 4 位数。

- 自动编号:定义表结构时,如果没有设置主键,系统会自动添加一个类型为自动编号的字段,并将该字段作为表的主键。每次向表中添加新记录时,Access 会自动插入唯一顺序或者随机编号。自动编号一旦被指定,就会永久地与记录连接,如果删除表格中含有自动编号字段的一个记录,Access 并不会为表格自动编号字段重新编号。当添加某一记录时,Access 不再使用已被删除的自动编号字段的数值,而是重新按递增的规律重新赋值。

- 是/否:是针对于某一字段中只包含两个不同的可选值而设立的字段,通过"是/否"数据类型的格式特性,用户可以对"是/否"字段进行选择。

- OLE 对象:允许单独链接或嵌入 OLE 对象。添加数据到 OLE 对象字段时,可以链接或嵌入 Word 文档、Excel 电子表格、图像、声音或其他二进制数据,存储空间最大为 1GB。

- 计算字段:计算的结果。计算字段能够显示根据同一表中的其他数据计算而来的值。可以使用表达式生成器来创建计算,其他表中的数据不能用作计算数据的源,计算字段不支持某些表达式。

- 超级链接:主要是用来保存超级链接地址。当单击一个超级链接时,Web 浏览器将根据超级链接地址打开网页,在这个字段中插入超级链接地址最简单的方法就是在"插入"菜单中选择"超级链接"命令。

- 附件:任何受支持的文件类型,Access 2013 创建的 accdb 格式文件是一种新的类型,它可以将图像、电子表格文件、文档、图表等各种文件附加到数据库记录中。

- 查询向导:为用户提供了一个字段允许取值的列表,在输入字段时,可以直接从这个列表中选择字段值。

对于某一具体数据而言,可以使用的数据类型可能有多种,例如,电话号码可以使用数字型,也可使用文本型,但只有一种是最合适的。在选择数据类型时,主要考虑以下几个方面的因素:

字段中可以使用什么类型的值;需要用多少存储空间来保存字段的值;是否需要对数据进行计算(主要区分是否用数字、文本、长文本等);是否需要建立排序或索引(长文本、超链接及 OLE 对象型字段不能排序和索引);是否需要在查询或报表中对记录进行分组(长文本、超链接及 OLE 对象型字段不能用于分组记录)。

(3) 字段属性

字段有两类属性:常规属性和查询属性。不同的字段,拥有的属性会有所不同。在表设计视图下,单击某字段,系统会弹出该字段的"属性"对话框,如图 9-4 所示。

常见的常规属性含义如下:

- 字段大小:短文本型默认值为 50 字节,不超过 255 字节。不同种类的数字型所占存储空间不一样。

- 格式:利用格式属性可在不改变数据存储情况的条件下,改变数据显示与打印的

图 9-4　字段"属性"对话框

格式。短文本和长文本型数据的格式最多可由 3 个区段组成,每个区段包含字段内不同数据格式的规格。第 1 区段描述短文本字段的格式,第 2 区段描述零长度字符串的格式,第 3 区段描述 Null 值字段的格式。可以用 4 种格式符号来控制输入数据的格式:"@"符号表示输入字符为文本或空格;"&"符号表示不需要使用文本字符;"<"符号表示输入的所有字母全部小写(放在格式开始);">"符号表示输入的所有字母全部大写(放在格式开始)。

- 小数位数:小数位数只有数字和货币型数据可以使用。小数位数为 0~ 15 位,由数字或货币型数据的字段大小而定。
- 标题:在报表和窗体中替代字段名称。要求简短、明确,便于管理和使用。
- 默认值:新记录在数据表中自动显示的值。默认值只是初始值,可在输入时改变,其作用是为了减少输入时的重复操作。
- 有效性规则:检查字段中的值是否有效。在字段的"有效性规则"框中输入一个表达式,每次输入时,Access 会判断输入的值是否满足这个表达式,如果满足才能输入。也可以单击这个属性输入文本框右面的"生成"按钮,激活"表达式生成器"来生成这些表达式。
- 输入掩码:用于控制输入的格式。设置字段的输入掩码,只要单击"输入掩码"文本框右面的"生成"按钮,就会出现"输入掩码向导"对话框,在对话框上的列表框选择相应选项即可。例如要让这个文本字段的输入值以密码的方式输入,则选择列表框中的"密码"选项,然后单击"完成"按钮。
- 输入法模式:为选择性属性,共有 3 个选项,分别是"随意""输入法开启"和"输入法关闭"。选择"输入法开启",当光标移动到这个字段内的时候,屏幕上就会自动弹出首选的中文输入法；选择"输入法关闭"时，只能在这个字段内输入英文和数字；选择"随意"就可以启动和关闭中文输入法。

- 必填字段：在填写一个表的时候，常常会遇到一些必须填写的重要字段，像"姓名"之类的字段就必须填写，所以将这些字段的"必填字段"属性设为"是"。而对于那些要求得不那么严格的数据就可以设定对应字段的属性为"否"。

- 允许空字符串：是否让这个字段里存在"零长度字符串"。通常将它设置为"否"。

- 索引：是否将这个字段定义为表中的索引字段。"无"表示不把这个字段作为索引；"有（有重复）"表示建立索引并允许在表的这个字段中存在同样的值；"有（无重复）"表示建立索引而且在该字段中绝对禁止相同的值。

- Unicode 压缩：微软公司为了使一个产品在不同的国家各种语言情况下都能正常运行而编写的一种文字代码。对字段的这个属性一般都选择"有"。

2. 创建表

通过设计视图创建新表的步骤如下。

① 打开"学生管理"数据库，单击"新建"选项卡，在"表格"功能区选择"表设计"，进入"表设计视图"，如图 9-5 所示。

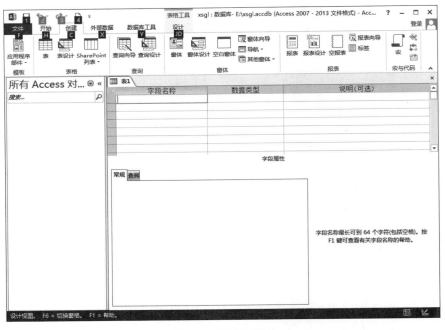

图 9-5　表设计视图

"设计视图"分为上下两个部分。上半部分是表设计器，包含"字段名称""数据类型"和"说明"3 列，用来定义字段名称和类型。下半部分用来定义表中字段的属性。建立一个表时，只要在设计器"字段名称"列中输入字段名称，在"数据类型"列选择字段的"数据类型"就可以了。"说明"列中主要包括字段的说明信息，主要目的在于以后修改表结构时能知道当时设计该字段的原因。

② 定义字段名和类型。

假定学生表的表结构如下：

学号(类型：短文本)、姓名(类型：短文本)、出生年月(类型：日期/时间)、性别(类型：短文本)、院系(类型：短文本)、简历(类型：备注)、照片(类型：OLE)、个人主页(超链接)，学号做主键。

在表设计器的"字段名称"列中按顺序输入这些字段的名称，在"数据类型"列选择相应的类型。表就初步建好了，结果如图9-6所示。

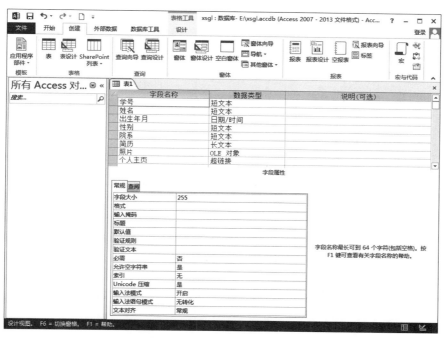

图 9-6　学生表的表结构

③ 设置主键。

主键唯一标识表中每条记录。主键不允许为 Null，并且必须始终具有唯一索引。例如，要将"学号"字段作为表的"主键"，只要单击"学号"这一行中的任何位置，将该行设置为当前行，然后右击鼠标，在弹出的快捷菜单中选择"主键"，这时，会在"学号"一行最左面的方格中出现"钥匙"符号，主键设置完成。

如果想取消主键，先选中字段，然后右击鼠标，在弹出的快捷菜单中再次选择"主键"即可。

④ 设置字段属性。

表设计器的下半部分是用来设置表中字段的"字段属性"。字段属性一般包括"字段大小""格式""输入法模式"等，对它们进行的设置不同，会对表中的数值产生不同的影响。

设置"学号"的"字段大小"属性为 10，"姓名"的"字段大小"属性为 4，"性别"的"字段大小"属性为1，"院系"的"字段大小"属性为15。

⑤ 保存表。在文件菜单中选择"保存"，保存新建的表，表名为"学生表"。

为了完整地进行学生管理，现在建立"成绩"表和"课程"表。

其中，"成绩"表的结构为：学号（短文本，字段大小为10）、课程代码（短文本，字段大小为4）、分数（数字，字段大小为字节），学号和课程代码做主键。

"课程"表的结构为：课程代码（短文本，字段大小为4）、课程名（短文本，字段大小为15）、学分（数字，字段大小为字节），任课教师（短文本，字段大小为4），开课时间（日期/时间型），课程代码做主键。设置结果如图9-7和图9-8所示。

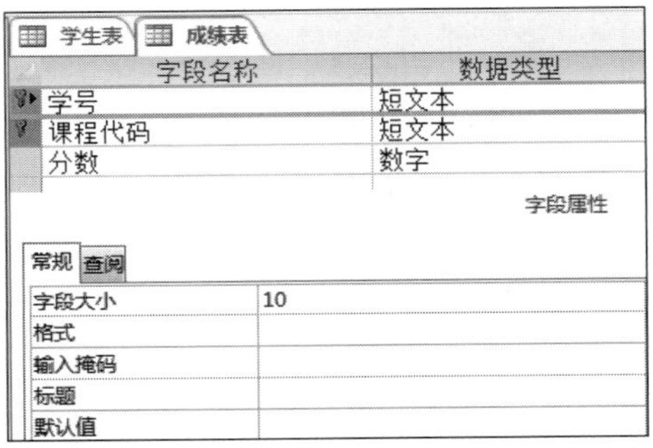

图 9-7　成绩表的表结构 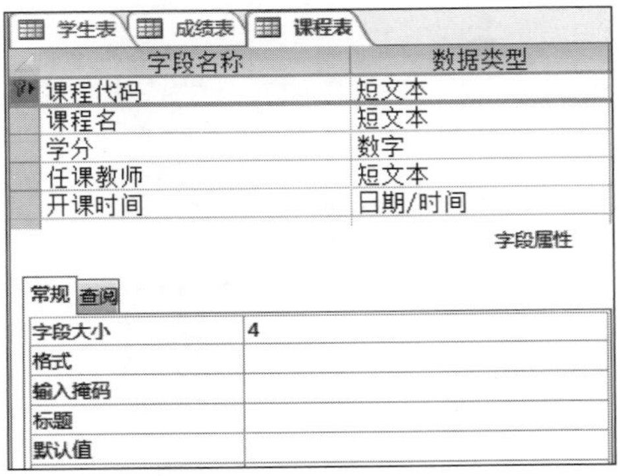　　　　　　　　图 9-8　课程表的表结构

"学生"表、"成绩"表和"课程"表建立后，xsgl 数据库窗口如图9-9所示。

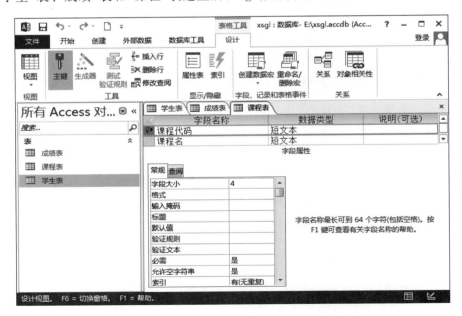

图 9-9　xsgl 数据库包含的 3 张表

3. 常见字段属性的设置

（1）输入掩码

使用输入掩码能以特定的方式向数据库中输入记录。可以要求用户输入遵循特定国家/地区惯例的日期，例如"YYYY/MM/DD"格式。

当在含有输入掩码的字段中输入数据时，就会发现可以用输入的值替换占位符，但无法更改或删除输入掩码中的分隔符。即可以填写日期，修改 YYYY、MM 和 DD，但无法更改分隔日期各部分的连字符。

下面以对"学生表"中的"出生年月"字段添加输入掩码为例，介绍如何设置"输入掩码"属性。具体步骤如下：

① 打开"学生表"，单击"设计视图"按钮，进入设计视图模式。

② 单击"出生年月"字段。在属性窗口中，单击"输入掩码"行右方的省略号按钮，弹出"输入掩码向导"对话框，如图 9-10 所示。

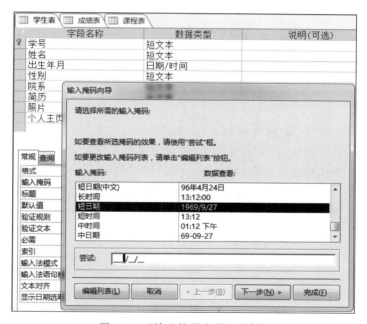

图 9-10　"输入掩码向导"对话框

③ 选择"短日期"选项，单击"下一步"按钮，弹出如图 9-11 所示的对话框，可以指定输入掩码占位符，指定占位符为" * "。

④ 单击"下一步"按钮，即可完成输入掩码的创建，切换到"数据表视图"，当输入数据时，数据输入格式如图 9-12 所示。

（2）设置数据的有效性规则

利用 Access 提供的有效性验证保证输入的数据类型符合要求。

系统数据的"有效性规则"对输入的数据进行检查，如果输入的数据无效，系统立即给予提示，提醒用户更正。例如，在"有效性规则"属性中输入"＞＝0 And ＜＝100"会强制

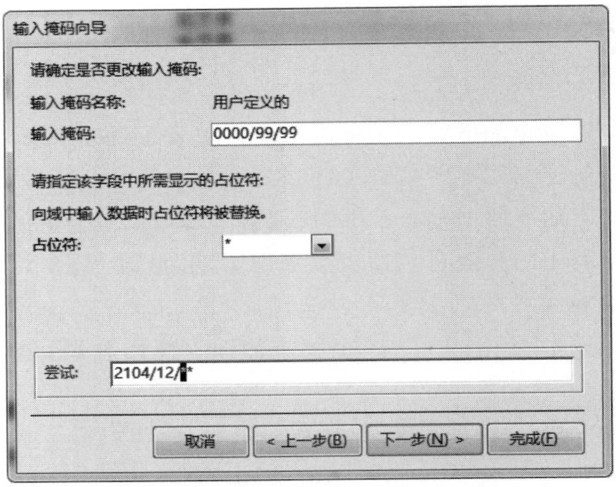

图 9-11　指定输入掩码占位符

图 9-12　输入掩码指定的数据输入格式

用户输入 0～100 的值。"有效性规则"往往与"有效性文本"配合使用，当输入数据违反"有效性规则"时，系统则显示"有效性文本"指定的提示文字。

　　打开学生表，切换到设计视图，单击"出生年月"字段，在属性窗口设置有效性规则和验证文本，如图 9-13 所示。然后切换到数据表视图，输入出生年月时，只能输入 1999 年之前的日期，否则会有出错提示。

图 9-13　设置出生年月的有效性规则

　　有效性规则是保证数据合法性的有效手段之一。设置有效性规则简单，关键是要熟悉规则的各种表达式，常见的规则表达式如表 9-1 所示。

表 9-1　常见规则表达式其含义

规则表达式	含　　义
＜＞0	输入非零值
＞＝0	输入值不得小于零
"男" or "女"	输入男或者女
Between 50 And 100＞50 And ＜100	输入值必须介于 50～100
＜＃2014/01/01＃	输入 2014 年之前的日期
Like "[A-Z] * @[A-Z].com" Or "[A-Z] * @[A-Z].net" Or "[A-Z] * @[A-Z].edu.cn"	输入的电子邮箱必须为有效的.com、.net 或 .edu.cn 地址

有效性规则中的表达式不使用任何特殊语法,但是在创建表达式时,有几点需要注意:

- 表的字段名用要方括号括起来,如:[到货日期]＜＝[订购日期]＋30。
- 日期要用"＃"号括起来,如:＜＃01/01/2010＃。
- 字符串值要用双引号括起来,如"男"或"李江"。
- 用逗号分隔项目,并将列表放在圆括号内,如:IN("西安""南京""北京")。

4. 创建表间关系

数据库中有很多表,而且一般情况下这些表之间都有联系。表和表之间的关系由相关字段来实现,字段分别在两个表中,它们的类型和宽度大小必须相同,字段名可以相同,也可以不同。通过建立表间关系可以将不同表的有关记录相互联系起来,使得对一个表中数据的操作有可能影响其他表的数据。

创建关系的过程如下:

① 打开 xsgl 数据库,单击"数据库工具"选项卡下的"关系"按钮。

② 系统弹出"显示表"对话框,选择需要建立关系的表,单击"添加"按钮,将其加入到"关系"窗口,直至将相关的表均加入到"关系"窗口中。关闭"显示表"对话框,结果如图 9-14 所示。

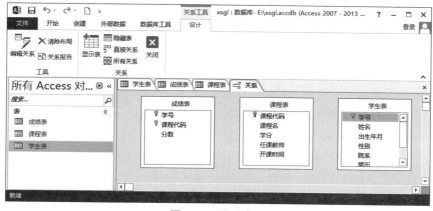

图 9-14　关系窗口

③ 在"关系"窗口中，从一个表中将要建立关系的字段拖动到其他表中的相关字段上。

注意：Access 需要两个具有完全相同数据类型的字段来参与关系。在字段数据类型为"数字"的情况下，两个字段的"字段大小"属性必须相同。例如，不能在自动编号类型的字段（使用长整数数据类型）和包含字节、整型、单精度型、双精度型或者货币型数据的字段之间创建关系。

另一方面，Access 允许通过具有不同长度的文本字段将两个表联系起来，原则上，文本字段之间建立关系时应该使用相同长度的字段。

创建一个新关系时，拖放顺序相当重要。必须从一对多关系中的一方（主表）将字段拖动到多方（副表）。这个顺序可以保证作为关系中一方的主表出现在"表/查询"列表中，而多方出现在"相关表/查询"列表中。

例中，从学生表的"学号"拖动到成绩表的"学号"，松开左键，系统弹出"编辑关系"对话框。

① 实施参照完整性。

参照完整性保证在相关表中记录间的关系是有效关系，并保证用户不会意外地删除或更改相关的数据。选中该复选框可以为关系实施参照完整性，但前提是应用以下条件：主表的匹配字段必须为主键或具有唯一索引，而且匹配字段要具有相同的数据类型，同时两个表都必须保存在同一个 Access 数据库中。如果取消选中该复选框，则允许更改可能会破坏参照完整性规则的相关表。

② 级联更新相关字段。

选择"实施参照完整性"，然后选中"级联更新相关字段"，可以在主表的主键值更改时，自动更新相关表中的对应数值。选择"实施参照完整性"，然后取消选中"级联更新相关字段"，则只要相关表中有相关记录，主表中的主键值就都不能更改。

③ 级联删除相关字段。

选择"实施参照完整性"，然后选中"级联删除相关记录"，即可在删除主表中的记录时，自动地删除相关表中的有关记录。选中"实施参照完整性"，然后取消选中"级联删除相关记录"，则只要相关表中有相关记录，就不能删除主表中的记录。

建立课程代码之间的联系，并选中"实施参照完整性""级联更新相关字段"，"级联删除相关字段"复选框，结果如图 9-15 所示。

④ 单击"关系"功能组中的"关闭"按钮，并保存关系。

打开学生表，可以发现，学生表和成绩表之间的联系已经建立。

9.2.3　操作表

在创建数据库及表，设定表的主键、表的索引、表间关系之后，随着用户对数据库应用的深入，有时候会发现，当初所建的表有很多地方需要改动，这就涉及表的修改工作。

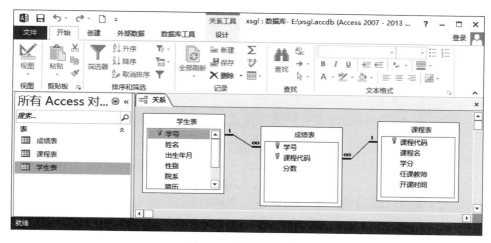

图 9-15　创建表间关系

1. 管理表

在使用中,用户可能会需要对已有的表进行修改,在修改之前,用户应该考虑全面。因为表是数据库的核心,它的修改将会影响到整个数据库。不能修改打开的或正在使用的表,必须先将其关闭。如果在网络环境下使用,必须保证所有用户均已退出使用。关系表中的关联字段也无法直接修改,如果确认要修改,必须先将关联去掉。

（1）删除表

如果数据库中含有用户不再需要的表,可以将其删除,删除数据库表须慎重考虑。右击所要删除的表,在弹出的快捷菜单中选择"删除"命令便可。

（2）更改表名

有时需要将表名更改,使其具有新的意义,以方便数据库的管理。右击所要更名的表,在弹出的快捷菜单中选择"重命名"命令便可。

2. 修改表结构

当用户对字段名称进行修改时,可能影响到字段中存放的一些相关数据。如果查询、报表、窗体等对象使用了这个更名的字段,那么这些对象中也要相应地更改字段名的引用。更名的方法有两种,一是设计视图,二是数据表视图。

打开 xsgl 数据库,单击"表"选项,单击需要修改结构的表,切换到设计视图,图 9-16所示为学生表的设计视图。在该视图下不仅能调整字段位置,修改字段属性,还能添加字段,删除字段。

（1）调整字段位置

将鼠标移动到字段的选择区(字段名称前面),单击选中该字段,然后按住鼠标拖动该字段到指定位置便可。

（2）修改字段属性

用户可以在设计表结构之后,重新更改字段的属性。其中最主要的是更改字段的数

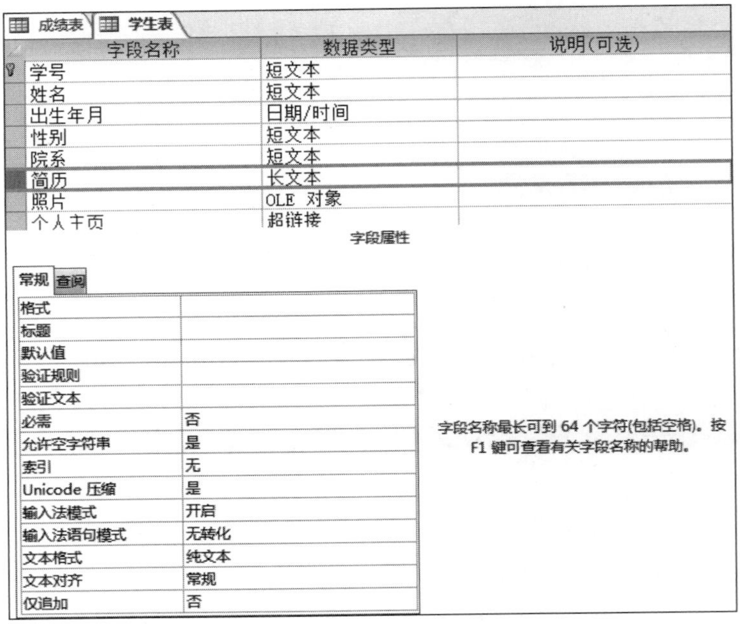

图 9-16　学生表设计视图

据类型和字段长度。单击需修改属性的字段的数据类型，然后在属性区修改便可。

（3）加入新字段

要在字段前插入新字段，只须将鼠标移动到该字段的标题上，右击鼠标，在快捷菜单中选择"插入行"命令，系统会自动在该字段的上面添加一空白行，然后在空白行定义新字段便可。

（4）删除字段

将鼠标移动到需要删除字段的标题处，右击鼠标，在快捷菜单中选择"删除行"命令，在弹出的"删除确认"在对话框中单击"是"按钮，则可将该字段删掉。

在删除字段时要注意，删除一个字段的同时也会将表中该字段的值全部删除。

3. 添加和修改记录

对数据库添加数据，就是向表中添加记录。

（1）普通数据的添加、修改和删除

在一个空表中输入数据时，只有第一行中可以输入。当要给某个字段输入内容时，只须将鼠标指向该字段，单击左键，然后便可输入。也可使用键盘上的左、右方向键移动光标。如果输入时出现错误，首先选中所要删除的数据，然后按键盘上的 Delete 键即可将原来的值删掉。

- 文本、数字、货币型数据输入：该类数据直接在单元格中输入。
- 是/否型数据输入：选中复选框表示"是"，不选中表示"否"。
- 日期/时间型数据输入：年、月、日顺序，中间用"-"或者"/"分隔，例如"1998/12/23"或者"1997-12-23"。

- 超链接：直接输入对应的 URL 便可。
- 长文本：直接输入。

(2) 图片、声音和影像的输入

要在数据表中插入图片、声音和影像，对应字段的数据类型必须为“OLE 对象”，然后在数据表视图中右击该字段，在弹出的菜单中选择“插入对象”命令，这时出现“插入对象”对话框，在窗口中选择要插入的对象的类型或要插入的对象的文件名。

若要插入的对象是在插入时才建立的，就需要选中“新建”单选按钮，并在对象类型这个列表栏中选择插入对象，要插入图片就在这个列表栏中选择“图片”，要插入影像就在这个列表框中选择“影像剪辑”，然后单击“确定”按钮。

例如，若需要输入一段录音，首先选中“新建”单选按钮，然后在列表栏中选择“音效波形声音”，单击“确定”按钮，出现“录音”对话框。

例如，要插入学生的照片，首先选中“由文件创建”单选按钮，然后单击“浏览”按钮，选择照片文件，最后单击“确定”按钮。

(3) 修改记录

如要修改已添加的记录，单击要修改的单元格，在单元格中修改记录即可。

4. 选择和删除记录

(1) 选择记录

在数据库视图下，单击对应记录选择区便可选择一条记录，拖动或者单击第一条，shift＋单击某一条可以选择连续记录，如图 9-17 所示。

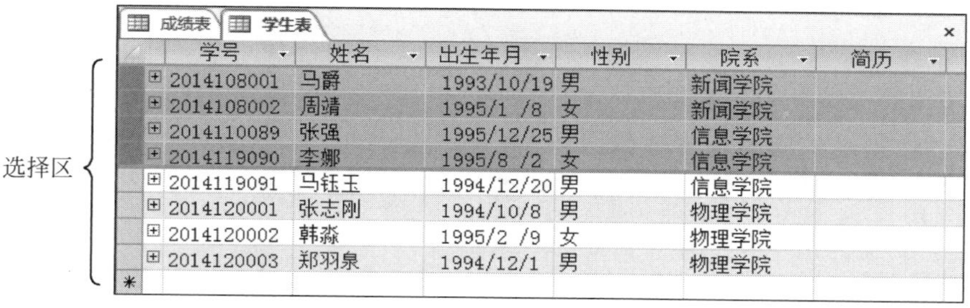

学号	姓名	出生年月	性别	院系	简历
2014108001	马爵	1993/10/19	男	新闻学院	
2014108002	周靖	1995/1 /8	女	新闻学院	
2014110089	张强	1995/12/25	男	信息学院	
2014119090	李娜	1995/8 /2	女	信息学院	
2014119091	马钰玉	1994/12/20	男	信息学院	
2014120001	张志刚	1994/10/8	男	物理学院	
2014120002	韩淼	1995/2 /9	女	物理学院	
2014120003	郑羽泉	1994/12/1	男	物理学院	

图 9-17　选择记录

(2) 删除记录

如要删除记录，右击该记录，在弹出的快捷菜单中选择“删除记录”命令即可。

5. 更改数据显示格式

(1) 设置行宽和列高

右击记录选择区，在弹出的快捷菜单中选择“行高”命令，系统弹出“行高”对话框，在文本框中输入要设置的行高数值，再单击“确定”按钮即可。

右击需要更改宽度的字段名，在弹出的快捷菜单中选择“字段宽度”命令，在弹出的“列宽”对话框中输入需要的列宽，单击“确定”按钮即可。

（2）设置内容显示格式

Access 2013 提供数据表字体的文本格式设置功能,可使用户选择自己想要字体的格式。在数据库的"开始"选项卡下的"文本格式"功能组中,有字体的格式、大小、颜色及对齐方式等功能按钮。具体设置过程如 Word 文字格式设置。

（3）隐藏和显示字段

Access 2013 还提供字段的隐藏和显示功能。

隐藏字段的具体做法是:右击需要隐藏的字段名,在弹出的快捷菜单中选择"隐藏字段"命令便可。

取消隐藏字段的具体做法是:右击任意字段名,在弹出的快捷菜单中选择"取消隐藏字段"命令,系统弹出"取消隐藏列"对话框,如图 5-34 所示,选中需要取消隐藏的字段,单击"关闭"按钮便可。

（4）冻结和取消冻结

在数据表视图下,可以通过拖动字段名的方式调整字段顺序。若不希望某个字段因为拖动而改变位置,则可以冻结该字段。字段被冻结后,将不能被拖动。取消冻结后,则可以拖动移动位置。冻结和取消冻结字段的方法和隐藏和显示字段的方法类似。

6. 查找和替换数据

在使用数据库时,经常需要查看或修改表中的一些数据。如果表很大,人工逐行查找会非常麻烦,这时就需要有一个查找工具能够快速地进行查找,在 Access 中,"查找"命令可以实现这个功能。除了"查找"之外,Access 还包含替换工具,可以使用这些工具定位到与说明值匹配的每一个记录,接下来就可以随意改变其值。

（1）查找

单击"开始"选项卡下"查找"功能区中的"查找"按钮,弹出"查找和替换"对话框,在"查找内容"栏中输入所要查找的数据。

在"查找范围"栏中选择需要查找的数据所在的范围,是整个数据表,还是仅仅一个字段列中的值,默认值是当前光标所在的字段列。

在"匹配"栏选择匹配的方式,可以选择"字段任何部分""整个字段""字段开头"3 个选项任何一种。

在"搜索"栏选择搜索方向,是指从光标当前位置"向上""向下"还是"全部"搜索。

最后单击"查找下一个"按钮,这样就可以在指定范围中找出第一个相应的数据值,如果这个数据值不是所需要的,再单击"查找下一个"按钮,反复执行就可以找到所需要的数据值的位置。单击"取消"按钮,可以关闭窗口。

（2）替换

在"查找和替换"窗口中还有一个"替换"选项卡,选择该选项卡,可以在数据表中查找某个数据并替换它。在"查找内容"中输入所需替换的内容,在"替换为"中输入替换后的内容。如果只替换一个数据值,单击对话框上的"替换"按钮,如果要将具有这个数据值的所有记录都替换,单击"全部替换"按钮,这样所有的数据值都被新数据所替换。

9.3 查 询 数 据

9.3.1 常见的查询

通过查询可以按照不同的方式查看、更改和分析数据。同时,查询也可以作为窗体、报表和数据访问页的数据源。Access 中常见的查询有:选择查询、参数查询、交叉表查询、操作查询、SQL 查询。

1. 选择查询

选择查询是最常见的一种查询,它从一个或多个有关系的表中将满足要求的数据提取出来,并把这些数据显示在新的查询数据表中,并能对记录进行分组、总计、计数、求平均值,以及其他类型的计算。

2. 参数查询

如果用户查询时需要通过在对话框中输入要查询的数据,就要创建参数查询。参数查询可以在运行查询的过程中修改查询的规则,执行参数查询时会显示一个输入对话框以提示用户输入信息。

Access 的参数查询是建立在选择查询或交叉查询的基础之上的,在运行选择查询或交叉查询之前,为用户提供了一个设置条件的参数对话框,可以很方便地更改查询限制或对象。当然不仅可以建立单个参数的查询,还可以建立多字段参数查询。

例如,可以设计用它来提示输入两个日期,然后检索在这两个日期之间的所有记录。

3. 交叉表查询

Access 支持一种特殊类型的总计查询,称为交叉表查询,交叉表查询允许用户精确确定汇总数据如何在屏幕上显示。利用该查询,可以在类似电子表格的格式中查看计算值,也能够计算数据的总计、平均值或其他类型的操作。交叉表查询以传统的行列电子数据表形式显示汇总数据,并且与 Excel 数据透视表密切相关。

4. 操作查询

使用操作查询只须进行一次操作就可对许多记录进行更改和移动。操作查询有 4 种:删除查询、更新查询、追加查询、生成表查询。

(1) 删除查询

从一个或多个表中删除一组记录。例如,可以使用删除查询删除已经离校的学生信息。使用删除查询会删除整个记录。

(2) 更新查询

对一个或多个表中的一组记录做全局的更改。例如,给所有职工的工资增加 200 元。

使用更新查询可以更改已有表中的数据。

（3）追加查询

将一个或多个表中的一组记录添加到一个或多个表的末尾。例如，新入校学生的信息存放在新生表中，可以通过追加查询将其追加到总表中。

（4）生成表查询

生成表查询主要用于创建表以导出到其他数据库。生成表查询可以根据一定的准则来新建表格，然后再将所生成的表导出到其他数据库，或者在窗体和报表中加以利用。

9.3.2 利用查询设计视图建立查询

直接使用查询设计视图建立查询有利于更好地理解数据库中表之间的关系。

1. 创建过程

建立一个"学生成绩表"查询，通过这个查询可以显示学生的学习成绩，包括"学号""姓名""课程名称""任课教师"和"成绩"等字段。

① 首先打开"学生成绩管理 xsgl"数据库，然后单击"创建"菜单中的"查询/查询设计"项，弹出"显示表"对话框。

② 在"显示表"对话框中，"表"选项卡中列出了所有的表，"查询"选项卡中列出了所有的查询，而"两者都有"可以把数据库中所有"表"和"查询"对象都显示出来，这样有助于从选择的表或查询中选取新建查询的字段。

单击"显示表"对话框上的"两者都有"选项卡，在列表框中选择需要的表或查询。然后单击对话框上的"添加"按钮，这样就可以将表添加到查询窗口中。

③ 关闭"显示表"窗口，回到"查询"窗口，如图 9-18 所示。

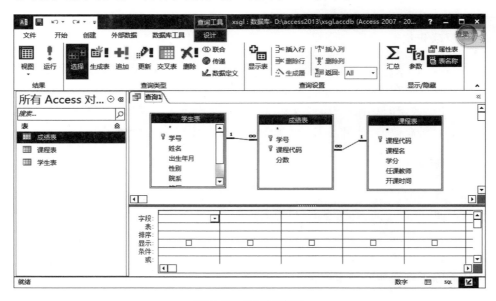

图 9-18 "查询"窗口

查询窗口分为两大部分,上面是"表/查询显示"窗口,下面是"示例查询设计"窗口。

"表/查询显示"窗口用于显示查询的数据来源(包括表、查询等),方便选择查询字段。

"示例查询设计"窗口则是用来显示查询中所用到的查询字段和查询准则。

"示例查询设计"窗口中有如下行标题:

- 字段:查询工作表中所使用的字段名。
- 表:该字段来自于数据表。
- 排序:是否按该字段排序。
- 显示:该字段是否在结果集工作表中显示。
- 条件:查询条件。
- 或:用来提供多个查询条件。

④ 在查询中添加或删除目标字段。

在查询设计表格中添加的字段称为"目标字段",添加目标字段有两种方法。

- 第一种方法:在"示例查询设计"窗口的表格中选择一个空白的列,单击第一行对应的格子,格子的右边出现一个有下箭头的按钮,单击这个按钮出现下拉框,在下拉框中就可以选择相应的目标字段。
- 第二种方法:选中目标字段所在的表,然后在它的列表框中找到需要添加的字段,将鼠标移动到列表框中标有这个字段的选项上,按住鼠标左键,这时鼠标光标变成一个长方块,拖动鼠标将长方块拖下方查询表格中的一个空白列,放开鼠标左键,这样就可以将目标字段添加到查询表格中。

若要删除一个目标字段,将鼠标移动到目标字段所在列的选择条上,光标会变成一个向下的箭头,单击将这一列都选中,按 Delete 键,选中的目标字段就被删除。

现在加入"学号""姓名""课程名称""分数"字段,如图 9-19 所示。

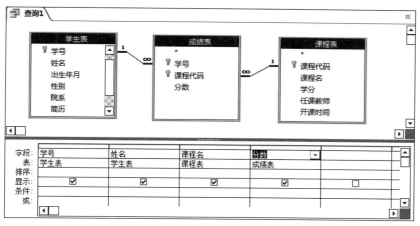

图 9-19   设置结果

⑤ 查看查询的数据表视图。

通过前面的操作,已经把需要的字段都添加到查询中,可以来看看建立的"查询"的结果。"查询"可以在设计视图和数据表视图中切换。在 Access 中,视图之间的切换非常简单。只要将鼠标移动到"开始"菜单工具栏左边第一个工具按钮处单击,就会弹出"视图"提示标签,在其中可以选择"设计视图"和"数据表视图"。

⑥ 保存查询。

查询已经基本建立成功,现在需要进行查询的保存。单击"文件",选择"保存"按钮,然后输入查询的名称("学生成绩"),单击"确定"按钮。

2. 设置查询准则

查询设计视图中的准则就是查询记录应符合的条件,它与在设计表时设置字段有效性规则的方法相似。

① 使用准则表达式,准则表达式中相关运算符如表 9-2 所示。

② 在表达式中使用日期与时间,相关内部函数如表 9-3 所示。

表 9-2　准则表达式

运　算　符	功　　能	举　　例
And	与操作	"A" And "B"
Or	或操作	"A" Or "B"
Between…And	指定范围操作	Between "A" And "B"
In	指定枚举范围	In("A,B,C")
Like	指定模式字符串	Like "A?［A～f］#［!0～9］＊"

表 9-3　日期函数

函　数	功　　能	函　数	功　　能
Date()	返回系统当前日期	Weekday()	返回日期中的星期数
Year()	返回日期中的年份	Hour()	返回时间中的小时数
Month()	返回日期中的月份	Now()	返回系统当前的日期与时间
Day()	返回日期中的日数		

在准则表达式中使用日期/时间时,必须要在日期值两边加上"#"。例如下面的写法:#Feb12,98#、#2/12/98#、#1221998#。

③ 在表达式中进行计算,相关运算符如表 9-4 所示。

表 9-4　基本运算符

运算符	功　　能	举　　例
+	两个数字型字段值相加,两个文本字符串连接	A+B
-	两个数字型字段值相减	A-B
*	两个数字型字段值相乘	A＊B

续表

运算符	功　能	举　例
/	两个数字型字段值相除	A/B
\	两个数字型字段值相除四舍五入取整	A\B
^	A 的 B 次幂	A^B
Mod	取余,A 除以 B 得余数	Mod(A,B)
&	文本型字段 A 和 B 连接	A&B

给查询添加选择准则,有两个问题需要考虑:首先是为哪个字段添加准则,其次就是要为这个字段添加什么样的准则。如果只想看地质系学生的考试成绩,很明显就是为"系别"字段添加准则,而添加的准则就是"院系"字段的值只能等于"地质系"。限定了这两个条件,就很容易实现任何一种选择准则。

在查询中添加准则的具体过程如下:

① 打开"学生成绩"查询,将"学生"表中的"院系"字段加入查询,不需要将该字段的值显示在数据表中,将它的"显示"属性设置为"否"(即取消勾选),如图 9-20 所示。

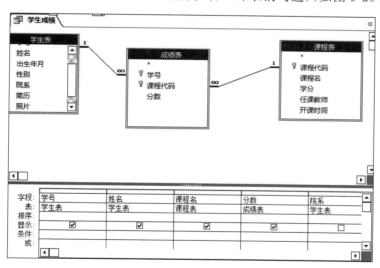

图 9-20　添加"院系"

② 在"院系"字段的"条件"属性中写上"＝"物理学院"",如图 9-21 所示。

有时候需要对查询记录中的多个信息同时进行限制,就需要将所有这些限制规则全部添加到需要的字段上,只有完全满足限制条件的那些记录才能显示出来。

9.3.3　利用查询向导建立查询

利用查询向导创建查询的基本步骤如下:

① 打开"学生成绩管理"数据库,然后选择"创建"菜单中的"查询/查询向导"项,弹出"新建查询"对话框。

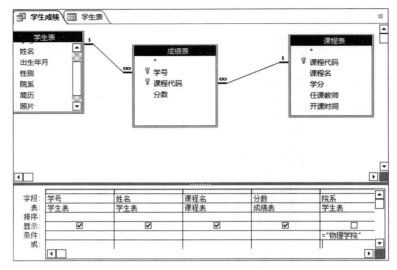

图 9-21　设置院系准则

② 在"新建查询"对话框中选择"简单查询向导"项，单击"确定"按钮，弹出"简单查询向导"窗口，如图 9-22 所示。

图 9-22　"简单查询向导"窗口

③ 在"简单查询向导"窗口上选择新建查询中所需的字段名称。

由于字段可能在不同的表或查询中，先要在"表/查询"下拉列表中选择需要的表或查询，然后在"可用字段"列表框中选择需要的"字段"，本例中选择后，在"选定的字段"列表框中显示"姓名""课程名称"和"分数"。

④ 将所有需要的字段全部选定以后，单击"下一步"按钮，在下一个窗口中选择"明细"。再单击"下一步"按钮，在下一个窗口中为新建的查询取名（学生成绩查询），并单击"完成"按钮，就可以创建一个新的查询。

9.3.4 创建参数查询

参数查询可以在运行查询的过程中自动修改查询的规则,用户在执行参数查询时会显示一个输入对话框以提示用户输入信息,这种查询叫做参数查询。当需要对某个字段进行参数查询时,首先切换到这个查询的设计视图,然后在作为参数使用的字段下的"条件"单元格中,先输入一对方括号,在方括号内输入相应的提示文本。

当需要对某个字段进行参数查询时,设置过程如下:

① 打开"学生成绩"查询,切换到设计视图。

② 在作为参数使用的字段下的"条件"单元格中,在方括号内输入相应的提示文本(请输入姓名;),如图 9-23 所示。

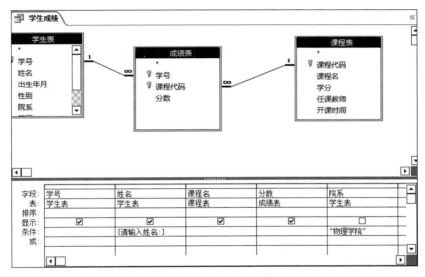

图 9-23 设置输入参数

注意:不能省略方括号。

输入完毕后,将查询切换到数据表视图,这时在屏幕中就会出现一个对话框。此时,输入条件就可以看到满足条件的记录。不仅可以建立单个参数的查询,还可以根据需要同时为多个字段建立参数查询。

9.3.5 创建交叉表查询

在创建交叉表查询时,需要指定 3 种字段:一是放在交叉表最左端的行标题,它将某一字段的相关数据放入指定的行中;二是放在交叉表最上面的列标题,它将某一字段的相关数据放入指定的列中;三是放在交叉表行与列交叉位置上的字段,需要为该字段指定一个总计项,如总计、平均值、计数等。在交叉表查询中,只能指定一个列字段和一个总计类型的字段。

使用交叉表查询向导是创建交叉表查询最快、最简单的方法。该向导会为用户完成大部分工作,但有些选项没有提供。使用向导创建一个交叉表查询的步骤如下:

① 打开"学生成绩管理"数据库，选择"创建"菜单中的"查询/查询向导"项，弹出"新建查询"对话框。

② 在"新建查询"对话框中选择"交叉表查询向导"项，单击"确定"按钮，弹出"交叉表查询向导"对话框，在"视图"列表中选择"表""查询"和"两者"之一，如图 9-24 所示。

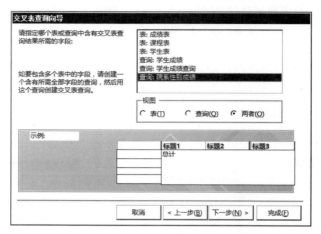

图 9-24　选择数据源

注意：如果交叉查询中包含多个表中的字段，则先创建一个含有所需全部字段的查询，然后用这个查询创建交叉表查询。例如创建查询"院系性别成绩"查询，包含字段有"院系""姓名""性别""课程名"和"分数"。

③ 单击"下一步"按钮，提示确定行标题字段，如图 9-25 所示。

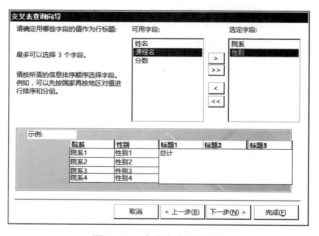

图 9-25　确定行标题字段

在创建交叉表查询时，需要指定哪些字段包含行标题，哪些字段包含列标题，以及哪些字段包含要汇总的值。在指定行标题时，最多可使用 3 个字段。使用的行标题越少，交叉表查询数据表就越容易阅读。本例选择"院系"和"性别"作为行标题字段。

④ 单击"下一步"按钮，提示确定列标题字段，如图 9-26 所示。

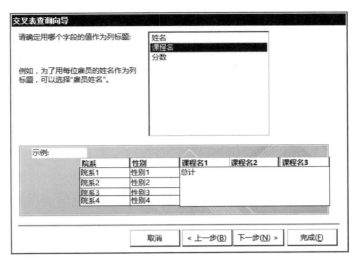

图 9-26 确定列标题字段

慎重选择列标题字段,当列标题的数量保持相对较少时,交叉表数据往往更容易阅读。在确定要用作标题的字段后,应使用具有最少明确值的字段来生成列标题。本例选择"课程名"作为列标题字段。

⑤ 单击"下一步"按钮,选择在表中的交叉点计算出什么数值,所选字段的数据类型将决定哪些函数可用,如图 9-27 所示。

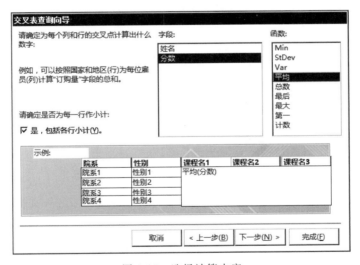

图 9-27 选择计算内容

在"字段"选项中选择"分数","函数"选项中选择"平均",然后选定"是,包含各行小计"。如果包含行小计,则交叉表查询中有一个附加行标题,该标题与字段值使用相同的字段和函数。包含行小计还会插入一个对其余列进行汇总的附加列。

⑥ 单击"下一步"按钮,为新建的查询取名(院系性别成绩_交叉查询),并单击"完成"

按钮。这样一个交叉表查询就完成了，如图 9-28 所示。

院系	性别	总计 分数	大学物理	大学英语	高等数学	计算机导论	体育1
物理学院	男	76.4	74.5	83.5	79.5	66.5	78
物理学院	女	82.6	92	70	85	80	86
新闻学院	男	82.8	79	90	89	76	80
新闻学院	女	85	95	78	88	88	76
信息学院	男	75.7	76	69	72.5	78	83
信息学院	女	70.6	60	80	72	65	76

图 9-28　运行结果

9.4　窗体的使用

创建窗体的方法：一是使用"窗体"创建基于单个表或查询的窗体；二是使用"向导"创建基于一个或多个表或查询的窗体；三是通过"设计视图"创建窗体。

9.4.1　使用窗体向导建立窗体

使用向导创建窗体的方法如下：

① 打开学生管理 sxgl 数据库，单击"创建"菜单中"窗体"组的"窗体向导"按钮，出现"窗体向导"对话框，如图 9-29 所示。选择窗体上需要的各种字段，这些字段可以来自不同的表、查询。

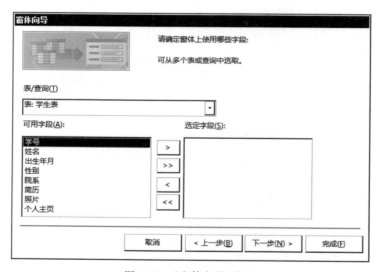

图 9-29　"窗体向导"窗口

在"表/查询"下拉列表中选取字段所在的表或查询，再将所需的字段添加到"选定的字段"列表框中。在选取字段时，可以通过选取次序来调整字段在窗体中排列的次序，先选取的字段位于窗体的前面。选择"学生表"的"学号"和"姓名"字段，选择"课程表"的"课程名称"字段，选择"成绩表"的"分数"字段。

② 单击"下一步"按钮。在"请确定查看数据方式"对话框中选择"通过学生表",并选择"带有子窗体的窗体",单击"下一步"按钮。

③ 选择窗体布局方式。本例选择"表格"布局方式。单击"下一步"按钮。

④ 为创建的新窗体指定标题：窗体为"学生表",子窗体为"成绩表"。

⑤ 如果不需要对前面的设置进行修改,单击"完成"按钮,系统会根据用户在向导中的设置生成窗体,运行结果如图 9-30 所示。

图 9-30 窗体运行结果

9.4.2 窗体的设计视图及常见控件

在建立窗体时,一般先通过向导或直接创建窗体的方式建立基本窗体,然后再使用设计视图对窗体进行修改和美化。其一般步骤是打开窗体设计视图添加控件,然后可以对控件进行移动、改变大小、删除、设置边框、阴影和粗体、斜体等特殊字体效果等操作,来更改控件的外观。另外,通过"属性"窗口,可对控件或工作区部分的格式、数据事件等属性进行设置。

打开"学生表"窗体,单击窗体设计工具栏上"设计"菜单,在工具栏中"视图"中选择"设计视图",切换到设计模式,如图 9-31 所示。在设计模式下,根据实际需要修改窗体。

Access 中,窗体上所有控件都可以根据自己的需要进行摆放,同时还可以调整窗口的大小、文字的颜色。在屏幕上同时出现的还有一个工具箱,工具箱中包含很多按钮,每个按钮都是构成窗体的一个功能控件。

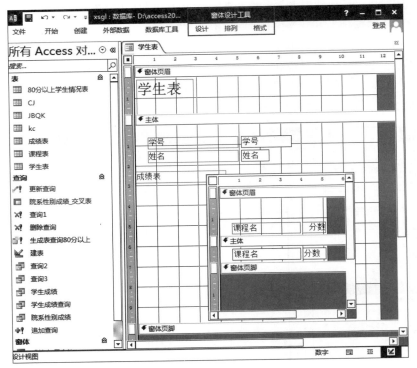

图 9-31 "学生表：窗体"设计视图

控件是窗体上用于显示数据、执行操作、装饰窗体的对象。Microsoft Access 包含的控件工具如图 9-32 所示：文本框、标签、选项组、复选框、切换按钮、组合框、列表框、命令按钮、图像控件、绑定对象框、未绑定对象框、子窗体/子报表、分页符、线条、矩形，以及 ActiveX 自定义控件等，它们可以通过工具箱访问。根据作用的不同，可以将控件分为结

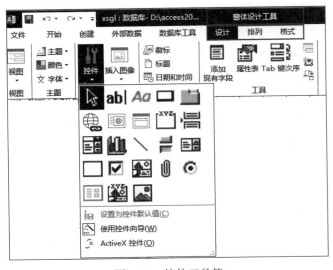

图 9-32 控件工具箱

合型、非结合型与计算型 3 类。结合型控件主要用于显示、输入、更新数据库中的字段;非结合型控件没有数据源,用来显示信息、线条、矩形或图像;计算型控件主要用表达式作为数据源,显示运算结果。

1. 标签

使用标签在窗体、报表或数据访问页上显示说明性文本,例如标题、提示等。标签是未绑定的,它的值不会随记录的改变而改变。

2. 文本框

使用文本框在窗体、报表或数据访问页上显示记录源上的数据。如果文本框与某个字段中的数据绑定,就称这种文本框类型为绑定文本框。当然,文本框也可以是未绑定的,例如,可以创建一个未绑定文本框来显示计算结果或接收用户输入的数据。

3. 复选框、切换按钮、选项按钮控件

复选框、切换按钮、选项按钮控件作为单独控件来显示基础表、查询或 SQL 语句中的"是/否"值。若在复选框内包含了检查符号,则其值为"是";若不包含,则其值为"否"。若选择了选项按钮,则其值为"是";若未选择,则其值为"否"。

4. 选项按钮组

选项组含有一个组框和一组复选框、选项按钮或切换按钮。

如果选项组绑定到某个字段,则只有组框架本身绑定到此字段,而不是组框架内的复选框、选项按钮或切换按钮。可以为每个复选框、选项按钮或切换按钮的"选项值"(窗体或报表)或 Value(数据访问页)属性设置相应的数字。

5. 列表框和组合框控件

在许多情况下,从列表中选择一个值,要比记住一个值后输入它更快更容易。选择列表也可以帮助用户确保在字段之中输入的值是正确的。窗体上的列表框可以包含一列或几列数据,用户只能从列表中选择值,而不能输入新值。列表框中的列表是由数据行组成的,在窗体或列表框中可以有一个或多个字段。组合框的列表是由多行数据组成,但平时只显示一行,需要显示时可以单击右侧的向下按钮。组合框既可以进行选择,也可以输入文本,组合框就如同文本框和列表框合并在一起。

6. 命令按钮

在窗体上可以使用命令按钮来执行某个操作或某些操作。例如,可以创建一个命令按钮打开另一个窗体。如果要使命令按钮执行窗体中的某个事件,可编写相应的宏或事件过程并将它附加在按钮的"单击"属性中。

9.4.3 在窗体上添加控件对象

给窗体添加控件对象需要在"设计视图"中进行,通过控件工具按钮来完成,例如给窗体添加复选框和列表签等各种控件。

1. 窗体上控件对象的移动

利用"设计视图"打开已有的窗体,在窗体上选择需要移动位置的控件对象(Shift 键＋单击)。稍微挪动鼠标,鼠标的光标变成花形,通过鼠标拖动,将控件移动到合适的位置。

2. 增加标签与画线控件

好的窗体应该具有标题,在窗体中增加标题是通过添加"标签"控件对象来实现的。例如,给"学生表"窗体增加标题"学生成绩表",过程如下:

① 单击控件"工具箱"的"标签"按钮。单击窗体页眉,拖动鼠标,就会出现一个标签。在标签中输入"学生成绩表",一个标签就插入到窗体中了。

② 设置标签属性。单击标签边缘,出现一个黑色的边框,表示这个控件标签已经被选中,右击鼠标,在快捷菜单上选择"属性",弹出标签属性表,如图 9-33 所示。

标签属性表是用来定义标签控件对象的属性以及标签中文字对齐方式、字体大小、颜色等属性的。如果需要对标签进行精确的设置,只须选中标签,然后在"标签属性"表中设置。在属性表的"宽度"和"高度"项中输入相应的数值即可。

如果想在窗体上添加一条直线,可在控件工具箱单击"直线"按钮,将鼠标移动到窗体上,拖动鼠标画一条直线。如果要使线变粗一些,先选中"线"这个对象,在直线"属性表"中设置颜色为"蓝色",边框宽度为"4 磅(PT)",设置后显示结果如图 9-34 所示。

图 9-33 标签属性表

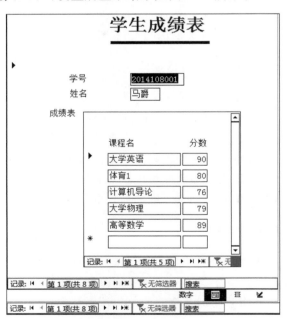

图 9-34 添加直线运行结果

3. 为窗体添加背景

为了使窗体更为美观,可以为窗体增加背景图案。

将窗体切换到设计视图,在视图中右击窗体的部分,在快捷菜单中选择"表单属性"项,弹出窗体"属性表",如图9-35所示。在属性表中选择"格式"选项卡,并在这个选项卡中"图片"提示项的右边选择要添加的图片文件名。

关闭"窗体"属性对话框,会发现在窗体有了一个新背景,如图9-36所示。

图9-35　窗体属性表(设置背景)

图9-36　背景设置效果

4. 建立控件与字段联系

在窗体中增加学生的性别信息,建立控件与字段的联系,其过程如下。

① 在窗体的适当位置增加一个标签,在标签中输入"性别"。同时在新建的标签后面增加一个文本框。在文本框向导中定义文本框中文字的字体、字号、输入法模式及文本框的名称,结果如图9-37所示。

现在窗体中的控件对象文本框与字段列表中的字段之间还没有联系(未绑定)。为了能够正确显示内容,需要建立控件和字段之间的联系。

② 选择新建的文本框,右击鼠标,在快捷菜单中选择"属性"项,弹出文本框(TEXT13)属性表窗口,如图9-38所示。单击"数据"选项卡,单击"控件来源"后面的下拉按钮,在弹出的下拉菜单中选择"性别"字段。

③ 保存窗体,切换视图,结果如图9-39所示。

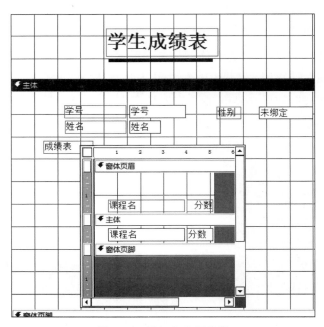

图 9-37　添加文本框控件

图 9-38　设置"文本框"窗口　　　　　　图 9-39　建立控件与字段联系设置结果

5. 修改控件属性

在设计视图中右击窗口上放置的控件对象，选择快捷菜单中的"属性"命令，就可以在"全部"选项卡中看到控件的属性了。其中，下列属性是比较常用的。

① 标题：所有的窗体和标识控件都有一个标题属性。当作为一个窗体的属性时，标题属性定义了窗口标题栏中的内容。如果"标题"属性为空，窗口标题栏则显示窗体中字段所在表格的名称。当作为一个控件的属性时，标题属性定义了标识控件的文字内容。

② 控件提示文本：该属性供用户输入控件的提示文本，将鼠标放在控件上会显示提示文字。

③ 控件来源：在一个独立的控件中，"控件来源"告诉系统如何检索或保存在窗体显示的数据。如果一个控件的作用是更新数据，那么"控件来源"属性可以设置为字段名。如果"控件来源"属性中含有一个计算表达式，则该控件又称为计算控件。

9.4.4 通过窗体处理数据

创建窗体后，还可以通过窗体进行数据的查看、添加、修改和删除等。

1. 窗体视图工具栏

窗体视图工具栏如图 9-40 所示。主要的操作按钮有：视图、升/降序、按选定内容筛选、按窗体筛选、应用筛选、查找、新记录、删除记录、属性、数据库窗口、新对象等。

图 9-40　窗体视图工具栏

有关窗体中的查找、排序、筛选等按钮的使用方法与表和查询中的方法类似。

2. 记录导航按钮集

当通过"窗体向导"创建窗体时，在窗体的底部的会有标准记录导航按钮集，如图 9-41 所示。

记录导航按钮集在窗体中的功能和它们在表和查询中的作用相同，既可以为主窗体选择作为数据源的表或者查询的第一个或最后一个记录，也可以选择下一个或者前一个记录。子窗体还包含它们自己的记录选择按钮集，在操作上和主窗体中的按钮集相互独立。

在窗体中用于输入或者编辑数据的文本框之间的导航与在表或者查询的数据表视图中的导航类似，只是上下箭头键用于在字段之间而不是在记录之间移动。输入完成时，可以按 Enter 或者 Tab 键。

3. 处理数据

（1）追加记录

在表或者查询的"数据表"视图中，数据表中的最后一个记录是作为假设追加记录提供的（在其记录选择按钮上有一个星号作为指示）。如果在这个记录中输入数据，则该数据将自动地追加到表中，Access 将启动另一个新的假设追加记录。窗体也提供了假设追

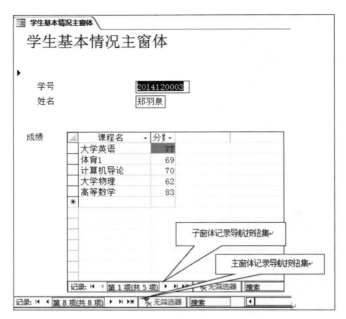

图 9-41　记录导航按钮

加记录,除非将窗体的"允许添加"属性设置为"否"。

追加一个新的记录并输入必填字段数据的步骤如下:

① 打开"学生表"窗体。

② 单击记录导航按钮集上的"追加记录"按钮(最右边的按钮),窗体出现一条空记录,如图 9-42 所示,输入各字段的内容,可使用 Tab 键在不同字段间移动。

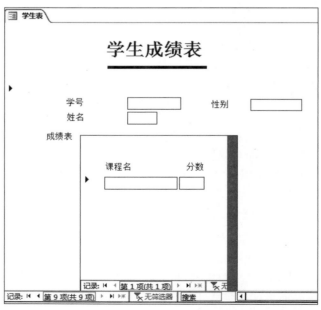

图 9-42　追加记录

（2）编辑数据

可以用与添加新记录同样的方式编辑现有记录。首先单击"下一个"按钮，找到想要编辑的记录，然后进行修改。

（3）删除数据

浏览记录，使需要删除的记录出现在窗体中。在窗体允许更新的前提下，在"开始"菜单中选择"删除记录"命令删除记录。

（4）确认和撤销对表的修改

像处理假设追加记录一样，在移动带有记录选择按钮集的记录指针之前，Access 不会将记录编辑应用到后台表中。即便记录保存到表之后，马上单击工具栏上的"撤销"按钮也可以撤销刚才的保存。

9.5　报表使用

9.5.1　报表的功能

报表作为 Access 数据库的一个重要组成部分，不仅可用于数据分组，单独提供各项数据和执行计算，还可以制成各种丰富的格式，使用户的报表更易于阅读和理解；可以使用剪贴画、图片或者扫描图像来美化报表的外观；通过页眉和页脚，可以在每页的顶部和底部打印标识信息。报表具有以下两个优点：

① 报表不仅可以执行简单的数据浏览和打印功能，还可以对大量原始数据进行比较、汇总和小计。

② 报表可生成清单、订单及其他所需的输出内容。

9.5.2　使用报表向导建立报表

创建报表一般采用 3 种方法：使用报表向导创建报表，使用报表按钮直接创建报表和使用设计视图创建报表。创建报表最简单的方法是使用向导。在报表向导中，需要选择在报表中出现的信息，并在多种格式中选择一种格式以确定报表外观。与报表按钮创建不同的是，用户可以用报表向导选择希望在报表中看到的指定字段，这些字段可来自多个表和查询，向导最终会按照用户选择的布局和格式，建立报表。

使用报表向导建立报表的步骤如下。

① 打开学生管理 xsgl 数据库，在数据库窗口中选择"创建"菜单。

② 在"报表组"工具栏中单击"报表向导"按钮，这时在屏幕上会弹出"报表向导"对话框。

这个对话框中要求确定报表的数据来源和构成字段。在"表/查询"下面的下拉框中选择相应的表或查询（以"成绩表"为例），在"可用字段"列表框中便出现所选表的构成字段，选择所需字段，结果如图 9-43 所示。

③ 单击"下一步"按钮。Access 询问是否要对报表添加分组级别，如图 9-44 所示。

分组级别就是报表在打印时，各个字段是否按照阶梯的方式排列，分几组，就有几级

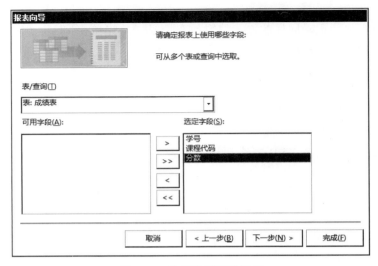

图 9-43　选择表和字段窗口

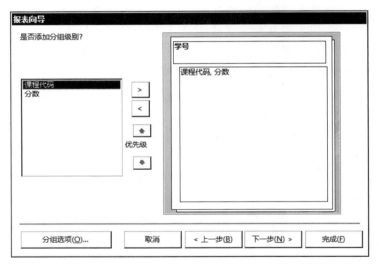

图 9-44　报表分组（学号）

台阶。当"报表"有多个分组级别时，可以通过两个优先级按钮来调整各个分组级别间的优先关系，排在最上面的优先级最高。

　　④ 单击"下一步"按钮。现在需要确定记录所用的排序次序，即确定报表中各个记录按照什么顺序从报表的上面排到下面，如图 9-45 所示，例中选择"分数"的升序方式。

　　⑤ 单击"下一步"按钮。在这一步需要确定报表的布局方式，如图 9-46 所示。

　　⑥ 单击"下一步"按钮，为报表确定"标题"，例中输入为"学生成绩表"，然后单击"完成"按钮，结果如图 9-47 所示。

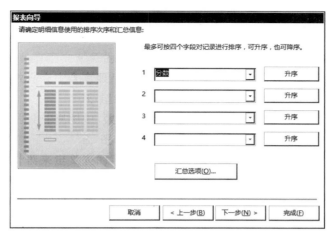

报表向导
请确定明细信息使用的排序次序和汇总信息:
最多可按四个字段对记录进行排序，可升序，也可降序。
1 分数 升序
2 升序
3 升序
4 升序
汇总选项(O)...
取消
< 上一步(B)
下一步(N) >
完成(F)

图 9-45　按成绩排序

报表向导
请确定报表的布局方式:
布局
递阶(S)
块(K)
大纲(O)
方向
纵向(P)
横向(L)
A
调整字段宽度，以便使所有字段都能显示在一页中(W)。
取消
< 上一步(B)
下一步(N) >
完成(F)

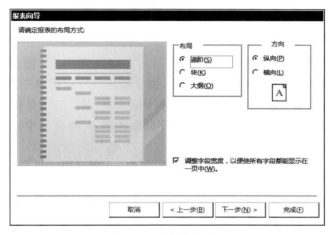

图 9-46　选择报表布局

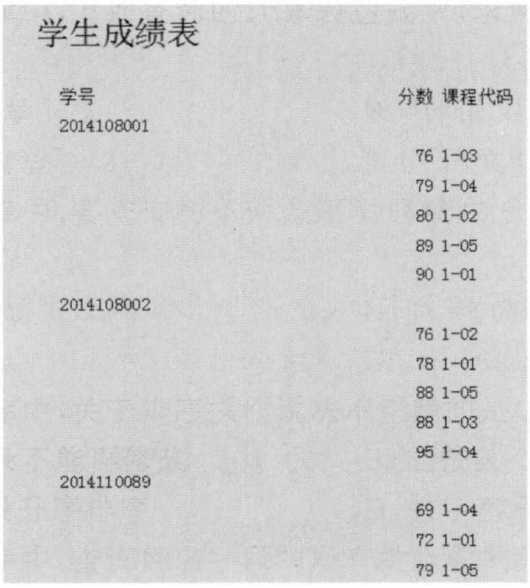

学生成绩表
学号
分数 课程代码
2014108001
76 1-03
79 1-04
80 1-02
89 1-05
90 1-01
2014108002
76 1-02
78 1-01
88 1-05
88 1-03
95 1-04
2014110089
69 1-04
72 1-01
79 1-05

图 9-47　成绩表

9.5.3 修饰报表

1. 添加文字

在设计视图中修改报表的方法和过程与在设计视图中修改窗体的方法基本一致。如果要在报表中添加一行文字，其过程如下：

① 首先将报表切换到设计模式。

② 将鼠标移动到工具箱上单击"标签"图标，将鼠标移到报表需要加文字的地方，按住鼠标左键，拖动鼠标，在屏幕上会出现的矩形虚线框。

③ 在报表上出现一个标签控件，输入文字便可。

当然，可以根据需要移动标签的位置，在报表中移动控件和在窗体上移动是一样的。修改标签控件中文字的字体、大小和颜色也和在窗体中修改这些属性的方法是一样的。

2. 设置内容的显示效果

如果想要报表的内容显示具有特定的格式，可以根据自己的实际需求进行显示格式的设置。具体方法是：首先选中需要设置属性的控件，然后右击鼠标，在快捷菜单中选择所需要的设置效果（例如可以设置填充色、字体颜色以及特殊效果）。

3. 调整显示对齐方式

在报表上进行标签和文本框控件的精确对齐比在窗体上更为重要，因为打印结果是否对齐一目了然。对控件进行格式化可以进一步美化报表的呈现。

对齐控件时，首先要选择对齐行，然后再选择对齐列。Access 提供了控件缩放和对齐选项，使得对齐过程变得容易。为了改变创建的控件大小和对之进行对齐处理，可遵循如下步骤：

① 可以同时调整所有文本框的高度使之适合其内容。选择"报表设计工具/格式"→"所选/全选"，便可选择报表中的所有控件。

② 选择"报表设计工具/排列"→"调整大小和排列"，调整所选定控件的高度。Access 将调整所有控件到合适的高度。

③ 选择"页面页眉"节的所有标签。选择"报表设计工具/排列"→"调整大小和排列/对齐"，然后选择"靠上"。这个过程将把所选定的每个标签的顶部和选定标签中最为靠上的那个标签的顶部对齐。

④ 选择"主体"节中的所有文本框，在这些文本框上重复步骤③，可以实现对应的设置。

9.6　宏　的　使　用

在 Access 中，经常要对数据进行一系列有规律的操作处理，如打开窗体、打开用户表、查找记录、预览或打印报表等，这些操作都需要用户通过使用鼠标一步一步操作才能完成。遇到这种情况就可以定义一个宏,通过运行宏即可自动完成其操作。

9.6.1 宏介绍

可以将 Access 宏看作一种简化的编程语言,利用这种语言,通过生成要执行的操作的列表来创建代码。宏能够向窗体、报表和控件中添加功能,而无须在 VBA 模块中编写代码。宏提供了 VBA 中可用命令的子集,这比编写 VBA 代码更容易。

Access 的宏是由一个或多个操作集合所形成的对象,其中的每个操作都实现某一特定的功能。通过运行宏,Access 能够有次序地自动完成一连串的操作,包括各种数据、键盘或鼠标的操作,即宏能实现自动处理许多重复性的任务。

在宏对象中,定义了各种操作及其执行条件。运行时,Access 会自动根据操作定义顺序和条件来运行。利用宏对象就可以控制操作的流程,这样不用进行编程就可以建立一个完善的数据库应用系统。

在宏中,可以将多个操作集合在一起,通过宏可以自动完成各种简单的重复性工作。例如:可以设置某个宏,在用户单击某个命令按钮时运行该宏,以打开某个窗体或打印某个报表。

学习宏需要注意:宏的一切操作是不可撤消的,在不了解宏的功能之前,最好的方法是先保存备份一份,然后再运行宏,如果发现宏运行后的结果有误,就可以使用备份还原到运行宏前的状态。

1. 宏的功能

宏是一种工具,允许自动执行任务,以及向窗体、报表和控件中添加功能。例如,如果向窗体中添加了一个命令按钮,则可将该按钮的 OnClick 事件属性与一个宏相关联,该宏包含希望在每次单击该按钮时所执行的命令。

宏是以操作为单位的,它由一连串的操作组成。

Access 中定义了很多宏操作,这些宏操作可以完成以下功能:

- 打开、关闭窗体或报表,打印报表,执行查询。
- 筛选、查找记录。
- 模拟键盘动作,为对话框或别的等待输入的任务提供字串输入。
- 显示信息框,响铃警告。
- 移动窗口,改变窗口大小。
- 实现数据的导入、导出。
- 定制菜单。
- 执行任意的应用程序模块。
- 为控件的属性赋值。

从以上列举的内容来看,宏操作几乎涉及了数据库管理的全部细节。一般情况下,用宏能够实现一个 Access 数据库界面管理。之所以称 Access 是一种不编程的数据库,其原因便是它拥有一套功能完善的宏操作。

创建一个宏通常要遵循以下 5 个步骤:

① 明确创建这个宏要完成的任务,即要达到什么目标。

② 确定完成这些任务的次序和方式。

③ 根据以上的要求,选择完成这些任务的操作及指定参数,也就是确定如何完成这些任务。

④ 调试编制的宏,直到正确无误。

⑤ 保存宏。

注意:不同的 Access 版本提供的基本操作命令并不完全一样,这里是 Access 2013 版提供的 66 个基本操作,而 Access 2007 提供了 45 个基本操作命令。具体使用时应根据使用的具体版本选用,否则可能无法执行。

2. 事件的概念

在实际操作中,很少单独使用简单的宏命令,往往是将这些命令组合在一起,以完成一项特定的任务。这些命令可以通过窗体或报表中控件的某个事件触发,也可以在数据库运行过程中由程序或系统触发而自动实现。

(1) 事件

事件是指对象所能辨识或检测的动作,当此动作发生于某一个对象上,其相对的事件便会被触发。即事件是一种特定的操作,在某个对象上发生或对某个对象发生。

事件的发生是由用户的操作、程序代码的执行或系统触发而产生的结果,例如,单击一个对象、数据更改、窗体的打开或关闭等。

(2) 事件过程

事件过程是为响应由用户、程序代码或由系统触发的事件而运行的过程。

如果预先为某个事件编写了宏或事件处理程序,则当对应的事件发生时,该宏或事件处理程序便会被执行,例如,单击窗体上的按钮,该按钮的 Click(单击)事件便会被触发,指派给 Click 事件的宏或事件程序也就跟着被执行。

通过使用事件过程,可以为在窗体、报表或控件上发生的事件添加自定义的事件响应。

可以直接将宏嵌入到对象或控件的事件属性中。嵌入的宏将变成该对象或控件的一部分,并随该对象或控件一起被移动或复制。

9.6.2　创建宏

在 Access 中创建宏是通过宏设计器视图选择设置,不需要记住每个操作的语法,并且每选择一个宏,其参数都会显示在其下面以供选择,但在创建宏时应对 Access 2013 提供的基本宏操作有所了解,才能准确地选择所需的宏命令。

1. 宏设计器窗口

要在 Access 2013 中创建宏,首先在窗口菜单中选择创建标签项,再在列出的创建名中选择宏命令,系统建立一个宏设计器窗口,然后在宏设计器窗口"添加新操作"列表中选择一个宏命令,如图 9-48 所示。例如,选择 OpenForm 宏(打开一个窗体命令),之后在该宏设计界面(如图9-49所示)中完成该宏设计。

图9-48 宏命令列表

图9-49 宏设计界面

宏设计界面提供宏参数的选择设置,用于定义宏操作的工作方式或条件。不同的宏其参数有所不同,如OpenForm的参数主要有5个,分别是窗体名称、视图、筛选名称及条件、数据模式和窗口模式,这里"窗体名称"项设定的是打开"学生信息"窗体。

2. 在宏中添加操作

当宏设计视图打开后就可以添加操作,步骤如下。

① 打开宏的设计器视图。

② 单击"添加新操作"框中的下拉列表右侧向下箭头符号,打开宏操作列表从该列表中选择需要的宏操作。

③ 在设计页,对所选宏操作的操作参数进行设置。在设置参数时,可以直接在参数栏中输入值,也可以在参数列表中选择一个适当的值。例如,如果宏操作为OpenForm(打开窗体),那么在设置"窗体名称"参数时,可以从它的参数列表中选择要打开的窗体。通常在设置操作参数时,应按照参数排列顺序来设置参数,因为选择某一参数将决定该参数后面的参数选择。

④ 重复步骤②、③的操作,直到添加完所有的宏操作。

在定义一个或多个宏操作后,可能需要对其中的某些操作顺序进行改变,单击操作所在行端,该行将反色显示,此时可将它拖动到想要改变的位置。

【例9-1】 创建一个宏,完成在"学生管理"数据库中的"学生信息"窗体中添加新记录这一功能。

具体创建步骤如下：

① 打开"学生管理"数据库，建立一个如图 9-50 所示的"学生信息"窗体。

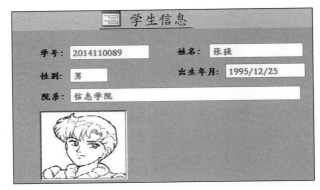

图 9-50　"学生信息"窗体

② 选择菜单栏"创建"标签，然后选择"宏"命令项，建立一个宏设计器视图，在宏设计器视图中打开宏操作列表，在该列表中选择 DisplayHourglassPointer 操作，其参数：显示沙漏设置为"是"(这是将鼠标指针改为"沙漏"，用以表明宏正在运行)。

③ 将导航窗格中的"窗体"对象内的"学生信息"窗体拖动到"添加新操作"下拉列表内，如图 9-51 所示。

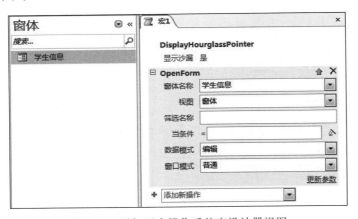

图 9-51　添加两个操作后的宏设计器视图

设置其参数如下：

- "窗体名称"设置为"学生基本情况"。
- "视图"设置为"窗体"。
- "筛选名称"不用指定。
- "当条件"不用指定。
- "数据模式"设置为"编辑"，即指定数据输入方式，可以编辑现有的记录。
- "窗口模式"设置为"普通"。

④ 在宏设计器视图中打开宏操作列表，在该列表中选择 GoToRecord 操作，其参数

如下：

- "对象类型"不用指定。
- "对象名称"不用指定。
- "记录"设置为"新记录"。
- "偏移量"不用指定。

⑤ 在宏设计器视图中打开宏操作列表，从该列表中选择 DisplayHourglassPointer 操作，其参数：显示沙漏（Hourglass On）设置为"否"。

完成上面的宏操作添加后，宏在宏设计器视图中的实际情况如图 9-52 所示。

⑥ 将创建的宏保存，并命名为"添加新记录"宏。

⑦ 运行"添加新记录"宏，结果如图 9-53 所示。此时显示一条新记录，可以在此录入新记录的数据。

（1）宏操作执行的条件设置

在宏的运行过程中，有时要根据运行时的条件来决定执行哪一个操作，Access 2013 提供的 If 宏就是支持

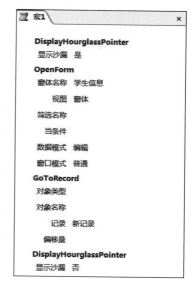

图 9-52 添加 4 个宏操作的宏

这种选择执行操作的宏，它是要根据是否满足条件（即要判断条件是否为真）来决定执行的，如图 9-54 所示。If 宏的执行是，先求解条件表达式，如果其值为真，则执行 Then 后添加的宏操作，否则执行 Else 后添加的宏操作。这里所谓条件就是逻辑，例如：：Form！［学生基本情况］！［出生日期]<♯1986-9-1♯这个逻辑表达式，表示"学生基本情况"窗体中出生日期字段的值小于 1986-9-1 这一条件。

图 9-53 运行"添加新记录"宏结果

在输入逻辑表达式时，如果引用窗体或报表上的控件值，应使用如下语法：

Forms！［窗体名]！［控件名]

或

Forms！［报表名]！［控件名]

272

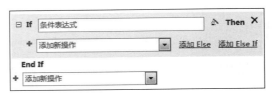

图 9-54　If 宏

【例 9-2】　创建一个宏,完成检查从登录窗体中输入的密码正确性,如果不正确,弹出消息框,提示密码错误,如果正确则打开"学生信息"窗体。这里假定系统有一个 admin 管理员,其密码是 Pwd123。

① 打开"学生管理"数据库,创建一个新登录窗体结构如图 9-55 所示。其中:窗体对象的标题属性值设置为"管理员登录";姓名录入文本框的名称属性设置为 adminText;密码录入文本框的名称属性设置为 pwdText;"确定"按钮的名称属性为 CmdOk;"取消"按钮的名称属性为 CmdQuit;窗体中各控件对象的标题值按图 9-55 显示的文字赋值即可。

图 9-55　管理员登录窗口

② 新建一个宏,在宏设计器视图中打开宏操作列表,在该列表中选择 If 操作,视图中出现如图 9-56 所示的 If 宏。

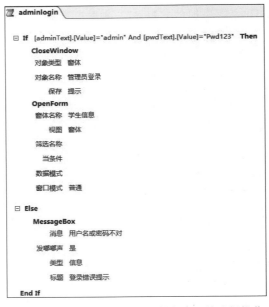

图 9-56　使用 If 程序流程控制宏建立的选择操作

③ 在条件表达式框内输入下面的表达式:

adminText.Value="admin" AND pwdText.Value="Pwd123"

然后打开 Then 后的"添加新操作"列表框,在该列表中选择 Close Windows 操作,其参数设置如下：

- 对象类型（Object Type）：窗体。
- 对象名称（Object Name）：管理员登录。

再将数据库窗口的"窗体"对象内的"学生信息"窗体拖动到其后的"添加新操作"列内。

④ 单击"添加 Else"选项，然后在其后的"添加新操作"列表框中选择 MessageBox 操作，其参数：消息设置为"用户名或密码不对"；类型设置为"信息"；标题设置为"登录错误提示"。

⑤ 将创建的宏保存，并命名为 adminlogin 宏。

⑥ 打开"管理员登录"窗体，右击"确认"按钮，在快捷菜单中选择"属性"命令，弹出其属性设置窗口，选择事件选项卡中"单击"属性，打开其下拉菜单，从中选择 adminlogin 宏。

⑦ 选择"取消"按钮，然后单击其属性设置窗口的"事件"选项卡中的"单击"属性后的生成器按钮，选择"宏生成器"项，出现设置内嵌的宏设计器视图，在其中添加 Close Windows 操作，其参数设置如下。

- 对象类型（Object Type）：窗体。
- 对象名称（Object Name）：管理员登录。

关闭该内嵌的宏设计器视图。

⑧ 运行"管理员登录"窗体，输入管理员名和密码。

（2）保存宏

完成宏操作的添加后，选择菜单栏的"文件/保存"命令或单击工具栏上的"保存"按钮即可保存宏。

（3）宏的嵌套

在 Access 中，使用 RunMacro 操作，并将操作参数"宏名"设置为希望运行的宏名称，就可以对一个已有宏对象进行引用。被调用的宏运行结束后，Access 都会返回到调用宏，继续进行该宏的下一个操作。

可以调用同一宏组的宏，也可以调用另一宏组中的宏。如果在"宏名"框中输入某个宏组的名称，则 Access 将运行该组中的第 1 个宏。

RunMacro 操作除了"宏名"参数外还有两个参数，"重复次数"用来指定重复运行宏的最大次数，"重复表达式"计算结果为 True(-1) 或 False(0)。每次 RunMacro 操作运行时都会计算该表达式，当结果为 False 时，则停止调用的宏。

利用宏的嵌套功能，用户在创建新宏时，便可以根据需要引用已创建宏中的操作，而不用再在新建的宏中逐一添加重复操作。

3. 创建宏组

宏组是存储在同一个宏名下的相关宏的组合，它与其他宏一样可在宏窗口中进行设计，并保存在数据库窗口的"宏"选项卡中。

在创建宏时，如果要将几个相关的宏结合在一起完成某项特定的复杂操作，而不希望对单个宏进行触发,那么可以将它们组织起来构成一个宏组。

【例 9-3】　创建一个 hz 宏,里面包含两个宏组,分别命名为"宏 1"和"宏 2"。宏 1 的功能是打开"学生表"表,打开表前要发出"嘟嘟"声;再关闭"学生表"表,关闭前要用消息框提示操作,宏 2 的功能是打开和关闭"学生信息"窗体,打开前发出"嘟嘟"声,关闭前要用消息框提示操作。

图 9-57　更改子宏 Sub1 为宏 1

① 在"学生管理"数据库中,在菜单栏选择"创建/代码与宏"项,单击"宏"按钮,进入宏设计器窗口。

② 打开宏操作列表,在该列表中选择 Submacro 操作,在子宏名称文本框中,默认名称为 Subl,把该名称修改为"宏 1",如图 9-57 所示。

③ 在宏 1 的"添加新操作"列,选择 Beep 操作。再在"添加新操作"列,选择 OpenTable 操作,操作参数区中的"表名称"选择"学生表"表,"编辑模式"选择"只读"。

④ 在"添加新操作"列选择 MessageBox 操作,"操作参数"区中的"消息"框中输入"关闭表吗?","类型"选择"警告"。再在"添加新操作"列选择 RunMenuCommand 操作,在操作参数区中的"命令"选择 Close。

⑤ "添加新操作"列选择 RunMacro 操作,操作参数区中的"宏名称"填入"hz.宏 2"。

⑥ 打开最下面的"添加新操作"列表,从中选择 Submacro 操作,在子宏名称文本框中,默认名称为 Sub2,把该名称修改为"宏 2"。

⑦ 在宏 2 的"添加新操作"列选择 Beep 操作。再在"添加新操作"列选择 OpenForm 操作,设置窗体名称为"学生信息"。

⑧ 在"添加新操作"列选择 MessageBox 操作,"操作参数"区中的"消息"框中输入"关闭学生信息窗体?","类型"选择"警告"。再在"添加新操作"列选择 RunMenuCommand 操作,操作参数区中的"命令"选择 Close。

⑨ 单击"保存"按钮,"宏名称"文本框中输入 hz。

hz 宏设计视图结果如图 9-58 所示。

4. 创建 AutoExec 宏

为了使开发成功的数据库能够自动打开它的主界面窗体,使得数据在用户面前像一个普通的应用程序,Access 提供了一个 AutoExec 宏,该宏在 Access 系统装入对应的数据库后,将立即被执行。

如果把一个宏的名字设为 AutoExec,则该宏就被创建为 AutoExec 宏。如果不想在打开数据库时运行 AutoExec 宏,可在打开数据库时按 Shift 键。

【例 9-4】　建立一个 AutoExec 宏,当打开"学生"数据库时出现一个欢迎消息框,然后运行建立的"管理员登录"窗体。

① 在数据库窗口中,选择窗口菜单中"创建"标签,然后选择"宏"命令项,建立一个宏

图 9-58 宏组设计结果

设计器视图。

② 在"添加新操作"列表框中选择 MessageBox 操作,其参数:"消息"设置为"欢迎使用学生数据库系统";"类型"设置为"信息";"标题"设置为"登录信息",如图 9-59 所示。

③ 在"添加新操作"列表框中选择 OpenForm 操作,其参数:"窗体名称"选择"管理员登录"窗体。

④ 以 AutoExec 为宏名保存该宏,下次打开数据库时,Access 将首先运行该宏,弹出一个消息框。

⑤ 在消息框上单击"确定"按钮,进入"管理员登录"窗体。

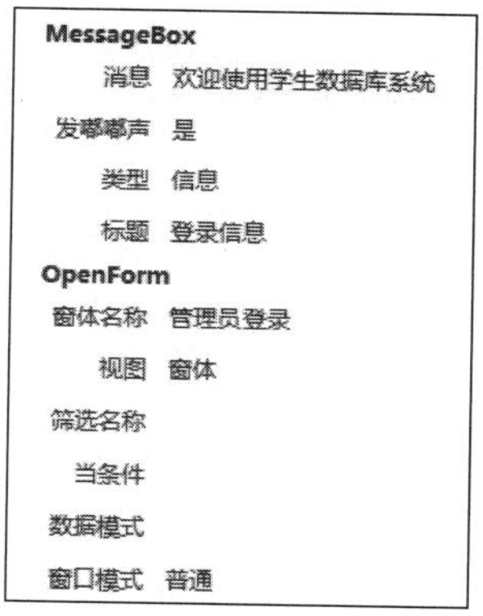

图 9-59 自执行宏操作

9.6.3 运行宏

宏建立好后就可以运行。在执行宏时,Access 将从宏的起始点启动执行宏中所有操作直到到达另一个宏(如果宏是在宏组中)或者到达宏的结束点。

宏可以直接执行,也可以从其他宏或事件过程中引用执行宏,或者通过窗体、报表、控件等对象发生的事件来调用执行宏。例如,将某个宏附加到窗体中的命令按钮上,这样在用户单击按钮时就会执行相应的宏。

宏用"宏名"来标识,通过"宏名"来调用执行宏。

1. 直接运行宏

直接运行宏的方式有多种,任一种方法都可以启动执行宏。具体方法如下:

① 宏如果已经打开,则可单击宏设计器窗体工具栏上的"运行"按钮(叹号形状)。

② 如果宏没有打开,则在数据库窗体中的对象列表中选择"宏"对象,然后双击想要运行的宏,或选中要运行的宏后,单击"运行"按钮。

2. 从其他宏或 VB 程序中运行宏

如果要从其他宏或 Visual Basic 程序中执行宏,则要将 RunMacro 操作添加到相应的宏或程序中。

例如,要将 RunMacro 添加操作到宏中,可在操作列中选择或输入 RunMacro,并且将 Macro Name 参数设置为要执行的宏名。执行时。当运行到另一个宏的 RunMacro 操作时,控制将从原来的宏转出。当另一个宏运行结束时,控制将转回到原来宏的下一个操作。

如果要将 RunMacro 操作添加到 VB 过程中,在过程中添加 DoCmd 对象的 RunMacro 方法,然后指定要运行的宏名即可,例如 DoCmd. RunMacro "AutoExec"。

3. 从控件中运行宏

宏的应用是多方面的,它不仅可使工作自动化,自动完成一串命令,而且还可以挂接到窗体、报表或控件的事件中去。可对单击鼠标、打开窗体、数据更改等事件作出响应,进而可方便地使用和操作数据库。

如果希望从窗体、报表或控件中运行宏,只须给相应的控件添加一种事件响应,其中的事件过程选择相应要运行的宏。这样在事件发生时,就会自动执行所设定的宏。例如在例 9-2 中为"管理员登录"窗体的"确定"按钮的"单击"事件处理,就是采用的这种方法。

习　　题

1. 选择题

(1) 在 Access 数据库中使用向导创建查询,其数据可以来自(　　　)。

    A. 多个表 　　　　　　　　　　　　　B. 一个表

    C. 一个表的一部分 　　　　　　　　　D. 表或查询

(2) 要改变窗体上文本框控件的输出内容,应设置的属性是(　　　)。

    A. 标题 　　　　B. 查询条件 　　　　C. 控件来源 　　　　D. 记录源

(3) 使用 Access 按用户的应用需求设计的结构合理、使用方便、高效的数据库和配套的应用程序系统,属于一种(　　　)。

    A. 数据库 　　　　　　　　　　　　　B. 数据库管理系统

    C. 数据库应用系统 　　　　　　　　　D. 数据模型

(4) 以下软件中,(　　　)属于大型数据库管理系统。

    A. FoxPro 　　　　B. Paradox 　　　　C. SQL Server 　　　D. Access

(5) 以下叙述中,正确的是(　　　)。

    A. Access 只能使用菜单或对话框创建数据库应用系统

B. Access 不具备程序设计能力

C. Access 只具备模块化程序设计能力

D. Access 具有面向对象的程序设计能力,并能创建复杂的数据库应用系统

(6) 如果一张数据表中含有照片,那么"照片"这一字段的数据类型通常为( )。

    A. 备注   B. 超级链接   C. OLE 对象   D. 文本

(7) 在数据表的设计视图中,数据类型不包括( )类型。

    A. 文本   B. 逻辑   C. 数字   D. 备注

(8) 使用表设计器来定义表的字段时,以下( )可以不设置内容。

    A. 字段名称   B. 数据类型   C. 说明   D. 字段属性

(9) Access 常用的数据类型有( )。

    A. 文本、数值、日期和浮点数   B. 数字、字符串、时间和自动编号

    C. 数字、文本、日期/时间和货币   D. 货币、序号、字符串和数字

(10) 字段按其所存数据的不同而被分为不同的数据类型,其中,"文本"数据类型用于存放( )。

    A. 图片   B. 文字或数字数据

    C. 文字数据   D. 数字数据

(11) Access 有三种关键字的设置方法,以下的( )不属于关键字的设置方法。

    A. 自动编号   B. 手动编号   C. 单字段   D. 多字段

(12) 在 Access 中,"文本"数据类型的字段最大为( )个字节。

    A. 64   B. 128   C. 255   D. 256

(13) 利用对话框提示用户输入参数的查询称为( )。

    A. 选择查询   B. 参数查询   C. 操作查询   D. SQL 查询

(14) "学号"字段中含有 1、2 等值,则在表设计器中,该字段可以设置成数类型,也可以设置为( )类型。

    A. 货币   B. 文本   C. 备注   D. 日期/时间

(15) 在 Access 数据库中,下列查询的计算表达式中,求两门课的平均分数,正确的是( )。

    A. [语文]+[数学]/2   B. "([语文]+[数学])/2"

    C. ([语文]+[数学])/2   D. "[语文]"+"[数学]"/2

(16) 在 Access 数据库中,要查询的条件是语文成绩在 60 分数段的记录,则在语文字段的准则中应当输入( )。

    A. >60 and <70   B. >=60 and <70

    C. >60 or <70   D. >=60 or <70

(17) 在 Access 数据库中,关于排序操作说法不正确的是( )。

    A. 排序后的记录不能再修改   B. 能按某个字段降序排序

    C. 能按某个字段升序排序   D. 数字型和文本型字段都可以排序

(18) 在 Access 数据库中,查询姓名字段中所有姓张的同学记录时,在姓名准则中应输入( )。

A. 张　　　　　B. 张*　　　　　C. *张　　　　　D. *张*

(19) 在关系数据库中，(　　)操作能从表中选出满足条件的行。

A. 选择　　　　B. 投影　　　　C. 扫描　　　　D. 连接

(20) 使用 Access 进行信息管理时，应先建(　　)文件。

A. 表　　　　　B. 窗体　　　　C. 数据库　　　　D. 查询

(21) Access 采用的数据模型是(　　)。

A. 层次型　　　B. 网状型　　　C. 环状型　　　D. 关系型

(22) Access 是以(　　)形式保存原始数据的。

A. 查询　　　　B. 窗体　　　　C. 表　　　　　D. 报表

(23) 在关系数据库中，字段(　　)既可以描述成文本型也可以描述成是/否型。

A. 姓名　　　　B. 出生年月　　C. 性别　　　　D. 邮政编码

(24) 可以判定某个日期表达式能否转换为日期或时间的函数是(　　)。

A. CDate　　　B. IsDate　　　C. Date　　　　D. IsText

(25) 以下不属于操作查询的是(　　)。

A. 交叉表查询　B. 生成表查询　C. 更新查询　　D. 追加查询

(26) 以下关于报表的叙述正确的是(　　)。

A. 报表只能输入数据　　　　　B. 报表只能输出数据

C. 报表可以输入和输出数据　　D. 报表不能输入和输出数据

(27) 用于打开报表的宏命令是(　　)。

A. OpenForm　B. OpenReport　C. OpenQuery　D. RunApp

(28) 在 Access 中，参照完整性规则不包括(　　)。

A. 更新规则　　B. 查询规则　　C. 删除规则　　D. 插入规则

(29) 用于最大化激活窗口的宏命令是(　　)。

A. Minimize　　B. Requery　　C. Maximize　　D. Restore

(30) 在宏的表达式中要引用报表 exam 上控件 Name 的值，可以使用引用式(　　)。

A. Reports!Name　　　　　　　B. Reports!exam!Name

C. exam!Name　　　　　　　　D. Reports exam Name

(31) 用于实现报表的分组统计数据的操作区间的是(　　)。

A. 报表的主体区域　　　　　　B. 页面页眉或页面页脚区域

C. 报表页眉或报表页脚区域　　D. 组页眉或组页脚区域

(32) 为了在报表的每一页底部显示页码号，那么应该设置(　　)。

A. 报表页眉　　B. 页面页眉　　C. 页面页脚　　D. 报表页脚

(33) 下列关于宏操作的叙述错误的是(　　)。

A. 可以使用宏组来管理相关的一系列宏

B. 使用宏可以启动其他应用程序

C. 所有宏操作都可以转化为相应的模块代码

D. 宏的关系表达式中不能应用窗体或报表的控件值转

2. 填空题

（1）表是关于特定主题数据的集合，是_____的核心。

（2）_____是数据库和用户联系的界面，用于显示包含在表中或者查询中的数据。

（3）建立 Access 数据库有两种基本方法，一种是使用_____创建数据库，另一种是创建一个空数据库。

（4）创建表的方式主要有两种常见方法：_____；在设计视图中创建新表。

（5）在表中想插入超级链接，需要将相应字段的字段类型定义为_____。

（6）使用查询向导创建交叉表查询的数据源必须来自_____个表或查询。

（7）三个基本的关系运算是_____、_____和连接。

（8）数据访问页有两种视图，分别为页视图和_____。

3. 简答题

（1）Access 数据库包含哪些对象？

（2）什么是一个表的记录、字段、主关键字？

（3）创建一个数据库有几种方法？这些方法各自有什么特点？

（4）通过向导建立数据库的基本过程是什么？

（5）为什么要使用宏？

（6）举例说明表之间的一对多关系。

（7）查询的主要功能是什么？

（8）如何创建选择查询？

（9）查询的基本作用是什么？

（10）窗体的基本功能是什么？

（11）使用窗体向导建立窗体的具体步骤是什么？

（12）对于窗体可以进行哪些美化操作？如何进行？

（13）窗体和报表的作用分别是什么？

（14）什么是数据访问页？如何通过向导创建数据访问页？

4. 操作题

（1）创建一个空数据库，创建一个名为"库存管理"的表，该表包含 5 个字段：商品编号、商品名称、供应商、单价、库存数量，数据类型和属性自定，主关键字是商品编号。以"库存管理"表作为数据来源，创建自己喜爱的查询、窗体和报表。

（2）创建一个空数据库，数据库名为 BOOK。将已有的"客户.xls"文件（自己创建）导入到新建数据库中，主关键字为客户 ID，再将导入的表命名"客户"。

（3）建立一个学生成绩管理数据库，数据库中包含两张表，"学生信息"表和"成绩"表。

对该数据库进行如下操作：

① 创建数据库和表。将"学生信息"表中的"学号"字段和"成绩"表的"编号"字段分

别设置为两表的主键,向表中录入信息,设置"学生信息"表和"成绩"表的关系为一对多关系。

② 以"学生信息"表和"成绩"表为数据来源,利用设计视图创建一个多表查询,查询每位学生的优秀状况。

③ 创建一个可以通过姓名字段进行查找的宏,并将宏命名为"姓名检索"。

学生信息表的表结构

字段名称	数据类型	字段大小
学号	文本	10
姓名	文本	8
性别	文本	2
出生年月	日期/时间	
所在院系	文本	20
联系电话	文本	12
家庭住址	文本	30

学生成绩表的表结构

字段名称	数据类型	字段大小	小数位数
编号	自动编号	长整型	
学号	文本	10	
学期	文本	8	
数学成绩	数字	单精度型	1
英语成绩	数字	单精度型	1
体育成绩	数字	单精度型	1
政治成绩	数字	单精度型	1
计算机成绩	数字	单精度型	1
是否优秀	是/否	单精度型	1

④ 创建窗体

- 以"学生信息"表作为数据来源,通过设计视图创建一个窗体,将学号、姓名、性别、出生年月、联系电话等字段加入到窗体设计屏幕的主体区。

- 在窗体上添加一个文本框,用于通过输入姓名进行学生的查找。在窗体上再添加一个按钮,将该按钮的名字改为"信息查询",并将单击"信息查询"按钮设置为宏"姓名检索"的触发事件。同时在窗体上再添加一个按钮,用于记录的删除。

- 通过加入标题、线条、背景图像,以及移动对象位置美化窗体。运行窗体,通过窗体进行信息的浏览、修改、删除、查找。

⑤ 建立报表

- 利用报表向导创建报表：选择"学生信息"表的学号和姓名字段，"成绩表"的学期、数学成绩、英语成绩、体育成绩、计算机成绩、是否优秀字段，将查看数据的方式确定为"通过学生信息表"。

- 添加分组级别。学号、姓名的级别最高，学期字段次之，数学成绩、英语成绩、体育成绩、计算机成绩、是否优秀字段最低。

(4) 用 Access 实现班级管理

新建名为"班级管理"的空数据库，然后使用"表"对象中的表设计器，在数据库中创建"学生信息"表、"课程信息"表、"成绩"表，以存储学生的各种信息。

各表结构如下所示：

成绩表的表结构

字段名称	数据类型	字段大小	小数位数	有效性规则
课程代号	文本	5		
学号	文本	6		
成绩	数字	单精度	1	0～100

学生信息表的表结构

字段名称	数据类型	字段大小
学号	文本	6
姓名	文本	10
性别	文本	2
出生日期	短日期型	
照片	OLE 对象	
家长姓名	文本	10
家庭住址	文本	50
邮政编码	文本	6

课程信息表的表结构

字段名称	数据类型	字段大小
课程代号	文本	5
课程名	文本	50
任课教师	文本	8

对数据库进行如下操作：

① 建立各表之间的关系。

② 创建查询。

创建"学生信息"查询、"课程信息"查询、"学生成绩"查询。

③ 创建窗体。

创建"学生基本资料信息输入"窗体、"课程信息输入"窗体、"学生成绩输入"窗体，目的是为输入数据建立良好的用户界面。分别以"学生信息"查询、"课程信息"查询、"学生成绩"查询数据源，建立"学生信息查询"窗体、"课程信息查询"窗体、"学生成绩查询"窗体。

④ 创建主窗体。

在主窗体上创建 6 个命令按钮，单击这些按钮可以激活"学生基本资料信息输入"窗体、"课程信息输入"窗体、"学生成绩输入"窗体、"学生信息查询"窗体、"课程信息查询"窗体和"学生成绩查询"窗体，从而实现学生信息的管理。